雪山攀登实录

在人生的更高处相逢

范波 著

知识产权出版社
全国百佳图书出版单位
—北京—

图书在版编目（CIP）数据

在人生的更高处相逢：雪山攀登实录 / 范波著 . —北京：知识产权出版社，2023.7

ISBN 978-7-5130-5714-1

Ⅰ. ①在… Ⅱ. ①范… Ⅲ. ①人生哲学—通俗读物 Ⅳ. ①B821-49

中国国家版本馆 CIP 数据核字（2023）第 115880 号

内容提要

作者因偶然购买一双徒步鞋成为秦岭山脉的徒步爱好者，后又因决定"往高处走走"而毅然决然踏上登山旅途。本书记录了作者从2014年4月攀登乞力马扎罗开始，到2019年5月成功登顶珠穆朗玛峰为止，其间攀登6座雪山的经历以及在这个过程中的心路变化历程。其间所经历的一切，让作者既感受到了雪山的无尽魅力，也生发出关于生活、工作、亲情和人生价值的诸多感触。正如作者在书中所写："如今回望这些经历，忽然感觉它不就是人生的缩影吗？人生本就是一个攀登的过程，是一场追梦之旅、冒险之旅，我们能够享受好的收成，但也能够承受坏的结果……"不断攀登的过程，其实就是与崭新的自己在人生的更高处相逢的过程。

责任编辑：张水华　　　　　　　　　　责任校对：潘凤越
封面设计：熊仁丹　王江风　　　　　　责任印制：刘译文

在人生的更高处相逢：雪山攀登实录
范波　著

出版发行：知识产权出版社 有限责任公司	网　　址：http://www.ipph.cn
社　　址：北京市海淀区气象路 50 号院	邮　　编：100081
责编电话：010-82000860 转 8389	责编邮箱：46816202@qq.com
发行电话：010-82000860 转 8101/8102	发行传真：010-82000893/82005070/82000270
印　　刷：三河市国英印务有限公司	经　　销：新华书店、各大网上书店及相关专业书店
开　　本：787mm×1092mm　1/16	印　　张：19.25
版　　次：2023 年 7 月第 1 版	印　　次：2023 年 7 月第 1 次印刷
字　　数：300 千字	定　　价：89.00 元

ISBN 978-7-5130-5714-1

出版权专有　侵权必究
如有印装质量问题，本社负责调换。

他序　平凡因梦想而伟大

2016年年末，我与萝卜（范波）在西安初见，彼时聊了些什么，记忆现已模糊，只记得他戴着眼镜，斯文且略显瘦弱，却是个热情、坦诚且极有趣的人。2017年珠穆朗玛峰（南坡）攀登活动刚结束，萝卜便邀我在西安交通大学举办一场攀登分享会，而后同他交流了颇多关于攀登的看法，并了解到他的攀登计划。

随后不久，萝卜完成了雀儿山攀登，他找到我，表明了攀登8000米级雪山的想法。我在详细了解了他的攀登经历，并对他进行体能和心理状态评估以后，接受他参加中国十四座探险公司（简称十四座）组织的2018年马纳斯鲁峰攀登活动。翌年攀登期间，虽有一些意外和波折，萝卜还是顺利登顶，成为"8000米俱乐部"的一员。

成功完成马纳斯鲁峰攀登之后，按照早先制订的严谨的攀登计划，萝卜接下来的攀登目标就是珠穆朗玛峰（简称珠峰）。对绝大多数攀登者来讲，这是一个"自私"的自我诉求，来自各方的压力、未知和必然存在的风险等各种因素交织，使攀登珠峰成为一件极不容易的事情。萝卜也只是一个普通人，家庭幸福，工作顺利，去实现自己的攀登梦想当然也不例外地需要消解各方顾虑。

即便面对他人的不解，在公开或私下场合，萝卜也毫不掩饰自己打算攀登珠峰的想法——追梦并不是一件丢人的事情，如果这是一个你不了解的领域，那就用我的梦想照亮它给你看。攀登珠峰需要付出很多努力，一方面需要自律地执行严苛的攀登训练计划，另一方面需要积极协调各方以获得支持。2019年春天，萝卜最终确定了珠峰攀登行程。2019年5月22日，萝卜成功登顶珠峰。

攀登珠峰不是一件简单的事，登顶珠峰毫无疑问是了不起的壮举，但于萝卜而言，我更愿意认为这只是一件过程精彩的"普通的事"。我在很多场合讲过，攀登只是一个小众的爱好，本质上同跑步、骑行、侍弄花草并无不同，囿于一些客观原因，即便投入精力去认真对待，也并不是每一个爱好都能做到极致。也许有些结果听起来很让人沮丧，但在追求的过程中同样会收获良多。于攀登而言更是如此，没有人能够保证结果完美，遗憾自然是有的，但不完美并不代表着失败，不是吗？当然，萝卜付出了很多，也收获了很好的结果，我相信以同样的热情投入其他爱好，他一样可以做得很好。

成功固然让人喜悦，但我更想聊聊失败。准备攀登的过程十分辛苦，攀登过程中更是有无数的可能让人不得不放弃——很多时候这与天赋、体能无关，而与"运气"的关联更大一点。每年的登山季，都有许多人因为各种原因不得不退出攀登，很多时候是"非战之罪"。体能储备差了一些，防护装备弱了一些，出发时间早了一些，风雪突然大了一些等，诸多因素都会导致提前结束攀登。这样的攀登固然不完美，可是执拗不肯放弃，结果可能远比失败严重，这样的事例有很多，于此不提。萝卜为攀登做了最好的准备，预设了最坏的结局，但是同样也差点经历比预设更糟糕的失败。雪山上只有失败的事，没有失败的人。

雪山是一个十分特殊的环境，极度依赖外界，却又与外界极度隔离，当然也因为少了很多外界的纷纷扰扰，所以会有更多时间来思考和观察。我在雪山上待了很长时间，见过形形色色的攀登者，每年一到登山季节不乏熟悉的面孔出现。于之前来讲，他们经历了失败；于此刻来讲，他们始终在走向顶峰：这样的人，可以叫作"追梦者"。萝卜也只是众多追梦者中的一个，即便登顶了珠峰，他还是一个普通的人，攀登为他提供了很多有趣的谈资，但生活还是原来的样子——为孩子学习操碎了心，且难度丝毫不亚于准备攀登。前些日子听他跟我报喜，儿子被华南理工大学录取，真心祝贺他和他的家人。我喜欢他这样的人，在他身上，不但有梦想在发光，我还看到了生活该是的样子。

苦着，乐着，走着，笑着，故事能够讲很久。

而萝卜的故事，就由他来讲给你听。

张伟

写于2021年8月

（张伟，中国十四座探险公司创始人，著名商业登山领队，2009年成功登顶珠峰。）

自序　关于登山的怀想

曾经，我和妻儿偏居古城西安一隅，拿着在这个城市里不算低的薪水，从事着自己喜爱且非常稳定的工作，过着朝九晚五、晨出暮归的平淡生活。每逢假期，还会带上相机，或徒步，或自驾，不时游走于祖国的大好河山之中。雪山遥不可及，且与我毫不相干，除了偶尔在新闻中看到一些有关消息，从来没有想过有朝一日会和它结缘，并在其后的某一天成功登上世界之巅。

任何事情的发生有其偶然性，也不乏其必然性。我的登山历程也不例外。2012年秋日，因偶然购买了一双防水徒步鞋，我参加了卖场和品牌商共同组织的秦岭徒步活动。在这次活动中，我结识了几位驴友，从陌生到熟识，随后多次共同徒步秦岭数个峪口。每每沉浸在秦岭四时不同的大美山色之中，那清新的空气、美丽的风光，无不深深撞击着我已趋于平淡的内心。2013年的一天，一位驴友对我说："范哥，咱们是不是可以往更高处走走？"

往更高处走走！单单是横亘古城南侧、绵延达千里的秦岭，虽海拔不高，其四时风光已然如此迤逦，那高处的风光岂不是应该更加瑰丽、更加梦幻呢？所谓无限风光在险峰呀！简单的一句话，犹如一颗石子投到平静的湖面上，生起了层层涟漪。

20世纪70年代后期，我出生成长于鲁中山区农村，儿时的梦想就在娘的念叨中，朴实又简单——初中毕业后能考上中专，三年后在县城谋一份稳定的工作，从此走出农村，安享生活。谁知造化弄人，成绩和我一样优秀的同学们一个个心愿得偿，我却最终名落孙山。

面对这样的结果，我很久不能释怀。幸好还有美术特招机会，因此去到了远离县城的二中。就是在那时，我的梦想从中专转为了大学。可追梦之路从来都不会平坦，由于家庭条件较差，根本无力承担高昂的考前培训费用，我不得不放弃了自己钟爱的绘画，转学理科。那个时候，不要说雪山，就连县境以外的世界是什么样子我都无从知晓，内心一度茫然无措。

挨过三年寒窗，我有幸考入西安交通大学。第一次走进繁华都市，我就像从原始部落初入五彩斑斓的世界，周边的一切都是那么新奇、绚丽。在这所著名学府里，我一边汲取着与机械相关的知识，一边贪婪地审视着周边的一切，开始憧憬起与以往梦想不同的未来。

大学毕业后进入国企，单位在陕北，虽然远离家乡，但从县城来到了市区，相比娘最初的设想，已经好了很多，于我而言，内心是满足的。工作后，我竭尽所能展示自己，将自己掌握、单位尚未应用的技能努力实践于工作之中，希望有朝一日可以小有成就、重回省城。在那里，我第一次感受到了知识的力量，成了单位最年轻的中层干部，得到了去行业最高管理机构挂职两年的机会，挂职期未满又因工作需要调到了省城。其间，我结婚生子，成功考取清华大学项目管理工程硕士，以极大的工作热情投入崭新的工作中，主要负责全公司的固定资产投资项目管理工作。只是随着时间流逝，在稳定而规律的生活和工作之中，内心的惰性悄悄滋生，工作的激情慢慢消退，我开始满足于这种衣食无忧、波澜不惊的生活，似乎再没有了个人的梦想。

"往更高处走走"有如一声惊雷猛然震开了我心间早已关闭的那扇大门。虽然我并不知道，这对我而言究竟会意味着什么，但内心的洪流已然开始喷涌，"往更高处走走，去欣赏更加绝美的风光，去发现一个从未遇见过的自己！"我们很快达成了一致：去登山！

既要能够欣赏美丽的风光，又要让自己得到前所未有的体验——这是我们商定的攀登目标选取原则。依据这个原则，我们很快确定了"7+2"（七大洲最高峰和徒步南北两个极点）探险项目，并按照"从易到难"的顺序，将非洲最高峰乞力马扎罗选定为第一个攀登对象。

对于职业登山者和业余登山高手来说，乞力马扎罗可谓是一个最初级的存在。关于攀登它的相关帖子，遍布多个户外论坛网站。但对于我这样的登山小白来说，它却无异于一个巨大的屏障。能否成功完成这次攀登，决定着我们的设想能否继续。没有太多准备，我们就于2014年4月仓促踏上了攀登之途。

为了记录下攀登经历和心路历程，从这时开始，我养成了每天写攀登日记的习惯，并坚持到之后的每一次攀登之中。

在攀登乞力马扎罗时，看到的风光、经历的体能考验与惊险一刻，不但让我体验到了"无限风光在险峰"的内涵，拍摄到了很多精彩作品，意识到了体能储备和团队协作的重要意义，体会到了"Suffer now, Summit later（吃苦在前，登顶在后）"的深刻内涵，感悟到了"山登绝顶我为峰"的豪迈情怀，更迷恋上了攀登过程中那种坚持不弃、虐而新奇、欲罢不能的感觉。

2015年5月，攀登欧洲最高峰厄尔布鲁士期间，我们遭遇了恶劣的气象条件，熟练掌握必要的攀登基础技术的重要性得以呈现。我们也感悟到：想要向更高目标前进，就必须在日常生活中锤炼体能。

2016年年初，我开始强化体能训练，日日坚持。同时为了迎接于2016年年底攀登南美洲最高峰阿空加瓜的计划，专程前往西藏阿里地区，用冈仁波齐转山拉练来检验体能训练的效果。可事与愿违，由于我们委托的昆明某商业登山公司违约，只能眼睁睁错过了登山季。更难以接受的是，该公司不但拒不承担违约责任，还将所有所谓的"损失"转嫁到我们头上。为了维护应有的权益，我详细学习了相关法律法规，认真梳理了全过程材料，在确认属于对方过错的基础上，形成了近3万字的申诉材料，于2017年夏季将该公司起诉至法院。经过当年9月、11月两次审判，我们最终胜诉，讨回了应有的权利，但阿空加瓜之行却成了泡影。

随后与山友交流得知，类似遭遇在户外活动中屡见不鲜，尤其是在国内商业登山公司组织的登山活动中，权益受侵者无一例外都是山友。让人遗憾的是，很多受害者选择了沉默，鲜见有拿起法律武器全力维护应有权益者。回看这次事件，除了坚定了我"遭遇侵权必须维权"的信念，如果也能给沉默者一些启发，使他们敢于和勇于通过合理渠道维权，那也是不小的收获。

阿空加瓜事件让我开始思考一个问题，那就是选择规范的商业登山公司的重要性。同时，考虑年龄增长以及由此带来的体能下降，遂决定将原定最后一个目标的攀登时间提前，即尽快实施珠峰攀登计划。鉴于此，要先后完成一座6000米级（或7000米级）山峰、一座8000米级山峰的攀登，拿到进阶珠峰的"通行证"，雀儿山因此进入我的视野。

作为一座初级技术型6000米级山峰，合适的海拔、大量的冰裂缝、多样的雪山地形、成熟的路线与一定的攀登强度，让很多山友把雀儿山和慕士塔格并列，作为进阶8000米级山峰的重要选择。所以，通过雀儿山攀登，进一步检验体能储备、锤炼攀登技能是我的目标之所在。2017年8月，就是在雀儿山，我第一次尝试了C1（字母C是Camp的简写，意为营地，数字代表序号，C1即1号营地，随着序号加大，一般海拔越来越高）以上路段自负重约25公斤攀登，熟练掌握了冰川行走与冰壁攀爬技术，也树立了挺进8000米级雪山的信心。

攀登雀儿山之前，经过山友介绍，我认识了张伟——一位被王石先生誉为"中国夏尔巴"的商业登山组织者，圈中习惯称呼他为"伟哥"。除了邀请他到母校西安交通大学举办了一次分享会之外，我还长时间与他探讨与登山有关的事情。他有丰富的登山经验和商业登山组织经验，其中最吸引我的，当属他的商业登山理念和对公司的规范管理。所以在完成雀儿山攀登之后，我便确定加入他的队伍，一起去攀登世界第八高峰马纳斯鲁。

第一次面临8000米级的山峰时，纵然我做了很多充分的准备，内心依然惴惴不安：攀登时间大幅延长，路线更加漫长，面临的已知和未知的风险更多……初至加德满都（简称加都），直升机失事的消息让人萌生出师不利的感觉，而初上C1营地时的感冒，尤其是拉练最后一天我经历的近两个小时的无知觉高原反应（简称高反），更是让伟哥、队友和我自己对随后的正式攀登充满了担忧。所幸的是，经历了严重高反之后，我与队友樊文在正式攀登中听从伟哥的建议，始终坚持按照稳定的节奏行走，虽然在前三个营地我们都是最后一批到达，但在最后冲顶过程中，我还是走到了全队的最前面并成功登顶、平安返回。在收获了8000米级山峰攀登经验的同时，也收获了很多精美的风光和攀登摄影作品，同时收获的还有对攀登珠峰足够的信心。

带着这份信心，2019年4月，我跟随伟哥再一次来到尼泊尔，开始攀登世界最高峰。从2014年第一次走向雪山，到2019年走向珠峰的怀抱，整整5年多的时间里，我对雪山及其相关知识的了解越来越多，对从南坡攀登珠峰的难度也有了非常清晰的认知。《绝命海拔》电影中的场景，2014年珠峰南坡C1营地附近的雪崩，2015年尼泊尔地震引发的珠峰南坡雪崩，伟哥及队长穆萨提及的南坡多路段会经常遭遇拥堵……这一幕幕场景，提醒我们要牢记攀登中可能遭遇的危险。而与攀登马纳斯鲁峰时相似的一幕再次出现,更是让我感到无所适从:同样是拉练的最后一天,我的视野中出现了硕大斑点,这影响到视力。我专程返回加都眼科医院检查治疗,医生的结论是低氧低气压环境下的视网膜表层出血,无须治疗,经眼睛自然吸收出血后即可恢复,但所需时间较长。同时,医生建议我停止继续向高海拔山脉攀登,否则可能会因眼睛中央静脉出血而永久失明。此时的我,内心甚为矛盾,但因为休养几天后斑点有变小迹象,慎重思考之后,我确定继续攀登,只是告诫自己一旦斑点变大或眼睛出现其他不适时应即刻下撤。我将这个决定告诉伟哥,他给予了理解和支持。

此后的正式攀登中,除了攀登这一中心要务,我还要时刻注意眼睛病情的变化。在此期间,我们在昆布冰瀑遭遇拥堵;在前进营地C1与营地C2之间遇到正运至山下的登山者遗体;在C2营地偶逢九个手指被冻伤的中国登山者;在前往C4途中得知队友因故下撤,还看到不久前遇难的登山者遗体;在冲顶和下撤途中艰难攀爬山脊岩壁,并反复遭遇希拉里台阶处的长时间拥堵;还在下撤途中看到筋疲力尽摔倒在雪坡上后不幸遇难的登山者……凡此种种,无不在考验着我们的体能、意志力和判断力。

从C3向上攀登开始,到登顶后下撤到C2,近43个小时的时间里,我没有睡觉,只是在C4吃了些简单的食物,然后就是不停地行走和感知着自己的眼睛及其他身体部位的变化。很多朋友都更关心我在顶峰时的心情,实际上在那20多分钟的时间里,我并没有大家所想象的那种激动,甚至也没有太多的记忆。反倒是攀登过程中听到、看到的那一幕幕场景,时常呈现在眼前,带给我足够多的感触——关于生活、关于工作、关于亲友,还有关于人生的价值。

如今回望这些经历,忽然感觉它不就是人生的缩影吗?人生本就是一个攀登的过程,是一场追梦之旅、冒险之旅,我们能够享受好的收成,但也能够承受坏的结果。在这个旅程中,无论你有什么样的目标,也无论你想或者不想,总会有艰难困苦纷至沓来,只不过是先后大小的区别。我们能做的,就是去直面这些艰难困苦,拼尽全力向着自己的目标奋勇前进。倘若如此,即使脚步停止的地方不是我们期望的巅峰,至少不会有太多的遗憾。

诚如一位网友所言:不是每个人的人生梦想都在珠峰峰顶,但每一个梦想都需要我们拼尽全力去实现,追梦的人永远年轻。永远年轻当然只是一种美好的期许，但拼过之后少一些遗憾，也应当算是人生的乐趣所在吧！更何况，我只是一个普通人，一个业余登山爱好者。

如果这本还显粗糙的登山笔记能给大家一些帮助或启发，哪怕是一丁点儿，也当知足矣。

是以为序。

此外，感谢西安交通大学人文学院党委副书记、著名青年书法家王劲副教授为本书题写书名。更要感谢知识产权出版社的张水华编辑和设计师团队，是他们的努力才使这本书以最好的样子呈现在读者面前。

目录

第一篇
上帝的宝座，圣洁的乞力马扎罗

辛辣又秀丽的"威士忌"路线　　-005-
铁律维系雪山的纯净　　-009-
失眠、脚痛"六月天"　　-013-
艰难爬升"百米"海拔　　-021-
穿越四大峡谷　　-028-
漫漫前路埋雪下　　-032-
登山客与大草原迁徙动物　　-036-

第二篇
民族的崇峰，美丽的厄尔布鲁士

特斯克尔小镇的"熟悉"道路　　-041-
异国小镇风光　-043-
训练中初次感受厄峰气息　-045-
暴风雪中挺进大本营　-048-
用脚步表达敬畏大山的心　-050-
高反侵袭下的拉练　-052-
久久不能忘怀的晚霞映天　-054-
滑坠不能磨灭登顶的决心　-056-
在顶峰我们只留下足迹　-059-

第三篇

横断山雪峰，大鸟羽翼雀儿山

沉稳与冲劲　　-063-
甘孜那绝美的风光　　-064-
玉隆拉措在人间　　-065-
短暂停留大本营　　-067-
心驰神往的C1绝美银河　　-068-
明暗冰裂缝上的勇敢团队　　-071-
越坡攀冰登山巅　　-075-

第四篇
土地之神,巍峨的马纳斯鲁

初受直升机坠机事件影响　　-084-
前往萨玛贡的行程一再被推迟　　-085-
阿鲁加特小镇的乡村风光　　-086-
高度和年龄无法阻止攀登梦想　　-088-
天气变换中的休闲时光　　-094-
严重高反突如其来　　-099-
忐忑中等待晴空　　-106-
中秋节踏上艰辛攀登路　　-109-
下撤途中的雪中送炭　　-119-
首次登顶8000米级雪山的感怀　　-122-

第五篇

逐梦世巅，壮丽的珠穆朗玛

珠峰攀登史上的勇者足迹　-126-
独自再赴加德满都　-129-
我们都是有准备的追梦人　-132-
卢卡拉开启EBC适应路　-137-
大本营的帐篷海洋　-142-
"天然剧场"中开练　-164-
煨桑仪式背后的神秘力量　-166-
难得一见的昆布冰瀑绝美景色　-178-
西库姆冰斗仿佛是一个另类的存在　-186-
雾气弥漫打乱银河拍摄计划　-191-
洛子壁舞动的彩色精灵　-193-
拉练行将结束却突发眼疾　-196-
"法尼"气旋强势来袭　-198-
前路的茫然与感伤　-202-
校友医生建议我停止攀登　-206-
在加都无忧休整　-208-
重返大本营　-211-
等待窗口期　-216-
首批登顶者归来　-230-
小肋骨的见闻预示着前路的艰辛　-234-
短暂休整中努力抗衡高反的折磨　-240-
顺利挺上洛子壁　-241-
一心向着目标前进　-244-
27个小时的艰难下撤路　-253-
有惊无险返回大本营　-276-
梦想达成踏归途　-283-

附录　-285-
后记　-290-

第一篇

上帝的宝座，圣洁的乞力马扎罗

每次聊起登山这个话题,看着身材略显单薄的我,很多朋友难免心生疑虑:就你这身板,怎么就会痴迷登山呢?

原因一时总难说清,所以我往往都是这样回应:"无限风光在险峰,我想去看看那些平时难以看到的景色。"

能把短暂的年休假时间都用来登山,原因当然不会这么简单。除了对摄影的追求以外,其实还与自己内心对大山的无尽向往有关,这种向往莫名升腾却又急切澎湃。正因如此,我在没有任何雪山攀登经验,体能也没有足够储备的情况下,便怀着一腔热血,和几个喜欢户外的朋友一起,组建了一支五人民间登山队,毫不犹豫地开始了我们的"7+2"之旅。所谓"7+2",并不是一个简单的数字运算,而是指一个探险项目,即攀登七大洲最高峰和徒步南北两极点等9个探险内容。攀登难度相对最小的乞力马扎罗,理所当然成了我们的首选目标。

乞力马扎罗,其名为山,其实是位于坦桑尼亚东北部的一个山脉,其主体东西延绵近80公里,素有"非洲屋脊"之称。不过,地理学家更喜欢把它称作"非洲之王",以此来表征其非洲最高山脉的尊崇地位。我们的目的地是乞力马扎罗海拔5895米的顶峰,原名基博峰,坦桑尼亚独立后改名乌呼鲁峰。因周边丰富的动植物资源和"一山有四季,十里不同天"的地理现象,乌呼鲁峰成了很多入门攀登者的首选山峰,"7+2"探险者也往往将它列为自己探险过程的起始站。

乞力马扎罗距离赤道仅300多公里,其顶部终年积雪,故又称"赤道雪山"。遗憾的是，受全球气候变暖的影响，有科学家预言，不久的将来，"赤道雪山"的奇观将成为历史。

读过海明威作品的朋友，对《乞力马扎罗的雪》（The Snows of Kilimanjaro）这部小说大多会有一些印象。正是从这部小说中，很多人知道了乞力马扎罗这座非洲极点，当然也知道了小说开篇就曾提到的那只"风干冻僵了的豹子尸体"。

高峰近旁的豹子尸体，只是海明威创作小说时虚构而成。如果仅仅抱着看一眼豹子尸体的打算去攀登乞力马扎罗，注定是要失望而归的。自1889年德国人首登乞力马扎罗以来，还从未有人看到过那具豹子尸体。

说到非洲，浮现在人们眼前的往往是战争、疾病和贫穷等字眼。很多人，包括我在内，想象中的非洲或许可以用三个字来概括，那就是脏、乱、差。但2014年4月之后，我脑海中的这种刻板印象基本被颠覆了。导致这种转变的，就是我和小伙伴们——老郭、小龙、老安和王勇的第一次雪山攀登之旅。

2014年4月3日凌晨，我们一行五人从北京首都国际机场乘坐埃塞俄比亚航空公司ET605次航班。12个小时后，到达亚的斯亚贝巴博莱国际机场。在此转乘ET815次航班，又飞行约4小时后抵达乞力马扎罗国际机场。

刚刚走下飞机舷梯，始料未及的非洲式热情便毫不掩饰地呈现在我们的周围：喷涌的热浪，绿树红花点缀的候机楼，还有仿佛只在画中看到过的蓝天和白云。恍惚间，我们有种身处观光胜地的感觉，与曾经的预想有着天壤之别，让人颇感奇妙，又感到莫大的惊喜。

眼前的景色，让我们不由得放慢了走向航站楼的脚步。

"这空气，这蓝天白云，这鲜花绿植，清新、美丽、引人入胜呢！"老郭忽然停下，微仰下巴、皱起眉头、眯着眼睛，轻轻扶一扶鼻梁上方的眼镜，贪婪地欣赏着眼前的景色，慢悠悠却又一本正经地开了口。

"郭哥说的对。我是第一次出国，真没想到，非洲小城竟然这么漂亮！"小龙立刻附和老郭。

"人都快走完了，哥哥们，咱们也加快节奏呀。"王勇的话把我们从沉迷中唤醒，我们欢笑着加快了步伐。

正所谓"福兮祸之所伏"，兴致盎然的我们正准备入关，麻烦却在此

乞力马扎罗国际机场是一个小型国际机场，位于阿鲁沙和莫西之间，为乞力马扎罗和阿鲁沙地区提供航空服务，对乞力马扎罗山、阿鲁沙国家公园、恩戈罗恩戈罗火山口和塞伦盖蒂国家公园的旅游资源开发起到了极其重要的作用，是坦桑尼亚最繁忙的机场之一。

时出现。坦桑尼亚的海关人员拦住了我，不许我入关。给出的理由很简单："你的这些镜头没有报关！"

这次出行，我特意携带了四五支镜头，除了尼康大三元，还有一支打算专门用来拍摄银河的15毫米定焦镜头，另外一支是既可拍人像又可拍风光的35毫米定焦镜头。虽然这些镜头看起来成色非常新，实际上是有一些明显使用痕迹的，所以在国内出关时我想当然未考虑太多，也就没有报关。谁知海关人员却不这样认为，在他看来，这些镜头和新的并无二致，所以任我和小龙比手画脚、费尽心思解释，他仍然坚持不许我入关，到最后索性转过头去，不再理会我们。

一行人都茫然无措，只有老安一直来回摸着自己头上的帽子。

"范哥，不是有司机接咱们吗？赶紧联系他，看能不能帮忙交涉一下？"老安忽然停住自己的手，冷不丁冒出这么一句。

接送我们前往莫西的车辆,据说是专为非洲定制的8座陆地巡洋舰。旅游公司为参加Safari游猎之旅的游客准备的基本都是这种越野车。坦桑尼亚车辆为右舵,靠左行驶,如果没有足够驾驶经验,不建议选择自驾。此外,中国驾照在坦桑尼亚并不适用,如果自驾,需申请当地驾照。

"这是个好主意!而且也只能如此了,王勇,你快联系司机!"我接过话茬,一边思考一边向王勇说道。

接到通知后,司机慕迪很快出现在检查行李处。他找到我们,首先简单了解情况,随即就与海关人员聊了起来。不久后,慕迪笑着做出一个"OK"的手势,麻烦终于化解,我们得以入境。

我们坐进8座丰田陆地巡洋舰中。慕迪驾车一路狂奔,行驶约30公里,到达了维卢维卢河畔山林小屋(WeruWeru River Lodge),一家位于莫西(Moshi)小镇西北郊的酒店。

辛辣又秀丽的"威士忌"路线

如果说乞力马扎罗是一位高大的母亲,那么莫西小镇就必定是她的孩子了。此刻风和日丽,莫西小镇就安静地依偎在母亲脚下,默默观察着这个纷繁的世界。

小镇海拔约900米,在其周围和乞力马扎罗山脚的斜坡上,除了茂密的森林，最引人注目的就是大片的咖啡种植带，间或可以看到一些玉米田。人们的房子则以村落形式散布在较低处。

肥沃的火山土壤，造就了莫西小镇及其周边地区非常理想的成片农业用地。在肥沃土壤、适宜温度与较为充沛降水量的共同作用下，这片区域成了一个温暖的生态区。当地人定居在较低山坡上，日复一日地辛勤劳作，把这里变成了坦桑尼亚最为知名的咖啡生产中心。而村落里的一些年轻人并不安于现状，他们靠山吃山，充分把握有利条件，组织起来为前来攀登的登山者担任向导，在土地劳作之外，找到了另外一条致富道路。

从行驶的汽车中放眼望去，目之所及，一片葱郁。葱郁之中，不少旅舍型酒店点缀其中，似乎要告诉我们这片沃土的又一个属性——乞力马扎罗登山者集中地。酒店建筑外立面的色彩颇为鲜艳，犹如一朵朵美丽的鲜花盛开在田野间，维卢维卢河畔山林小屋就是这样一家酒店，置身其中，环顾四周，仿佛来到了一片绿色的海洋之中，感觉安静、闲逸。它是我们今天的目的地。

为了迎接即将开始的登山，我们各自回到房间，认真整理登山装备，

环境优美的旅舍型酒店，置身其中，安静且闲逸。坦桑尼亚旅游资源非常丰富，吸引了来自世界各地的众多游客，给国家带来了可观的旅游收入。但坦桑尼亚在发展旅游的同时，非常重视对自然环境的保护，其保护理念与我国所倡导的"绿水青山就是金山银山"异曲同工。

然后就是休整和调整时差。休息时，我认真观察这个酒店：它毗邻主干道，占地面积不大，甚至可以用小巧玲珑来形容。所占地块呈规则方形，八幢木质别墅沿地块三边有规律地分布，与大堂、餐厅、酒吧等其他主要建筑物一起，围合成一大片绿色草坪。

草坪上，绿草低矮、密集，踩上去就像踩在厚厚的羊毛地毯上，舒适异常。草坪中间是一个方形弧顶游泳池，水面距离池顶仅有指余，蓝天绿树黄屋倒映其中，好似一面巨幅镜子铺陈在地。

再看别墅，结构形式相同，皆为两层框架式土木结构，每层设左右2个标准间，木质楼梯外置于别墅两侧，既节省了建设成本，又保证了客房空间。别墅的外墙呈现为黄土质地，看上去极为朴实。走进客房内部，装修风格简洁大方，各种设施一应俱全，尤其是那些极富非洲地域特色的装饰用品，布置得更是恰到好处，感觉温馨、舒适。在这样的客房内休息，自然便会萌生一种别有风味的幸福感。

我、小龙和老郭相约着正准备去酒店外信步欣赏周边景色之时，登山公司向导队长——29岁黑人小伙姆萨和他的助理悄然而至。我们一起沟通登山计划，并检查登山装备。

因为即将明确攀登路线，我们都显得急切而激动，就像等待着老师授课的学生，共同围坐在酒吧木质条桌前，五双眼睛齐齐注视着姆萨。只见他淡然一笑，取出腋下夹着的线路画册，给我们详细介绍起来。

姆萨说，乞力马扎罗共有七条常规登山路线，分别是马兰古路线（Marangu Route）、马切姆路线（Machame Route）、温背路线（Umbwe Route）、姆维卡路线（Mweka Route）、龙盖路线（Rongai Route）、希拉路线（Shira Route）和莱莫绍路线（Lemosho Route）。

选择前两条路线的登山者要占到总数的85%以上。

马兰古路线因难度较小、最适宜新手攀登，故又称"可口可乐路线"。这条路线攀登总用时为5天，是所有路线中唯一一条登顶后可以原路返回的路线。虽然沿途风光一般，但有舒适的小木屋可供登山者居住，在雨季其他线路无法选择时，选取此线路攀登最为合适。

马切姆路线又称"威士忌路线"。顾名思义，该路线给人的感觉略带辛辣却不会难以入口，可以体验到从热带雨林到雪域高原的地貌与植被变化，所以沿途风光较为秀丽，适合有一定徒步经验的攀登者。其攀登难度和沿途风光秀美程度稍逊于温背路线和莱莫绍路线。

结合前期沟通情况，姆萨建议我们选择马切姆路线。这条线路整体呈现为镜像后的"门"字形，部分下撤路线与姆维卡路线重合。其起点位于马切姆大门，露营或途经地包括马切姆营地、希拉营地、拉瓦高地、巴兰可营地和卡兰噶峡谷营地，最后冲顶时与姆维卡路线共用巴拉夫营地。登顶乌呼鲁峰后，经巴拉夫营地下撤至姆维卡营地，沿姆维卡路线离开乞力马扎罗国家公园。攀登总用时分为6天和7天两种。

不远万里来到非洲登山，除了攀登，另外一个重要目的当然是在过程中领略沿途的大好风光。考虑到每一位成员都具有比较丰富的徒步经验，我们一致同意采纳姆萨建议，选择6天马切姆路线。

随后，姆萨进入房间，对照装备表一一认真检查我们的装备。在确认每个人的装备都达到要求后，他返回公司去准备登山队公用装备，由于天色渐晚，我们三人放弃外出，与王勇、老安一起坐在半露天酒吧的椅子上聊起天来，悠闲地享受着美丽的非洲风情。

晚餐时分，夕阳快速西沉。西方天空渐渐绽放出大片绚丽的晚霞，微风亦在轻拂，送来阵阵清凉。随之而来的，还有青草和泥土的清新气息。在臆想美食的诱惑下，我们无意继续欣赏眼前的美景，一起涌进了隔壁的餐厅。这是我们抵达坦桑尼亚后的第一顿餐食，名为自助餐，不如说是自助点餐。服务员递来菜单，菜单上的名字颇为费解，只得向服务员详细询问食材，最终点了面包、例汤和份饭。

菜品谈不上惊艳，例汤更像是面条汤，还有点羊肉的膻味，份饭中包括米饭、些许蔬菜和几块鱼排，与我们的臆想相差甚远。但对于早已饥肠辘辘的我们来说，其味道尚算可口。宽敞的酒店餐厅里只有我们五位顾客，但餐厅工作人员投来的真诚笑容，有一种天然的亲和力，把空旷感一扫而空。

让我们更为惊喜的是在此处看到了熟悉的中文文字，而且是在一些餐厅用品上，比如中国制造的真空保温瓶。此时此刻，在我们眼里，这些餐厅用品有如幻化成了中坦人民友谊的缩影，和那些真诚的笑容一起，共同为我们

坦桑尼亚工业发展比较落后，日常消费品大多依赖进口，所以我们在酒店见到了依然在用的中国产保温瓶。

营造出了一种家的感觉。

不管是酒店的服务人员，还是在这里装修施工的工人，每每相遇，除了脸上自然洋溢的热情笑容，他们还会频频送上一句简洁有力的问候："Jambo！"（你好）时时听之，总会让人自心底萌生出阵阵感动。它也成为我们整个登山之旅中使用频率最高的词语。

铁律维系雪山的纯净

4月4日清晨，时差还未完全倒过来，大脑仍然浑浑噩噩，但清脆的鸟鸣频频响起，将我从睡梦中唤醒。此刻，窗外阴云密布。四五月份是乞力马扎罗南麓最湿润的月份，天气变化其实本属正常，但对于即将开始步入攀登征途的我们而言，这变化增添了些许隐忧。

看了一眼仍在沉睡中的王勇，我悄悄起身，来到敞开式阳台。阳台上有一张木架玻璃面圆桌和两把藤椅。坐到藤椅上，手扶着原木制成的扶手，我闭上眼睛，深深嗅上一嗅，混合着泥土和绿植气味又不失清新的空气扑面而来，伴着近旁大树上鸟儿的清脆鸣叫，心中的隐忧渐渐淡去，人也变得清醒了很多。

时近7点，我叫醒王勇，将所有装备整理进驮包和背包中，然后洗漱、用餐。另外三位队友已经收拾妥当在餐厅等待，每个人都略显疲惫，必定和我一样，因时差没倒过来，大家休息得都不怎么充分。所幸的是，每一个人的动作都还很麻利。

即将离开时，酒店工作人员纷纷围过来。他们不吝绽放着自己那黝黑而热情的笑脸，用最简单、最诚挚的语言为我们送上祝福。我们不停回谢，然后依依不舍钻入车内，挥手作别。回望美丽的田园秀色，感慨万分地踏上了未知的征途。

虽然莫西小镇是坦桑尼亚的旅游胜地，也是乞力马扎罗登山活动组织的门户，其道路状况却无法与我国旅游胜地相比。很多要道都是相对平整的土路，难以达到较高车速，但这反而给了我们观察身边事物的良好机会。

英国的长时间殖民统治，让英语成为坦桑尼亚独立后的官方语言之一，同时也让坦桑尼亚人民保留了右舵驾驶的习惯。在国内习惯了左舵靠右行驶，忽然踏上靠左行驶的道路，不免觉得好奇，加之恰好坐到右侧靠窗的位置，我饶有兴致地观察外面的风景。

田地中，成群的人们正在辛勤劳作，大都是身着鲜艳服装的女性，除了个别孩子在她们身边嬉笑玩耍，很难看到男性劳作者。

道路上，一台疾行的客车吸引了我的目光。这台客车的车门和车窗外都

道路一侧的民居、货车和百姓。莫西是乞力马扎罗区首府，也是乞力马扎罗登山者的必经之地，有20多万人口，被认为是坦桑尼亚最干净的城市。只是受制于经济发展的制约，道路和基础设施建设水平依然相对落后。

"挂满"了人。此外,进入视野之中的车辆,包括我们所乘坐的商务车,鲜有新车,几乎全部都是从日本进口的二手车,车辆内外随处可见各种日文标识。坦桑尼亚经济发展的状况,由此可见一斑。

行驶约半小时,走过24公里的路程,汽车把我们带到了海拔1800米的马切姆大门。这里也是乞力马扎罗五个生态区中海拔最低的丛林区的最高点,从这里开始,我们将进入第二个生态区——热带雨林区。

王勇跟随姆萨去办理登山登记手续,其他人趁机拍照留念,待王勇和姆萨办理完手续归来,我们一起将各种装备带至称重台前,把将要交由背夫团队携带的部分装备称重,再由姆萨分配给他们。

一切准备完毕,行将出发时,姆萨做了一个简短的说明。他说,凡进入乞力马扎罗国家公园者,无论是管理者,还是向导团队和登山者,都必须严格遵循一个环保守则:在登山过程中,所有吃住用的东西(水除外)都须自备,山上没有任何地方可以补给;产生的垃圾绝不允许随意丢弃,必须交由背夫收集归纳,并放置到营地管理处的垃圾箱中,公园安排专人负责处置。

队员们一致允诺严守规则,约上午10点,姆萨带领大部队向马切姆营地(Machame Hut)进发。营地距离大门约10公里,海拔3000米,是此次攀登的第一个营地,也是我登山历程的第一个营地。

正所谓"兵马未动,粮草先行",首先出发的是粮草军团——背夫团队,他们要背负食物、炊具和其他公用装备先行赶到营地,进行扎营、烧水和做饭等后勤保障工作,我们则在向导的带领下随后跟进。

路线起点立着的一块木牌吸引了我的目光,木牌上写着三行英文:

STARTING POINT(起点)

MACHAME ROUTE(马切姆路线)

WISHING YOU GOOD CLIMB(祝攀登顺利)

简单的三行字,既标明了此处就是路线起点,又为攀登者送上了美好的祝福,这些文字让我内心温暖。

此行我们共有三位向导,姆萨和他的两位助理朱利奥和简森。朱利奥,31岁,已婚,有两个孩子;简森,26岁,未婚。他们三人都有丰富的协作经验。

为了保存体力，除了相机、三脚架和两个镜头，我把摄影包交给朱利奥，请他帮我背负。本以为他会提出附加条件，未曾料到，他竟然没有丝毫推辞或拒绝，只是微微一笑，便欣然接过，倒背于胸前，大摇大摆向前走去，以一种调皮的姿态引领我们走上了征途。

第一天我们一直在热带雨林区域穿行。刚到大门时还是蓝天白云，此刻已全然消失了踪影，天空一片苍茫，看起来单调了很多。唯一的好处是可以使我们免遭烈日暴晒，登山时的体感舒服了不少。视之所及，雨林乔木比比皆是。只见这些树木，树干高大粗壮，枝叶遮天蔽日；树根盘根错节，在地上裸露蔓延。在潮湿氤氲的空气中，丛林树木浑身多处都滋生着密密麻麻的黄绿色苔草。低处的树根自不必多说，就连高处的枝干权丫上不时都可以看到一些恍若怪物的东西。猛一看去如动物的毛发，走近端详才知是松萝，也就是俗称的树挂——其实是地衣，真菌和一种绿藻的共生体。老郭为此还调侃，如果将这些树挂取下，或许可以给老安当假发使用。

沿途之上，遍地葱葱郁郁的绿色始终充盈着眼睛，还有一簇簇非常漂亮

热带雨林小景。受印度洋的潮湿空气影响，乞力马扎罗山基带为热带雨林带，垂直带谱非常完整，成为垂直地带性最典型的地区之一，植被丰富且古老。树杈上的松萝邋邋遢遢地四处扭曲生长，就像大树长了毛发。

的鲜花点缀，我能从其花型上辨别的只有两种不同颜色的凤仙花。如此多的绿植与鲜花装扮，景色自是美丽多姿。身处其中，我们似乎早已忘却了单调的天空，不但心情倍感轻松，就连脚步也变得轻快起来。纵然前进道路都是缓坡向上，我们依然如此。小龙玩得兴起，行进中教三位向导学说关中话，虽然只是几个简单的词汇，但经过他们洋腔怪调地演绎和大频率使用，很是滑稽可爱，为我们的攀登之路增添了很多快乐。

行进队伍里，向导们前中后各一，他们不时大声呼喊，提醒意欲快速前进、摆脱队形的队员放慢速度，过快的速度显然无益于适应海拔。渐渐地，道路在脚下变得无比漫长，脚步因疲劳变得愈发沉重，体能的劣势渐渐凸显，饥饿也趁机起哄，这一切都在淡化着我们第一次登山的兴奋，视觉疲劳随之而至，除了机械地迈动脚步，再也没有心思去欣赏路上的风景。

硬是挨到中午时分，终于到达一处空阔地带，我们才停下脚步。取出向导团队准备的冷餐。餐盒里有能量棒、热狗、烤鸡腿（或鸡胸），还有香蕉和类似炸饼的食物各一，小龙又特地拿出一根大火腿，分给队员作为补充。

此处海拔2400米，脚下随处可见朽木腐叶，身边处处绿植团簇，眼前还有背夫们那黝黑、和善、满是笑容的脸庞。就在这腐朽与清新味道混杂的地方，我们欣赏着简森乘兴而起的动感舞步，享用登山以来的第一顿午餐。

餐后，感觉恢复了诸多元气。

逼仄的小道上，背夫们蛇形排开前进。他们各自展示着自己最擅长的背负方法，或肩背，或头顶。肩背倒是常见，那些头顶重物的背夫才真正让我叹服。无论什么形状的装备，也不论用什么容器盛装，他们总能找到重心，让重物稳稳当当待在自己头顶。在一些稍好的路段，甚至根本不用手扶就可健步如飞。

失眠、脚痛"六月天"

经过总计五个小时的跋涉，我们终于到达了马切姆营地。营地就在管理处旁边的一小片空地上，这里地势相对平整，或是总用于扎营的原因，地上光秃秃的，见不到一点生机。一部分先到的背夫已经扎起帐篷。看到大部队

辛劳的背夫头顶重重的驮包，努力行走在逼仄的道路上。非洲人头顶负重的习俗因何而来无从得知，但他们头部负重能力之强却众所周知。有研究认为，应该是他们的脊柱而不是肌肉承担了头上重物的重量。

雨后的马切姆营地。马切姆营地位于热带雨林带的最高点，但这里依然有着很高的降雨量，常年保持湿润。

到来，背夫们齐齐涌了过来，在送上鼓励和赞美的同时，还端出五个均盛有半盆热水的脸盆，让我们尽快洗去一脸的疲惫。

山里的天气说变就变。刚刚洗完脸，水还没来得及倒掉，滂沱大雨就不期而至。队员们纷纷弃盆而逃，或跑到管理处的门台上，或钻进用餐帐篷里。帐篷里的人们，悠闲地泡上一杯龙井茶，欣赏起雨打密林，品尝起绝味小吃。什么杏脯、话梅、瓜子，不一而足，相互分食之际，也不见来途的辛苦窘态。厨师更是神奇，竟然端上来一大盘刚刚出锅的爆米花，香喷喷的，此时此刻，无比享受！

外面大雨滂沱，遮雨处却是欢声笑语。

姆萨最有意思，看着我拿出的西瓜子，想吃但又不好意思索要。我看穿了他的心思，将西瓜子递给他请他食用。谁知他竟然不知道要去壳吃仁，抓起一把全塞进口中，直接咀嚼起来。老郭一看，赶紧出面阻止，并为他示范了正确食用方法。姆萨似乎感觉到"难堪"，面露羞涩傻傻一笑，洁白的牙齿衬托着略显红晕的黝黑脸庞，像极了一个不知所措的孩子，神态可爱之极。

雨势并没有持续多久，半个小时后天气已然放晴。灼热的阳光如火如荼烘烤着大地，我们第一次强烈感受到非洲高原地带紫外线的威力。营地周围则是湿气升腾、云雾缥缈，远山在云中若隐若现，仿若一幅中国山水画，似乎只有我们所处之地才有阳光普照，真应了那句"一山有四季，十里不同天"。

唯恐大雨再来，我赶忙招呼队友和向导们一起聚集至营地高处空地上，拍了几张合影。

就在我们拍照时，两队登山者接连进入营地：一对荷兰情侣，两位英国女士。刚到营地，荷兰情侣就坐到管理处的台阶上。本以为疲惫不堪的他们会闭目养神，未曾料想，稍事整理各自行头之后，两人竟然不顾阳光刺眼，打开手机浏览起来。相较于劳累，他们对沟通的需要更强烈一些。

之所以知道两队山友的国籍，是后续我们进入管理处登记时，从他们登记的资料中看到的。同处马切姆路线，进度又基本一致，不难判定，此后几天，三个队伍极有可能要结伴而行。女性的加入，给整个营地增添了几分活力。

晚饭后，餐厅帐里，灯光如昼。

"第一天的行程结束，大家现在感觉如何？"王勇问道。

"倒是不怎么累，就是头稍微有点疼，吃的也不太习惯，很是怀念家里的燃面。"老郭眉头一皱，扶一扶已经滑落到鼻尖的眼镜框，第一个回答。

登山队与向导团队的第一张合影。向导团队中有向导、背夫、厨师等。向导负责带队攀登，背夫负责搬运各种公用装备、食物、灶具、医疗用品以及登山者个人装备等物资，厨师主要负责为登山团队提供餐食。

"我没任何问题。"红色帐篷反射的光线让小龙的脸色有如被憋红一般,但精神依然抖擞。

"总体还不错,就是膝盖感觉不是太好。应该是前段时间太懒,好久没有长距离徒步了呢!"老安操着一口潍坊味山东普通话说。

"我最大的问题就是错误选择了这双新徒步鞋,没有磨合过,左脚后跟磨起一个大疱,有点疼,不过感觉还行。"隔着袜子摸一摸脚上的水疱,我回答道。

"大家的状态都不错,你们毕竟都是第一次登山,又是来到非洲,吃不习惯很正常。"王勇总结道,然后接着说:

"郭哥体能没问题,只是有点轻微高反,那就多喝水。老安明天把护膝戴上,会有比较好的作用。范哥的鞋子不合适,但咱没有带备用鞋,只能先把水疱挑破,然后加双羊毛袜,情况应该会有改善。"他语速比较快,此刻"哒哒哒"像机枪一般逐个点评着。

"大家都多喝水,多排尿,这样可以改善或预防高反。而且,咱们的时差都还没有完全倒过来,所以今晚不能睡太早。"说完之后,王勇端起餐桌上的茶水,咕嘟咕嘟喝了下去。

过了一会儿,姆萨安排完向导团队的第二天工作,也加入聊天阵营,大家你一言、我一语,直到九点多时,我们才走出餐厅帐,去往各自帐篷休息。

第二天凌晨三点多,在时差和王勇呼噜声的共同助推下,我早早醒来。脸部未被睡袋包裹住,感觉到冷!我再也睡不着了,但也不想起来。在耳畔不停响起的呼噜声中,睁大两眼盯着帐篷,脑海中则一幕幕闪现着昨日走过的路,几个小时后,背夫们喊叫起床的声音一次又一次传进耳朵里,我才哆哆嗦嗦钻出被窝。

脚后跟依然疼痛。把血疱挑破,再加穿一双羊毛袜加强保护,如此一番处理,再穿上徒步鞋走出帐外,疼痛感的确减轻了很多。

复至高处,泥土的腥味和草木的清香杂糅于空气里,一并钻入鼻中。南坡山坳中的马切姆营地,空中云朵飘荡,四面山峰连绵,尤其是东面的山坡显得尤其高大,将初升的太阳遮挡个严实,拍日出的计划显然不能实施。背起脚架去营地附近四顾,寻找一个相对空旷、尚可西望捕捉朝霞之处。

站立之处，坐落着一栋略显破败的房子，看上去已很久未染人烟气息。一排大小不一的树木耸立在房子后面，透过树木间的罅隙向上仰望，朝霞已经润染了云层，虽然看起来并不那么壮观，取景也受到限制，但在山里的第一个清晨能看到朝霞，已经让我无比开心。

昨天的雨，让管理处两个各2000升的大蓄水罐中的水丰盈了很多。说到蓄水罐，不得不提到饮用水。

在抵达乞力马扎罗国际机场上空时，俯视下方的屋顶，皆是银光闪闪，一片接着一片。当时我曾疑惑：能发出如此耀眼的银光，会是什么材质的屋顶？又为何要做这种屋顶呢？

去往莫西的路上，我找到了其中一个问题的答案。这里的居民在修建或修缮房屋时，往往选用一种U型槽型材作为屋面，型材由镀锌铁皮压制而成，当非洲炽热的阳光照耀至屋顶，镀锌型材便会向各个方向折射出道道耀眼的

透过树木罅隙，马切姆营地的朝霞在眼前呈现。

银光。

  为何选用U型槽型材做屋面？原来，从每年的7月份开始，坦桑尼亚就进入雨水极为稀少的旱季。人们必须在雨季利用合理的手段将雨水收集储存起来，以备旱季饮用之需。采用U型槽屋面可将雨水导流，使其集中流入屋檐下方的蓄水罐中，从而储备用作饮用水。之所以选用镀锌铁皮，而非耐腐蚀的不锈钢材或铝材，大概是为了节省制造成本。

  早餐除了鸡蛋，还提供一种粥。从口感上判断，应该是加了糖的玉米糊糊。我在鲁中山区出生、长大，玉米糊糊是我们的主要食物之一，加上我甚爱甜食，对我而言当然还算顺口，所以一连吃了两碗。但其他几位队友面对这种食物就尴尬了很多，哪怕喝上一口都感觉难以下咽，可考虑到体能所需，又必须逼着自己吃上一些，颇有一种欲罢不能的意味。

  用餐结束，姆萨介绍了这一天的路段概况：我们将全程行走在乞力马扎罗的第三个生态区——荒野沼泽区，海拔将由当前的3000米上升至3850米。路段总长约7公里，因路途有较多起伏，体力耗费必然加大，所以耗时也会偏长。要求大家带足饮用水，同时为了防止水土不服而腹泻，需根据水壶容量，适当加入净水片净化水质。

  一切准备妥当，我们拔营向希拉营地（Shira camp）进发。脚下的道路改变了模样，从之前的土路变成了坎坷不平且湿滑难行的石块路，一不留意就会脚下一滑，必须处处小心。道路两侧的植被也开始明显转变，高大茂密的雨林乔木几乎不见了踪影，取而代之的是稀疏错落分布、高约3米的松柏；树木枝杈上的树挂，由于降水量的下降而变得发白。唯一没有改变的，或许就是变化莫测的天气了。时而云雾升腾、雨如注下，时而阳光明媚、烈日如荼，让我们穿厚不是、穿薄也不是，涂防晒霜不是、不涂防晒霜也不是。就在这矛盾与冲突中，我们真真正正体验了一回说变就变的坦桑尼亚"六月天"。

  小龙充分发挥年轻和体能好的优势，一马当先冲到最前面，其他人追随而行。虽然早饭我吃得最多，但刚到十一点，我就感觉饥肠辘辘了，只是前途漫漫，还说不好啥时才能吃上午餐。王勇和老安知道我饿了，立刻贡献出自己携带的一部分零食，给我勉强垫了垫肚子。

乔木愈发稀少，不断冲击着视觉的仿佛只剩一种高大的植物：木本千里光。这是一种能生长到5米高的菊科植物，它们成片生长在我们前进的道路两侧。奇特的外形让我们感叹着进化的力量，草本植物为了生存，在这样的环境下硬是把自己进化成木本植物。随着新叶的不断生发，木本千里光底部的卷叶会从下而上渐渐凋亡，只是这些卷叶亡而不落，继续依附在其茎干上，就像给茎干穿上了一圈圈外衣，从而成就了它们那巨人般的身材和气魄。

中午时分到达希拉营地，眼前的景象一如其名，高大乔木和木本千里光全然不见了踪影，能看到的只是苔草，还有一些低矮的柏树，稀稀拉拉地散漫生长在营地周围。让人费解的是，这些柏树似乎受到了引力一般，树干竟都倾倒向主峰的方向，无一例外。

小龙早已到达，正蹲在帐篷旁的空地上拿着些牛肉喂食鸟儿。说起这些鸟儿，开始时我曾错将其认作是苍鹰，后来仔细辨识才发现，它们其实是货真价实的乌鸦。从其硕大的体型、厚厚的鸟喙以及颈部的白色羽毛可以得知，属于非洲渡鸦，是渡鸦的一个亚种。渡鸦为雀形目鸦属，是雀形目中体型最大的鸟类，也是鸦属中分布最广的一类，从低海拔到高海拔，甚至在珠

一如希拉营地里之名，这里稀稀拉拉生长着一些倾斜的柏树。这里已经属于高山草甸带，以低矮蒿草、苔草等草类和灌木类植被为主，但由于乞力马扎罗的特殊位置，在这里还可以看到此类柏树。

峰上都可以寻觅到它们的踪影。据说，这种非洲渡鸦有着很高的智商（鸟类中最大的脑部）、很长的寿命（野外生存时寿命达10~15年，受保护环境下可达40年）和极为出色的运动技能。

看到我们到来，小龙激动地喊起来：

"范哥快来，这些乌鸦太厉害了，看我给你表演一个。"

在这一般只有登山人才会到达的大山之中，可以轻易获得食物，对非洲渡鸦而言不啻是一个巨大的诱惑。它们本来就不怎么怕人，在美味食物的诱惑和驱使下，只见一只渡鸦慢慢靠近小龙，在小龙将食物抛向空中的一刹那，迅如闪电般扑将过去，将食物衔入口中，吞而食之。其动作之迅速、线路之精准，着实令人惊叹。

对食物的渴望，让乌鸦在我们认为不可能出现的地方出现；对目标的追求，让我们到达了从未想过会到达的地方。人与动物何其相似！

艰难爬升"百米"海拔

刚刚欣赏完小龙的表演，大雨再次降临。它一如既往地不期而至，把所有人统统赶至帐篷之内。大家正好利用这段时间稍事休息，我甚至在不知不觉中睡着。

下午三点，姆萨叫醒我去管理处登记。营地依然飘着蒙蒙细雨，整个营地都被笼罩在一片浓雾之中。管理处西侧，一块由白色物体围合而成的圆形场地吸引了我的目光。场地中间用石块镶嵌出一个大大的字母"H"，并被涂上了白色。这是干什么的呢？姆萨看出了我的疑惑，详细给我解释起来。这里其实是直升机停机坪。登山过程中，难免会有一些意外发生，若有人在此区域附近受伤或发生严重高反，国家公园会即刻指派直升机飞至此处，开展紧急救援。而救援所需费用已经包含在我们缴纳的登山费用之中。闻听此言，我恍然大悟。回想这两天来在登山过程中的所见：偌大的乞力马扎罗国家公园，所到之处看不见任何垃圾，进入大门之后见不到任何商业开发痕迹……原来他们为保障登山者的安全已建立了完善的救援体系，这一切都让我不禁陷入深思……

姆萨看我入定般的样子，扯了扯我的冲锋衣，再用手指一下旁边的管理处，我这才醒过神来，和他前去完成了登记手续。

自到达希拉营地以来，我始终感觉有些头痛，应该是晚上没休息好，加重了高反程度。其他队友还在休息，我本来也打算登记完再回帐篷小憩片刻。可恰恰此时，炽热的阳光照射下来，把营地南方的浓雾撕开了一个大大的口子，犹如徐徐拉开了一个巨大舞台的幕布，蓝天、白云不断跃出幕帘，进入眼帘。见此情景，我的头痛瞬间消失，对我来说，美丽的景色才是医治高反的良药。我快速跑进帐内，抄起相机和三脚架，一个箭步便窜出帐外。随着大幕逐渐拉开，云海飘浮在营地南侧的山腰，太阳忽而跃出云外，忽而隐于云中，就像一个调皮孩子在舞台上捉迷藏。但凡阳光所至之处，便是一片光影迷离，精彩纷呈。我不停地按动快门，希望把这一切纳入相机之中，使其变为永恒。

太阳终究西落，晚霞渐渐隐去，收拾器材返回到帐篷时，恰好看到荷兰情侣来到希拉营地。抬头却发现，始终遮挡着乞力马扎罗真容的乌云已不知

阳光破雾而出，视野之内云海漂浮，阳光泛彩，一片光影迷离。

消于何处。就在我们不知不觉间,乞力马扎罗把自己那俊美的容颜静静地、清晰地展现在我们眼前。

漫天星斗,在夜空中闪烁。皎洁月牙,如一弯镰刀静挂其间。迷人的银河,跃然升上我们头顶。我们五个人在银河下欢呼雀跃着,在我拍摄星空之际,老安更是往前景石块上一站,要求我把他和星空融合在一起,另外三人也纷纷效仿。一时间,欢声笑语响彻营地,我笑看眼前的场景,欣然把队友此刻的欢愉与星空一起永远定格在我的相机之中。虽然这时的星空并不清晰,但我想,这应该会成为我们人生中最值得铭记的星空……

或许,我们每个人都是带着微笑入睡的,因为满足。

天色再一次大亮时,我自然醒来。寒冷、潮湿的空气给帐篷披上了一层薄薄的冰衣,在漫射光的作用下不时放射出光芒。

昨天在石路上攀爬,有时不得不手脚并用,睡醒之后身体感到异常沉重。我不情愿地拖着身体从睡袋中挣扎坐起,再将自己包裹于厚厚的衣服之中,抖掉帐篷上的薄冰钻了出去。远远望去,梅鲁(Meru)火山有如将要开苞的莲花一般,花瓣的顶部正刺穿云层,将山巅置于苍茫的云海之上,与乞力马扎罗前后遥相呼应,向世人展现着它们的巍峨与不屈,那场景就是神话故事中的仙境吧。只是云量较少,太阳也屡被高山遮挡。当我们再一次看到太阳时,它已经爬上了乞力马扎罗的山顶,开始傲然俯视众生了。

单纯从海拔看,接下来一天的行程不会太艰苦,因为从3850米到3950米,仅仅上升100米。但对于整个登山历程来说,这段路却有着非常重要的意义,那就是可以让我们进一步适应高原的环境,避免在最后冲顶环节发生严重的高原反应。姆萨说,实际上,这将是难挨的一天。

走在途中,我们才体会到姆萨这句话的含义。

全程不过10公里,但路段并非直来平去,而是有诸多起伏。要先迎着阳光升起的方向攀升到4500米处,然后再向东南方向下行到海拔3950米的巴兰可营地(Barranco camp)。

昨天的路上,虽然不见了高大的乔木,但依然可以看到顽强生长着的稀疏的灌木,让我们继续感受着生命的伟大和勃勃的生机。可今天呢?前半程一路上坡,能够进入眼际的只有一种东西,品种虽单调,数量却惊人,可谓

银心跃然头顶,与我们的营帐遥相呼应,人间天上,大美不过如此。在合适的季节,人烟稀少,没有光污染的高海拔地区,夜晚的银河是不容错过的美景。

遍地都是、满眼尽然。是什么?当然是石头,大小不一、圆方不同的各种黑色石头。我们已经置身于乞力马扎罗的第四个生态区——高山沙漠地区,这里土壤稀薄、水分稀少,大多数动植物在此都生存不了。

"哥,咱是不是来到《十二生肖》拍摄地了?这也太像了吧!"小龙看着眼前的场景,一脸茫然地问我。

看过《十二生肖》的朋友应该对这样一个场景有所记忆,为了拿到龙首,JC翻滚着从一个火山山坡跌落而下,那个山坡与我们身处的这个场景看起来毫无二致。

老郭听到小龙发问,紧锁的眉头暂时舒展开来,饶有兴趣地接过话茬:"是很像,但应该不是。一是来这里拍摄,条件过于艰苦;二是人家国家公园未必允许呀!"

我笑着打趣:"老郭的高反不会是假象吧?"

闻听此言,大家纷纷笑了起来。

行走在这片火山石荒野中实在枯燥,即使到达午餐地时遭遇了一场不期而至的冰雹,海拔4500米的拉瓦高地依然没有给我们带来什么特别的感觉。就在我们枯燥至极时,拉瓦高地里出现了另外一种生物,一种让人讨厌的生物。

一群老鼠!

它们突然出现在我们眼前,肆无忌惮地跑来跑去,甚至不时停下脚步淡定地望着我们,像是要和我们对话,又像是渴望从我们手中看到期望的食物。无法想象,如果没有了登山客,在这种环境恶劣的不毛之地,这些老鼠以何为生。当然,我的疑虑似乎有些多余,因为一年四季之中,乞力马扎罗的登山客从来都是络绎不绝。

老安信奉佛教,看到这些老鼠便动了恻隐之心,一边吃饭一边看着游来荡去的它们,临吃完时,把餐具里可能是故意留下的一点饭菜偷偷撒在了地上。老鼠们一哄而上,那些饭菜很快便不见了踪影。

稍事休息,继续前进。

这一段路途中,路边的巨石表面除了顽强生长的黄绿地图地衣,还不时

队员行走在遍地顽石之中。在乞力马扎罗的高山荒漠区,最常见的就是无数大小不一的黑色火山石、高山流石和沙漠荒滩。

会在其顶部出现一些石堆，由小石块堆砌而成，类似玛尼堆。它们是不是有什么特殊的或者说宗教上的意义？我们不知道。不过每每休息时，我们也会照样子堆起一些这样的石堆，给它们赋予一些人类的秩序。现在想来，单对我们而言，这些小石堆存在的唯一意义，或许只是为了给枯燥中的我们增添一丝兴致吧。

自从离开马切姆营地，我们未曾再见两位英国女士，但时常能与荷兰小情侣相遇。每一次都是我们先行，刚到休息点不久，荷兰小情侣便总会追随而来，然后又超越我们。我因此断定，两人的体能要比我们几个好了不少。

经过两天来彼此间默默观察与熟悉，两个队伍间的交流开始增多，而且不再像开始时那么羞涩。途中偶然看到荷兰小情侣正在前方休息，我忽然觉得，从不同的国家万里迢迢来到坦桑尼亚，能够同一条路线、同一个时间一起攀登乞力马扎罗，这不就是缘分吗？请他们合影留个纪念吧！鼓足勇气走上前去，把自己的想法告知给两人，他们欣然同意，也就有了我们三人的唯一一张合影。后面再次相聚，已是我登顶成功下撤到冲顶营地准备下山时。当然，这是后话。

从拉瓦高地开始，一直到巴兰可营地，依然是乱石沙漠之路，且一路下坡。简森走在最前面带路，朱利奥居中，姆萨则陪着走在最后的、正在遭受高原反应折磨的老郭。

挨过了7个小时，终于到了位于峡谷台地上的巴兰可营地。背夫一如既往地搭好了帐篷，烧好了洗脸水，看到我们走入营地，热情地向每一位队员伸出大拇指送上鼓励。如若放在平时，这鼓励或许略显平凡，但在这个时刻，却让我们的内心再次强大起来。

我们纷纷送上发自内心的感谢。

又寒暄几句，得知荷兰小情侣已经先我们到达，我快速钻进帐篷里，想让身体得到一些必要的放松。

我也有了明显的高反状态，头疼连绵，想睡却根本睡不着，所以只是躺了一会儿。感觉身体稍微畅快后，摸起水杯，起身来到帐篷外一块大石头上。蹲坐其上，喝着水，静静观看眼前变换的景色。忽然想起，自进山以来尚未给家人联系，恰逢国内傍晚时分，于是借用姆萨的手机给家里打了一通电话，报了声平安。

老郭和老安同时患上了感冒。老安吃完药后尚能忍受，老郭却不行，晚饭都没有吃就呼呼大睡起来。

晚餐依然以甜玉米糊糊为主，不过这次配有意面。我就像团队里的另类，进山以来，犹如变成了一个大胃王。不但胃口好，而且无论向导团队提供何种餐食，我都不会感到任何的不适。这一顿，我吃了两碗糊糊加一大盘面条。

吃完晚餐为时尚早，按照小龙说的办法，泡上一壶高山雪菊茶，我再次蹲坐到大石头上，慢慢品了起来。据小龙说，高山雪菊茶可以消除头痛，有无实际效果谁也不知。说无奈之举也罢，说病急乱投医也罢，努力尝试一下总归没有什么不妥。

只见天空湛蓝如洗，山腰里云雾升腾，就像是清洗蓝天之水蒸发成了"水汽"。乞力马扎罗的一角就时隐时现在这"水汽"之中。这水汽源自峡

两位背夫打水归来，他们的身形映衬着山峰的高耸。巴兰可营地位于乞力马扎罗最大山体断层——巴兰可墙的下方，是马切姆路线上拍摄乞力马扎罗雪顶的最佳地点。沿着这条类似河床的断层上溯，就能到达乌呼鲁峰。

谷中的流水，流水生成水汽，在它们的滋润之下，峡谷两侧萌发出片片绿丛。纵然这绿丛矮小，总归让人能够感受到些许生机。

流水位于峡谷底部，日渐消融的冰川融水在这里汇聚，然后奔腾而下。背夫们不辞辛劳，数次下到峡谷底部去打水。山峰一角拨开云雾笼罩的那一刻，两位打水归来的背夫恰好进入我的镜头。

山里的天气，依然无时无刻不在变幻。往往这一分钟还是阳光明媚，接下来一分钟可能就是暴雨倾盆。你永远无法预测未来的景色有多美，也不知道这样的美景持续多久便会消逝。错过一次，极有可能就是错过一生。与其期待，不如坦然处之，不如就抓住当下。

休息的时间里，品着菊花茶，听着峡谷溪流的哗哗水声，看着乞力马扎罗的身影在浓雾中时隐时现，感觉惬意了许多，之后的梦也因此甜美了很多。

穿越四大峡谷

时间来到了冲顶前的最后一天。提笔书写这一天的经历前，我绞尽脑汁，试图找到一个词来贴切概括这一天的感受。可惜的是，直到决定开始下笔，都没能如愿。

从巴兰可营地到冲顶营地——巴拉夫营地（Barafu camp，海拔4670米），海拔相对上升720米，路程约9公里。如同昨日一样，海拔的变化和距离的长远根本无法体现行走的艰难……我只知道，我们要穿越四个大的峡谷，这意味着至少有四次大幅下降与上升的过程。至于小幅升降的次数，那就不可计数了。

临出发前，我和姆萨商量拍张合影。一旦到达巴拉夫营地，我们就要立刻休息，养足精神去应对当晚（第二天凌晨）的冲顶。而成功登顶再下撤回来时，一部分背夫应该已经到达下一个营地等待我们。因此，巴兰可营地是登山前拍摄"全家福"的最佳地点。

姆萨团队很开心地接受了这个提议。

合影的时候，小龙带领大家整齐呼喊"加油"。每一个人心中都在无比憧憬冲顶时刻的到来，即使天气变得阴沉，我们依然信心满满。

不忍心打扰还在帐篷中休息的荷兰小情侣,所以我们出发时都尽量蹑手蹑脚、悄悄前行。

这一次向导三人组依然保持着原有的队形:简森居前带路,朱利奥居中调度,姆萨收队守护。让我意想不到的是,此后的三个半小时,我们竟然体验到了此次攀登之旅中最幸福的一段时光——因高反而头疼不减的老郭除外。

幸福不是因为风光优美——沿途依然是乱石密布,毫无美丽的风景可言。

幸福不是因为体能消耗减少——路线起伏不定,体能消耗相比之前反而更大。

幸福也不是因为天公作美——直到我们即将到达目的地,天空才扫去阴霾转为阳光普照。

那幸福究竟从何而来?答案只有两个字:攀爬!

下降到峡谷底部,冰川融水沿着谷底湍急流下,水面宽约两米,恰好可以借助水流中的几块石头越过水面,紧接着横亘在我们面前的就是一面高大连绵的岩土山梁——巴兰可墙。山梁上怪石嶙峋,道路也悄然消失了踪迹。简森观察了一会儿,稍事整理了一下背包,第一个爬了上去。只见他手脚并用,像一只壁虎般在山梁上辗转腾挪。

大家纷纷效仿,沿着他走过的路线攀上山梁。就是在这个过程中,我们找到了进山以来真正的乐趣,队友们互帮互助、身体力行,形象地诠释着"爬"字的确切内涵,即使身体感到劳累,依然可以看到每个人脸上都洋溢着笑容。而这,恰是我们幸福感的直接来源,也是唯一来源。

攀至山梁顶部,又下到另一个谷底,然后再次攀上又一个类似的山梁。视野变得开阔起来,前方不远处的卡兰噶峡谷营地(Karanga camp)已经跃入视野。

近中午时分,营地迎来了几位看似疲劳实则精气神十足的人们,那正是我们。

到达营地,我意犹未尽,好奇心促使我带着相机四处转悠。营地里有一间破旧低矮的土屋,临时被用作我们的厨房。厨师已经在生火做饭,看到我走进去,四个人停下手中的活计,对着我的镜头摆起造型。土屋附近立着一块石碑,上面标示着这里的海拔:3930米。看到这个数字我异常疑惑:从巴兰可营地一路走来，感觉处于一个海拔明显上升的过程，可实际上的海拔竟然不升反降，这是为何？

仔细回想，应该是那些下降的路段都被"感觉"自动屏蔽了，脑海中留存的，只是关于在山梁上不断攀爬的记忆。

等待午餐过程中，荷兰小情侣再一次赶了上来。与他们同时到达的，是那两位久未碰面的英国女士。他们就地扎下营房，开始埋灶生火，似乎与我们的攀登计划有所不同。

姆萨解释说：卡兰嘎峡谷营地是马切姆路线7天行程中的宿营地、6天行程的前进营地。因此可以判定，他们两队选择的都是7天行程，所以今天他们将在此宿营，而我们仅作短暂休息后就要继续向巴拉夫营地进发。

用完午餐时，两队国际友人已经进入帐篷休息，我们整理装备再次前行。之前我一直以为，昨日走过的前半段路程，应该是整个攀登之旅最枯燥的一段。但随后我才知道自己错了，因为相比接下来这段路，昨日的枯燥不过是小儿科。

下午的路极易引起视觉疲劳。一条羊肠小道在脚下始终向前蜿蜒延伸，没有岔路，所以无须担心走错。先是上升数百米，然后下行数百米，然后再上升、再下行……视觉疲劳加速着身体的疲乏，没过多久，腿部的抬起和行走俨然已经不受大脑支配，只是机械和程式化行进。但每一步前行，又都仿佛是在做一次抉择，我甚至想放弃，并怀疑自己不是来享受"山高人为峰"的乐趣，而是来寻求自虐——最多算是一种痛快的自虐。

行至一个山脊，山风忽然凛冽，且毫无休止之意。衣服早已被汗水浸湿，一停下脚步，风吹湿衣愈发感觉寒冷，逼我不得不放弃休息的念头，一次次抬起似已僵化的双脚继续向前行走。看到我与大部队之间的距离渐渐拉大，简森大声呼喊着，要求我放慢速度，尽量与队友同行：

"Fan, please slow down! slow down！"（范，慢点，慢点！）

"Don't worry, Janson, I'm fine!"（不用担心，简森，我很好）他并不知道我此刻的情况，我只能告诉他我一切正常，然后继续按照当下节奏前进。

为了防止失温，我戴上风帽，拉紧冲锋衣拉链，将自己紧紧包裹起来，阻挡寒风钻入衣中。

下午三点多，终于爬上最后一个山脊。恰在此时，阴云散去，阳光复至，巴拉夫营地最高处的那顶帐篷清晰可见。按说，这本该是一个值得庆祝的时刻，我却没有丝毫的兴奋。极度的疲劳早已把仅剩的一点激情无情地驱走了……

作为冲顶营地，巴拉夫营地由马切姆路线和姆维卡路线共用。行至此处，我们已从初始的山峰西南侧来到了山峰东南侧。

踱至帐篷前，只见遍地石块，临近处尚有一块相对平整的空地还能容下一顶帐篷。我选择附近一块顶部平整的大石头坐了下来，拄着手杖，将下巴搁在手背上回望来路。云雾就像从地上凭空长出的巨大棉花团，遮挡住了远方的地平线。而我们的来路如同一条丝线，弯折铺陈在下方山坡之上。

转过身来再看营地。紧邻着脚下高点的山坡上，搭起一个木屋，无须思考便知是管理处。再往远看，能用来扎营的平坦之处并不多。在面积最大、地势最好的一个地块前，一面ZARA的旗帜在风中猎猎作响。旗帜后密密麻麻布置了二十多顶帐篷。这是加拿大ZARA公司登山队30余名队员及其向导团队的营地，他们沿姆维卡路线先我们到达，并计划同一时间开始冲顶。远处还有几个营地，从帐篷数量就可以断定规模都不大。作为后来者，我们能选择的扎营地并不多，我将自己的帐篷选择在最高处那个帐篷前搭起，另外几个

站在巴拉夫营地回看云雾将掩的来时路。

队友则在我们和木屋之间将就着选择了几个点。

高处恰处受风面，大风不停撕扯着帐篷，但此时的阳光也因海拔的升高而愈发炽热，帐内"炎热"起来，大风也未能给帐内带来一点凉爽。

进帐后我将湿透的速干内衣换下，躺到睡袋上。本来想睡一会儿，但置身帐内，如处烤炉之中，根本无法入眠，只好在松软的睡袋上伸个懒腰，舒展一下疲惫的身体。

漫漫前路埋雪下

按照预定计划，夜间零点开始冲顶。到达巴拉夫营地时，蓝天白云、阳光普照，我们每个人都心情舒畅，内心充满对"天公作美"的感激，迸发出要全力以赴、成功登顶的豪情壮志。孰料，天公似乎故意与我们作对，没过多久就显现出了它那"善变"的真实面目。刚刚吃完晚饭，一场暴风雪毫无征兆地来袭。一时间，狂风怒吼、大雪纷飞，雪花迅速覆盖住了脚下和周边可见的大地，还有我们冲顶的路。

前方就是被称为"北极地区"的乞力马扎罗第五个生态区，有人曾这样比喻，在非洲赤道带找到这样一个地区，就像在北极冰川中找到一片雨林。在这个以岩石和冰雪为特征的地带，几乎没有植物和动物——登山者除外。突如其来的大雪不但增加了冲顶的难度，也在悄悄影响着大家的心态。

老郭还处在头疼的困扰中，他果断放弃冲顶："老范，我这状态堪忧，我还是在营地等你们归来吧。"

"你先吃片感冒药好好休息一下，现在离冲顶还有几个小时呢。"实在不知道该如何回应老郭，我也只能如此安慰他。

睡前，王勇试探着问我："哥，你现在身体感觉咋样？要是实在不行，你就陪老郭在营地等我们吧？"

我知道他是吃不准我现在的状态，便笑着回答："我现在感觉挺好，到时候看出发时的状态再作决定，现在咱不下定论，先好好休息。"

疲劳胜过一切催眠曲，还没等听到王勇的呼噜声，我已酣然入睡。

大风送来姆萨的大声呼喊，我看了一下手表，4月7日23点，约定好的吃饭时刻。定一下神，我感觉身体并无不适，遂穿衣起身来到帐外。借着被大风吹得摇晃不止的灯泡发出的灯光看去，整个原野一片肃杀气势，所有的帐篷外都积了一层厚厚的雪，最接近帐篷面料的底层的雪已经凝结成冰，用餐帐篷甚至因不堪积雪重压而塌凹了一些。

此时，雪虽已式微，但风仍在怒号。经过短暂休息，我感觉并无异常，随即向王勇表明了继续向前的决定。为防止再次降雪打湿衣物，也是为了防晒、防雪盲，除了穿上冲锋衣裤外，我还把棉裤、抓绒、羽绒服、手套、头巾、墨镜等穿戴上身，看起来非常笨重。此外，即使抱定了向前的念头，由于第一次登山，我依然无法清晰判定自己的体能能否支撑到登顶和安全下撤。为尽量减少体能消耗，除了补充体力所必需的食物和水，轻装上阵也尤为重要，因此我又放弃了笨重的单反，选择携带小巧的黑卡相机冲顶。

不惜放弃吃饭，也要把时间用在休息上。这是老郭一路以来对抗高反和感冒的无奈手段。未曾想到，这一招在此时也有奇效。我们几个正在用餐帐篷里你一言我一语时，老郭出乎意料地地走了进来。只见他装备齐整，毅然决然告知我们："一起走！"

作为五人中年龄最大的一位，老郭此刻能够满血复活，无疑给团队其他所有成员"打了一针鸡血"。

看着老郭不容置疑的态度和抖擞的精神，王勇默默点了点头。

出发时，距离我们计划时间已经晚了一个多小时。左前方的冲顶路线上，一连串的头灯光影不停闪烁，那是ZARA团队正在分批冲顶。

陪同我们冲顶的，除了三人向导团队，还加入一位背夫，惭愧的是，直到现在我仍然不知道他的名字。冲顶队伍中，向导分工与前几日有所不同。朱利奥走在最前面，担负起在茫茫积雪中准确寻找冲顶之路的重任。简森陪同王勇、小龙、老安和我走在中间。姆萨则承担起了收尾和陪同老郭冲顶的重担。至于那一位背夫小伙伴，开始我并不知道他在什么位置出发。

朱利奥给人的印象尤为深刻。一方面，纵使道路被积雪全部覆盖，他依然能带领大家走在一条正确和安全的道路上，不断向目标逼近，充分展示了他对冲顶路线的熟悉。另一方面，他向我们充分展现出了其良好的身体素质和充沛的体力。事实上，为了保全体力，冲顶过程中我们大都选择缓慢前行、减少说话,即所谓的"大气都不舍得喘一口"。但他不然,不但大步前进,还不时唱起铿锵有力的歌曲。此情此景,让初涉登山的我们叹为观止。

高度在慢慢提升,风暴愈发肆虐不止。

大风发疯般拂起已经冰化的雪粒,狠狠甩打在我们的脸上。为了防止近视眼镜起雾,我不得已拉下了包住脸和嘴的头巾,等于把面部置于了雪粒的肆意攻击之下。在雪地里行走本已艰难,可在高海拔的雪地里顶着狂风,一边寻找道路、一边向上跋涉更是艰难。前三个小时体力尚可,基本还算顺利。可越往高处消耗越大,往往没走几分钟,看到沿途有大石可以依靠时,我们就会不由自主停下来,靠在上面休息一会儿。仿佛已经到达了体力的极限,每迈开一步都异常艰难。想放弃却又心存不甘,所以唯有向前、向前……

体力逐渐减弱,前进速度一降再降。原本一字排开前进的九个人逐渐分成了三个小组,小组间距离慢慢拉大,朱利奥、王勇和背夫在前,姆萨和老郭依然断后,老安、小龙、我和简森走在了中间。

在狂风和疲劳的双重影响下,我的体能严重消耗,行至一个转弯处,脚下突然一滑,身体瞬间向外侧快速倒去。说时迟那时快,身侧的简森有如天降神兵,眼疾手快,迅速出手拉住了我。站稳之后,顺着头灯的光线向外望去,我俩正处于一个陡峭的冰川侵蚀面之上,下方深不见底。如果刚才真的摔倒下去,后果将不堪设想。心念至此,惊出一身冷汗,昏沉沉的大脑瞬间清醒了很多。看着心有余悸的我以及向他投去的感激眼神,简森什么也没有说,只是报以淡然一笑,不以为然摊了一下双手,转身向前走去。

惊魂未定间继续踏上漫漫前路。

体能快速消耗的同时内心的焦虑也不断加剧,每隔一段时间,我就忍不住去看一下手腕,户外手表能显示海拔和时间,可以借此计算行进速度和剩余的海拔高度。艰难支撑到4月8日6点多,在冰川拱卫之中,海拔5739米的斯特拉峰(Stella point)观日点出现在上前方。此时,在攀登路线右侧的天空中,朝霞正在绚丽呈现,可惜我正在雪地中苦苦攀登,根本无暇甚至是无力从冲锋衣的口袋中取出相机去拍摄。心中唯一期盼的,就是沉重的双腿能够变得轻松一点,以便尽快到达观日点。

半小时后,终于站上观日平台。太阳刚好跃出云层,向乞力马扎罗洒下无数条金色光芒。刚刚远看还是白茫茫一片的雪原,以及行进路线左侧那些高耸的冰川,此时阳光照射之处,有如被泼上了一层金黄色的油墨,看上去华丽无比。而斯特拉峰依然大部分土石裸露,在大风的作用下,积雪被分割成很多大大小小不等的雪堆,也被朝阳染成了金黄色。依据它们的形状和分布,可以清晰判断出此时的风向。几位山友背光而来,从我站立的角度看去,他们的身体仿佛被阳光镀上了金边,就连东南方向宛若莲花的马文济峰(Mawenzi)也蒙上了一层金色的光芒。

景色固然美丽,可这毕竟不是终点。简单拍摄几张照片之后,继续沿着已经非常平缓的雪坡,和大家一起前行,向乞力马扎罗最高峰乌呼鲁峰挺进。

除了老郭依然还在后面,王勇、老安和小龙先后成功登顶。我还在朱利奥的陪同下艰难向前。路上,朱利奥用相机记录下了我的疲态,每行走几步,我便会停下脚步,将手杖插入雪中,支撑住身体略作休息,然后在朱利奥的鼓励下继续迈步向前。如果当时路线上能有一顶帐篷或一个睡袋,相信我一定会毫不犹豫地钻进去睡个够再继续冲顶。

日出时分,阳光把斯特拉峰照耀得金黄一片。从巴拉夫营地到斯特拉峰,是一段对登山者精神和肉体的双重挑战,虽然这里不是最高点,但经过挑战洗礼之后到达此处,既可观雪山、冰川和日出美景,又有登顶希望就在眼前,大都会为之一振。

经过8个小时史无前例的艰难行走之后，我们终于抵达了海拔5895米的乌呼鲁峰。仅凭眼前的景象，实在找不到雪山之巅的感觉，因为在这片宽阔的山顶上，只有黑色岩石的背风处可以看到些许积雪，我们像是身处雪后的戈壁。一个木质的纪念牌兀自支撑于最高处的岩石之上，平行排布的7块长条形木板上，用英文书写着"祝贺登山者到达乞力马扎罗顶峰"等字样。刹那间，心中突然感到一丝失望，这样的景象，与期待中的雪峰相比，显然相去甚远。

顾不了太多，把手杖顺手一扔，我顺势躺在烈日照耀下的雪地之中。这是整个冲顶过程中感觉最幸福的时刻，不是因为登顶成功，只是因为终于可以躺下，让自己毫无顾忌地休息几分钟。

小龙和老安过来将我搀起，走到纪念牌前拍照留念，我已经没有了抬头的力气。所以，照片中的我看起来筋疲力尽，完全看不出有登顶的快感。其实，快感在心里是真实存在的。

停留了二十多分钟后，队伍开始下撤。就在这时，老郭和姆萨也成功到达顶峰。五人登山队全部成功登顶。

登山客与大草原迁徙动物

下撤时，膝盖变得僵硬，步履愈发艰难。为了省力，经过向导同意后，冒着衣裤被磨烂的风险，我不时屁股着地，坐在雪上顺着山势下滑。4个多小时之后，我、老安和老郭作为最后一批成功下撤，回到了巴拉夫营地。顾不上吃东西，我们钻进帐篷直接睡了。团队的背夫们在我们休息的时候已经分批向姆维卡营地下撤。

大约两个小时后，体力得到了一定恢复，我们开始沿姆维卡路线继续下撤。此时，我再次看到了那对荷兰小情侣。女孩大声询问我们是否登顶成功，我抑制不住内心激动，大声地回答："当然，这是必须的，也祝你们好运！"然后挥手作别。约十七点我们顺利抵达海拔3100米的姆维卡营地（Mweka camp）扎营。

第二天，再次回到枝繁叶茂的热带雨林地带，沿途景色与第一天行程几无差别，只是心中多了一份感怀——初次攀登雪山成功后的感怀。之前那些幸

筋疲力尽的我，只能坐着拍摄了登顶照。

福的和艰难的,开心的和不开心的,此刻便只留存于记忆中了。

正是这一次攀登,让我开始学会敬畏大山。因为我深深体会到:在登山过程中挑战和征服的,其实只是我们自己和那些艰难的过程。大山,从未被征服,也不可能被征服。无论多少人曾经站在它的最高点,它依然不折不弯、不悲不喜地耸立在那里,继续迎接下一批挑战自我的勇士。

下山后,我们去往塞伦盖蒂,欣赏非洲大草原的壮观景象。

在辽阔的大草原上,数百万只角马、斑马正在集结,它们成群结队,绵延数十公里,一旦时机成熟,便浩浩荡荡冲过凶险万分的马拉河,到对岸的马赛马拉去寻找食物。那时我在想,我们这些登山客不就像这些角马和斑马吗?都是冒着重重危险去寻找食物。不同之处仅在于,它们寻找的是果腹的食物,我们寻找的是精神的食粮。

塞伦盖蒂大草原上,约有70种大型哺乳类动物和500种特有鸟类,半年一次的动物大迁徙是世界十大自然旅游奇观之一。图中是正在渐渐集结、准备开始长途迁徙的主角:角马和斑马。

第二篇

/

民族的崇峰，
美丽的厄尔布鲁士

从坦桑尼亚回到西安，我时常忆起赤道雪山攀登过程中的点点滴滴，那些苦的、甜的、快乐的、焦虑的，凡此种种，都变成了心中无与伦比的愉悦，激发我开始憧憬接下来的旅程。

转眼到了2015年5月。此时的西安，春天已飞速溜走，处处洋溢着夏日的风情，攀登第二座山峰的出行日期悄然到来。这次的队伍有乞力马扎罗五人组中的王勇、小龙、老郭和我，老安因故退出，又加入了三位新队员——西安的记者张勇、北京的创业学霸二傻和美食姑娘毛毛。这一次，我们把目标瞄准了欧洲最高峰，位于卡巴尔达—巴尔卡尔共和国西部边境，属于高加索地区的海拔5642米的厄尔布鲁士（简称厄峰）。

在第二次世界大战中，这座雪山曾闪烁出无上的荣光。1942年8月，进犯苏联的德国军队首先占领厄峰。次年12月，在付出了惨痛代价后，苏联红军重新夺回了这个横亘在欧亚分界线附近的山峰的控制权。其中鲜为人知的是，经过一次次流血牺牲，最后击败德军的那支军队其实与登山者有关，是一支由曾经攀登过厄峰的苏联登山者们组建起的一个团的高山部队。面对流血和牺牲，他们没有退却，而是勇敢地选择为民族和国家命运而奋勇斗争。在这种精神的引领下，他们登上顶峰并攻破天险，最终击溃了侵略者。我不知道这些将士们的名字是否也被记载在了成功登顶的厄峰登山者名单之中，但毋庸置疑的是，他们是真正的勇士，是苏联人民心中的英雄。

每每看到高加索地区，很多40多岁的人脑海中都会闪现出"车臣"二字。20世纪90年代，在那两次车臣战争中，很多人葬身在这茫茫山脉，也让俄罗斯陷入了深刻的经济危机之中。

如今，这里枪炮声早已不再，但当我们置身于厄尔布鲁士那皑皑白雪面前时，仍然会想：不知这白雪之下掩埋了多少军人的骸骨。德军也罢，苏联红军也罢，他们或客死他乡，或为国家和民族利益而亡。而最终，所有的恩怨都随着战争的结束化为了一缕缕山风，与这巍峨峻美的厄尔布鲁士峰一起，时刻提醒着来到这里的人们：勿忘历史，珍爱和平！

特斯克尔小镇的"熟悉"道路

2015年5月4日，登山队一行七人在首都国际机场会合。当天下午近两点，我们乘坐CA909航班从北京起飞，7小时后到达莫斯科谢列梅捷沃国际机场，又经过2个小时等待，出关入住到机场附近的丽笙公园酒店（Park Inn by Radisson）。

进入房间后我没有立刻休息，而是开始整理照片，以尽量延迟入睡时间

登山队首次合影。为保证队员的良好攀登体验和商业登山公司的经济收益，商业登山常采用喜马拉雅式攀登，为登山队员雇用高山协作组成多人攀登团队，铺设路绳，一次或多次向营地运输物资，有较长的登山周期。

缓解时差影响,所以直至次日零点方才睡下。可惜努力终究未果,第二天凌晨4点我就从睡梦中自然醒来。然后看到了二傻临睡前发给大家的微信消息:山脚有雨,温度-4~3℃,注意着衣。

看完消息,我脑海中立刻闪现出一个念头:难道我们要像李健吾先生雨中登泰山那般开始这次攀登吗?

5月5日清晨,继续乘飞机一路向南偏东方向飞行,于中午时分抵达矿水城机场。着陆时,飞机有如脱缰的野马,极速向前冲刺,带来十足的推背感。直到下了飞机,老郭还头晕不已,适应了好一会儿才如梦初醒般说:"好家伙,这哥们以为自己开的战斗机吗?"大家纷纷调侃这的确是战斗机般的着陆模式,果然不负战斗民族之盛名。

瓦伦蒂早已在机场外等候。他身材高挑、健硕,极富力量感,曾多次带领不同的登山队登顶厄峰。可是,登山或许只能算是他的业余爱好,因为他最擅长的是攀冰,而且曾在欧洲多个攀冰比赛中拿到奖牌。这一次,他将出任我们的领队,不但要安排好我们登山之旅的所有事项,更重要的是还要亲自带领我们攀登厄峰。

我们的目的地是特斯克尔(Terskol)小镇,位于厄峰东南方的山脚,海拔约2150米。距离矿水城机场约200公里,需要驱车约4个小时才能到达。借着赶路的机会,瓦伦蒂给我们介绍厄峰的大致情况,二傻负责翻译。

他们都在认真倾听两人的介绍,我的心却飘至车窗外。

前半段约120公里的路途都在平原上,路面平整,道路两旁阡陌纵横。在那些被路网分割的土地上,除了城镇,大多荒凉且缺乏生机,风光并无别致之处。即使是城镇,看起来也无出彩之处,那些陈旧的建筑甚至给人一种破败之感,让我昏昏欲睡。

剩余80公里则进入山区,道路以盘山道为主。沿着山谷的方向,道路蜿蜒向前,两侧山高林深,风光旖旎。这等美景当然不可错过,我将身子靠在窗前,贪婪地望着窗外。路况条件比平原道路差了很多,路面坎坷,颠簸不止,但司机撒起欢儿,将车开得风驰电掣一般。道路两侧林立的山峰瞬间来到眼前,又快速闪向身后,我们的身子随之摇来晃去,恍惚间有种似曾相识的感觉。是的,一如车辆行驶在210国道秦岭段之中。

即将到达小镇时，道路变得平整起来，开始显露出前所未有的生机。从20世纪60年代起，当地政府开始规划和建设小镇，如今这里已经成为欧洲知名的登山、滑雪运动中心和观光中心。

即将到达小镇，道路再次平整起来。或是因为雪山的滋养，山下开始显露出勃勃生机，人、车、牲畜、树木、田地争相进入眼中，生活的气息浓郁了很多。

虽然早有二傻关于气候的提醒，但到达小镇时，这里的寒意还是出乎我们意料。一座座雪峰在周边环绕，更是让人刚一注目便备感严寒。

异国小镇风光

因为迫不及待想去小镇周围转转，所以刚停好车，我和小龙立刻跳下车，快速奔进阿拉马特酒店（Alamat Hotel）中，待二傻和瓦伦蒂分好房间，便将所有装备放置进去，穿上羽绒服就迫不及待走了出去。

好一幅别致的异国乡村风光！

门前行驶过的道路就是小镇的交通主干道。此刻，阳光恣意挥洒，虽然无法抵御寒气，但依然让小镇中那些多彩的建筑光影迷幻，愈发美丽。雪山连绵，巍峨高耸，静静屹立在小镇周边，俨若一个个圣洁的卫士，默默守护着这里的安宁与祥和。

道路上，车来车往，身着时尚衣衫的当地居民往来徜徉。不时还有自行车运动员、跑步爱好者和滑雪爱好者等擦肩而过，这些都提醒我们已经身处欧洲户外、冰雪、登山运动的天堂。

更有肥硕的牛羊、悠闲的毛驴，在道边、田间自在行走。每当它们伸颈哞叫，那叫声低沉而富有穿透力，在空气中迅速回荡并传播开来。偶尔还会传来几声狗吠，更是把小镇浓郁的乡村生活气息展现得淋漓尽致。

沿着道路向上走，两侧分布着各式低矮建筑，有政府小楼、小卖铺，更多的是民居，当然还有必不可少的、飘散着浓郁饭菜香味的餐厅。这些建筑虽然各有特色，但都是拜占庭式建筑风格，以石头为基、木质起构，尖尖的屋顶，外立面被涂上了各色涂料，看上去色彩斑斓、舒心悦目。小龙面带艳羡自说自话："要是能在这儿多住些时日得是啥感觉呢？"我闻听一笑，"那你不妨试试？"他憨憨一笑。

路边的几幅巨幅广告牌同样吸引着我的目光。恰逢苏联卫国战争70周年纪念日前夕，广告牌上的内容虽不尽相同，但无一例外都包含镰刀斧头状党徽和硕大的70字样。即使不认识俄文，也很容易猜到这广告牌所传递的内容。在皑皑白雪反射的太阳光芒的照耀下，这些广告画面似乎有一种摄人心魄的魔力，让我们隐隐感受到一股蕴藏在山谷中的巨大能量，我们不由自主便攥紧了拳头。

既然称为小镇，说明它不大，事实也是如此，不到半个小时我们就浏览完了它的核心区域。奔波了一天，肚子已是咕咕作响，我们返身走回旅馆，直接进入一楼餐厅。餐厅里仅摆放了5张桌子，地板、餐桌、坐凳无一例外都是原木材质，餐桌上通体的木材年轮纹清晰可见，一眼看过就能想象到它初始时的粗壮和不小的树龄。

其他队友早已齐聚餐厅，晚餐也已经备好端上了桌。有土豆火腿肠汤、

时值苏联卫国战争70周年，小镇上的巨幅广告异常醒目。

羊肉米丸子以及一些清水煮出来的土豆、胡萝卜等蔬菜，主食是列巴片。看起来比较简单，营养搭配却是不错。只是我们来自陕西的四个人吃惯了辣味、咸味，觉得这些饭菜太过清淡，正在考虑如何应对之时，老郭变魔术般掏出两瓶韩城特产花椒芽菜，立刻弥补了缺憾。二傻和毛毛也没有抵挡住花椒芽菜的诱惑，和我们一起大快朵颐起来。张勇则趁机抱着摄像机录下了这开心一刻。

晚餐后，瓦伦蒂开始对照清单检查装备。从帽子、头盔、雪镜、头灯，到手套、抓绒衣、冲锋衣，再到袜子、登山靴，最后到冰镐、冰爪和结组绳，全部一一过检，毫无疏漏。用他的话说：在攀登前，我们必须"杜绝一切安全隐患"。

训练中初次感受厄峰气息

5月6日，首次训练的日子。可能是惦念着日出而非时差捣乱，我又在凌晨4点多便从睡梦中醒来。穿戴整齐走到旅馆门口，发现大门仍紧锁着，根本无法外出。时间太早，又不便去打扰店主休息，只能心怀遗憾回到房间，守候在窗前不停向外张望。

由于天气原因，朝霞漫天、日照金山的盛景终究没有出现，没能出门的遗憾为此也减轻了很多。待到大门打开，阳光已然洒满大地和雪山。天气依然寒冷，心中却猛然升腾起一种久违的温馨。

前一天沿高加索山脉一路前行时，看着蜿蜒的道路和河流，我还笑言有如正处秦岭，毫无身在国门之外的感觉。如今伴着朝阳再一次缓步走到小镇上，看远山，山风吹雪，泛起层层白雾；望苍穹，云伴蓝天，映衬茫茫雪顶。与西安的雾霾天相比，这才真正有了一种身在异国他乡的感觉。

早餐后集体前往户外用品店租用装备，店铺就位于旅馆下方不远处。小店单层木石结构，面积并不大，各种陈设布置整齐有序，看起来干净整洁、温暖有加，丝毫没有局促之感。各式各样的登山装备琳琅满目，既可购，又可租，可以满足所有登山者的需求。此外，作为欧洲滑雪胜地，这里从来不缺滑雪爱好者，因此店里还同时经营着各种滑雪装备。

瓦伦蒂带领队员租赁装备。商业登山活动中，为了方便登山者，商业登山公司一般都会免费或有偿提供个人装备租赁服务。

按照瓦伦蒂的建议，我租了一副羽绒并指手套和一双登山靴，其他队友也按需分别租用了一些装备。回旅馆穿戴整齐，便跟随瓦伦蒂徒步前往山脚，开始我们的第一次训练。

初至此处带来的新鲜感让每一个人都很放松，即便脚踏沉重的雪地靴，一路上仍然有说有笑。不知不觉来到了山脚下第一个缆车站。两人一台，按顺序乘上缆车，从此处去往第二个车站Cheget，并在那里正式开启训练。训练的主要内容是雪坡行走技术，然后再沿着缆车前进方向行进至第三个缆车站。

从Cheget下了缆车，还没等瓦伦蒂说话，我们就忙不迭地接连走了上去。山坡上积雪看上去并不太多，随处可见岩石和石块裸露在外，给人一种毫无难度的错觉。只有置身其中才知，这片雪地并不乏积雪深厚之处，稍不留神，就有可能陷入其中。首先中招的是毛毛，然后是小龙。两人的腿几乎全部陷没雪中，幸好并非深不见底，我们伸出援手助其很快从雪坑中脱身。

他们的经历让所有人都提高了警惕，个个像乖娃娃一般跟在瓦伦蒂身后，小心翼翼前行。因为变得小心，加之有雪套的保护，后续未再出现什么问题。

伴随行进的方向，一直架设有滑雪缆车系统，缆绳就在我们头顶上方，不时有滑雪爱好者乘坐着缆车快速经过。他们总会礼貌地呼喊，送上一声热情的招呼，我们也开心地回应。一呼一应，让人感到亲近和愉悦。这让我们的攀爬显得更加轻松，仅花费两个小时就到达了目的地。

攀爬过程中，戴着雪镜无法看清相机显示屏，而摘下雪镜拍照又会消耗

外国滑雪友人给我们送上热情的招呼。作为欧洲滑雪胜地之一,厄尔布鲁士高山雪道总长度超过15公里,每年吸引大量的滑雪爱好者。

时间,拖累队伍前进的步伐,所以我始终采用盲拍。此刻到达目的地,终于可以摘下雪镜。脱离了雪镜保护的那一刹那,白雪反射的光芒直入眼中,双眼隐约有一丝刺痛感,眼前瞬间苍白一片,眼睛自然闭合。再缓慢睁开时,一片圣洁美丽的世界才庄重又真实地展现在我的眼前。

可很快,眼前出现的一幕让我顿生忐忑,两位荷枪实弹的俄罗斯士兵正值守在缆车站门口。他们的表情并不多么严肃,但依然能够让我们感受到一种不怒自威的威严,看起来似乎并不欢迎我们的目光在他们身上过多停留。为避免自讨无趣,我赶紧定神移走目光,走向站外的木质平台上。

极目四野,周边一片苍茫,群山连绵起伏,山顶白雪在蓝天衬托下愈发洁白无瑕,此情此景让平台上的人们欢呼雀跃。我按捺不住内心的激动,举起相机,把那一刻所有的欢乐都变成了看得见的存在。

暴风雪中挺进大本营

下午两点,训练任务结束,我们乘坐缆车返回山脚。山脚下建筑不多,大都是出售商品的简易摊点。冰箱贴、明信片、皮毛地毯、帽子、围巾和衣服等,商贩们忙不迭地用并不娴熟的英语热情地招徕着过往的游客。我们的出现,让他们又一次看到商机,他们纷纷向我们挥手示意。其中一位看起来敦厚朴实的老板吸引了我和老郭的目光,我们走进他家店里,各自选购了一

山脚下的摊点和商贩。

些有着当地特色的皮毛制品。

采购结束后，瓦伦蒂安排大家在旁边餐厅简单休息和用餐，之后便返回酒店。

换下沉重的雪地靴，穿上相对轻便的徒步鞋，立刻感觉轻松了很多，内心充盈着满满的幸福感。其实幸福常常就这么简单，只需要一点小小的满足。

前两天睡眠严重不足，昨晚头疼得厉害，我不得已吃了一颗康必得尝试缓解。此外，为防止水土不服引起腹泻，也吃了相应药物，早早上床休息了。7日一觉醒来时，已是早上6:00，充分的睡眠也驱走了头疼的困扰。

这一天我们将正式前往汽油桶大本营，厄峰攀登最核心的阶段即将到来。

起床后就默默祈祷今天会有一个好天气，可清晨偏偏下起了一场大雪，颇有些怕什么来什么的意思。大雪纷纷扬扬，来势凶猛，我的内心猛然一紧。但随即想起在乞力马扎罗的经历，但又想到此次无须徒步攀登而是乘坐索道前往大本营，瞬间我又淡定了很多。甚至想到了高尔基先生大作《海燕》中的著名语句：让暴风雨来得更猛烈些吧！

把一些日常衣物分出，留置在旅馆装备室。再把其他必须携带的装备整理归置到驮包和登山包中，一起带往缆车站。在大雪与大风之中，经历了一次缆车换乘和雪地车转运，上午11:00，我们和装备一起被送到了海拔约3700米的汽油桶大本营。

汽油桶大本营因汽油罐似的营房而得名。这些营房由十个圆柱形大汽油罐改造而成，其中九个外壁被涂成白蓝橙三色，每色三个，一字平行排开，置于大本营一个凸起的山包上。另外一个也是白色，被放置在其他九个下方，看起来像是将要离队的孤雁，只是它没有翅膀。

在这些汽油桶营房的另外一侧，高低错落地分布着七间方形营房，有五间是灰色基调的木屋，另外两间像是由车厢改造而成，还被涂上了颜色。在它们的顶部，有一顶用粉色帐篷支起的厕所帐。

这一刻的大本营，狂风怒吼、大雪纷飞，可见范围仅四五米，颇有遮天蔽日之景象。由于尚处攀登旺季，汽油桶营房早被预订一空，瓦伦蒂只好退而求其次，为我们选择了木屋营房。虽说汽油桶营房更具特色，但木屋营房也相当不错。营房内空间宽敞，摆放了四张双层床，共计八个床位，七名队

大本营中的汽油桶营房。这种汽油桶营房在登山营地中可谓独树一帜。

员恰好可全部入住,剩下的一个床位用来搁放所有装备。如果在中间再摆上四张桌子,其内部布局就俨然是我大学时代的宿舍了。思绪至此,自然而然生出亲切之感。

进入营房,其他人都在忙碌着整理装备,只有毛毛似乎在思考着什么。

"咱说呀,这厕所为啥要设到最高处呢,是让咱们上厕所时也得抓紧练习雪坡行走吗?"毛毛紧锁着眉头,朝着小龙一脸不解地问道:"我刚才留意了一下,从咱们这屋子到厕所,积雪很厚,路肯定不好走,晚上要上厕所可咋办呀?"

"练练挺好的呀,再说啦,有我们六个老爷们呢,你有啥可担心的!谁还不能陪你上个厕所呀?"小龙一脸坏笑地回应。

"那行,咱可说好了,到时候叫谁陪着去厕所,可不能耍赖!"

毛毛的目的已达成,营房里哄笑一片。

用脚步表达敬畏大山的心

待装备整理摆放完毕,也到了午餐时间。我们营房下侧的木屋就是厨房兼餐厅，俄罗斯姑娘玛莎是唯一的厨师。玛莎天生丽质，身材高挑，脸上时常挂着羞怯的笑容，仿佛就是邻家女孩。此刻她早已给我们准备好了丰盛的午餐，肉、菜、水果、牛奶一应俱全。队员们边吃边说笑，其乐融融。

饭后回到营房短暂休息，下午两点半开始新一天的训练，要从大本营攀升至海拔4100米，然后下撤返回。

所有人精神焕发、穿戴整齐，列队走入漫天风雪之中。瓦伦蒂领队，二傻收队，其他六人一字排开位于中间。风舞大雪，路旗猎猎，同时在耳边呼呼作响，机器的轰鸣不时夹杂于其中，那是雪地摩托和"雪猫"（Snow Cat，即履带式雪地车，因它在雪地中行驶时像猫一样灵活而被形象称作"雪猫"）正从我们身边快速驶过发出的轰鸣。它们的身形快速消失，只留下被卷起的阵阵风雪。

前进道路上，每隔一段就设有一面路旗。一根根木棍直插雪中，顶部三角红旗随风跃动。出发前瓦伦蒂就已专门给我们介绍了路旗的用途，主要用来区分安全和危险路段。沿着前进方向，在它们的外侧，可能存在冰裂缝、深度积雪地带等危险地貌，绝对禁止进入。行进中要躲避疾速掠过的雪地车和雪地摩托，掌握好节奏缓缓前行。

脚下，积雪已被机器履带无数次碾压，异常紧实，不过锐利的冰爪齿尖依然可以轻易扎入其中，行走起来还算稳健。唯一考验我们的就是大风雪，迎风冒雪而上，体能消耗速度远超平时。队友们不停相互鼓励和打气，仅用2个多小时就到达了海拔4100米处，完成了既定的适应训练内容。

折返回到营房里休息时，我感觉意犹未尽，饶有所思地在微信上这样对朋友说：在西藏，藏民朋友们用身体去丈量他们朝圣的路；我登山，则是用脚步去表达敬畏大山的心。

直到晚饭后天气都没有好转。期望中的日落盛景当然无法呈现，虽多次跑出营房查看，终究以失望收场，无奈窝在营房里和队友闲聊。

初次登山，毛毛有很多疑惑。此刻，她就发现玛莎做饭之水乃融雪而成，对这样的水能否食用感到忧虑。我给她解释，冰天雪地之中，肯定不能像我们在乞力马扎罗时那样逐水而居。在这茫茫雪顶上，白雪取之不尽、用之不竭，分明就是大自然的恩赐。再说，这里远离污染，当然可以化雪为水,放心饮用。更何况,我们已经品尝到了它的甘甜醇美。

高反侵袭下的拉练

首日爬升训练及随后的休息中,出乎意料的事情突然发生,张勇竟然因高反而头痛欲裂,难受非常。队友们都知道张勇酷爱攀岩,并坚持多年。这项运动让他练就一身腱子肉,尤其是背部,看上去异常强壮。按说,他应该不至于如此"不堪"。但在现实面前,我们又不得不慎重。大家推测,或许是他肺活量太大、难以短期快速适应所致。

老郭出现高反症状则是意料之中,他因此而寝食难安。我和另外几位队友也都有不同程度的头痛。为了确保身体不会出现更大问题,瓦伦蒂督促大家保证休息质量,随时关注自己的身体指标成为重中之重。为此,二傻每天都为大家测量血氧量和心率,幸运的是,结果始终都还理想,问题并未恶化。

8日清晨6:00,和煦的阳光透过窗户温柔地洒进营房,恰好照在我的睡袋上。经历了大半夜的失眠折磨,我在迷蒙中醒来。这一晚老郭和小龙的高反得以好转,但张勇的高反愈发严重。我的情况虽未加重但也没有明显好转,所以醒来后始终赖在睡袋里不愿起身。看着阳光照耀睡袋,似乎感觉到那温暖已透过睡袋传至周身。

正将眼光挪至房顶,看着屋角处那些冷凝水珠遐想之时,小龙从屋外急匆匆赶回,边走边大声呼喊:"范哥,外面景色忒漂亮了!"

别的或许吸引不了我,但这话却无异于一剂强心针。根本顾不上仍在隐隐作痛的脑袋,我敏捷地爬出睡袋,穿好羽绒服,抓起相机跑出了营房。

汽油桶大本营俨然换了一副模样。此刻,风和日丽,天空湛蓝一片。往日被风雪遮掩的周边雪山,此刻大都尖峰耸立,清晰入了眼帘。只有个别山峰在飘浮的云层之间时隐时现。经过了昨日恶劣天气的考验,如今得见这般美景,连头疼也适时消失了踪影。

9点开始拉练,与昨日唯一的不同是要上升到更高处,到达海拔4700米处的帕斯图霍夫岩(Pastukhov Rock)后再原路返回。主要目的就是让大家进一步适应高原环境,找到正确的行走节奏,储备必要的体能。由此可见,

唇状烟云遮挡了主峰。厄尔布鲁士位于里海和黑海之间，属于温带海洋性气候，大气中的水蒸气较为丰沛，当这些水蒸气升腾遇冷液化或凝华成无数的小水滴或小冰晶，便聚集成云，所以在高海拔地区极易形成烟云。

冲顶前的这次拉练尤为重要。

张勇认为可以忍受当下的高反，坚持随大家一起训练。二傻陪老郭断后，其他五名队员跟随瓦伦蒂慢节奏前行。上升的第一个100米，用时约30分钟；第二个100米，用时几无变化。但到达海拔4000米左右时，大风突然袭来，而且随着海拔逐步上升，风力愈发强劲，稍不留神就会被吹得站立不稳，大家只能弓身前行。沉重的雪地靴、渐渐陡峭的雪坡、愈发松软的雪质，再加上怒吼不止的狂风，让我们每前行一步都异常艰难，速度明显下降，但我们都深知适应海拔的重要性，所以依然勇往直前，没有任何一个人轻言退却。

大约下午1:00，到达海拔4300米的空旷之处。没有了山体阻挡，这里的风速变得更加迅猛。伴随着刺耳的呼啸，狂暴的大风似要席卷面前一切阻挡物。冰化的雪粒也借着风势狠狠地击打在我们毫无遮挡的口鼻处，我感到若针扎一般刺痛难耐。

天气变化显然超出了我们的预估。若继续上行，在这暴露感极强的地带，身患感冒的可能将大幅增加，定将影响后续冲顶。瓦伦蒂意识到这个问题，审时度势后他提出，四个小时的高强度行走已基本达到训练预期，同时为了防止张勇的高反进一步升级，建议下撤。小龙和毛毛此时感觉尚好，执意继续向上挺进。为保证他们安全，瓦伦蒂陪同前往。我和张勇、王勇掉头返回大本营，途中与二傻和老郭会合，老郭亦随同我们下撤，二傻则去追赶另外三人。

一个多小时后我们三人回到大本营，除了风势轻微一些，其他并无明显差别。大雪同样纷飞，雪雾弥漫之间，整个世界仿佛变得朦胧起来。简单吃了点午餐，我们一起回到营房休息，让紧张的神经得到些许松弛。

眼瞅着大本营天气好转无望，日落和晚霞又一次无缘得见。前行的四人也终究没能抵御住大风持续地冲击，他们尚未到达帕斯图霍夫岩便选择了返回。

久久不能忘怀的晚霞映天

天气预报显示，5月10日天气将转为良好。晴天，且风速、温度适当，是非常适合冲顶的窗口期。经过认真考虑并征得大家一致同意，瓦伦蒂确定在这个窗口期冲顶。今天的训练也就围绕冲顶所需的行走技术和技能开展。训练时间不会长，因为还要留出更多时间让大家休息，养足精神为明日冲顶做最后的充分准备。

"起床啰！"毛毛的喊声悠悠传来，把我们六人从睡梦中叫醒。我揉揉惺忪睡眼，看了看时间——7:40。显然已经过了日出时刻，但营房内仍未见到阳光。必定又是阴天！我在心里懊恼地告诉自己。

事实上，不止阴天，还有浓密的大雾。新的一天注定要从朦胧中开始了。

营房外能见度不超过10米，营地厕所旁的冰雪混合坡上，我们这支队伍进行着冲顶前的最后一次训练。训练的内容共三项，冰坡行走、结组行走和滑坠制动。前两个训练内容很容易理解，因此队员们掌握得很快，训练用时也比较短。

滑坠制动训练是个例外。由于大家初次接触这项训练，技术动作运用都不够规范，多次训练后效果依然不够理想，遭遇了不小的挑战。瓦伦蒂只能耐心地教，反复讲解动作要领，亲身示范动作分解，直到大家都能够较为迅捷、标准地做出制动动作才罢休。仅此一项就占用了大部分训练时间。不过，适应高反困难户老郭一反常态，在保命技术的学习中，他毫不含糊，不但快速掌握了滑坠制动动作要领，训练的成效也最为突出，让我们刮目相看。

随着训练热火朝天地开展，营房外的天空逐步放晴，两个多小时的训练

日暮时分,营地周边的日照金山。日照金山是日出或日落特定时刻的阳光避过山顶前的障碍物,照在山顶形成的一种特别美丽的自然景观。

结束时,营地四周已然是一片晴空。只是队友们心念冲顶,根本无心欣赏美景,都自觉回到营房,躺在床上静静享受冲顶前最后的休息时光。

近傍晚时分,云雾渐又升腾,好在并未遮住所有阳光。进入餐厅后,我不时观望着窗外景色,隐隐有种感觉,一直期待中的晚霞即将浮现。

太阳渐渐西沉,东面的山峰上,阳光变魔术般变换着颜色。从白色慢慢变成金色,照耀范围从整个山体收缩到雪峰之巅,空中的流云如丝带缓缓划过,地平线处出现了一条如虹的彩带,山巅被浸润在摄人心魄的金黄之中,白雪覆盖的下方山体则被蒙上一层冷蓝,日照金山就这样呈现在我的眼前。抄起早已准备好的相机,全然不顾山野之中的寒冷,手套也顾不上戴就夺门而出、冲下雪坡。我知道,对我而言,这里的山,这里的雪,这里的日照金山和晚霞满天,一生或许只能看到这一次。

拍完照片,心满意足回到餐厅,队友们都已齐聚其中。享用晚餐时,瓦伦蒂宣布了明日的冲顶计划,并引荐了将随同我们一起攀登的其他三位经验丰富的向导。

滑坠不能磨灭登顶的决心

鉴于前期训练中我们每个人身体适应性的表现不一，所以瓦伦蒂采取"区别对待"的登顶策略。所有人分成四组，老郭单独配备一名向导为一组，其他六人分成三组，由三名向导分别带领结组前行。正是这一策略，最终让我们实现了登顶大团圆。

出发时间定在5月10日凌晨4点半。刚到3点，大家就已全部起床，穿好衣服和雪地靴，系上安全带，整理好其他诸如帽子、手套、雪镜、冲顶包、水杯等装备，围坐在温暖的餐厅用早餐。可能是高反还在起作用，也可能是因为心情紧张，我们的食欲都不太好，就连一向胃口无忧的我也只是吃了两个煮鸡蛋，喝了几杯普洱茶。

七名队员认真穿戴好冰爪，检查了行走镐和登山杖，然后和四位向导一起登上了"雪猫"。预定时间到了，我们开始向西坡海拔5000米处的平台进发。之所以选择"雪猫"，瓦伦蒂解释是为了节省我们的体力，以保证我们能够在横切通过鞍部后还有足够体力攀上两个雪坡，对此我们都深表赞同。

凌晨的大本营，依然有风，寒冷刺骨。我最后一个爬上车，蜷缩在"雪猫"尾部，寒风穿透厚厚的羽绒服，不由得打了几个冷战。"雪猫"行走中大幅度摆动，为避免被甩至车外，我极不情愿地从厚厚的手套中伸出手来，紧抓着车厢边缘。必经之路上，有不少选择徒步攀登的登山者，此刻已经背负着重重的装备缓缓前行。"雪猫"在他们身侧轰鸣而过，扬起一片雪雾，模糊了他们的身形。我侧身看着他们朦胧的身影，心中充满了敬意。

快要到达平台时，黎明蓝调时刻刚过。右侧山脊露出了一抹棉絮状浮云托举着的朝霞，虽然绝大部分真容都被雪山阻挡，只露出容颜一角，但它给我的震撼却丝毫不减，绝不亚于在乞力马扎罗所看到的景象。

从平台开始，我们将进入真正意义上的厄峰攀登。风虽愈来愈大，却无法阻止冰爪割裂雪地发出的吱吱嘎嘎声传入耳中。在瓦伦蒂和其他向导的带领下，我们按照训练时所学习的各种动作要领，冒着大风前进。一手拿冰镐，一手握手杖，后面的人循前者的脚印，在时而坚硬、时而松软的冰雪上前行。怒吼的狂风遇阻后化作小型旋风，卷起雪粒扫过我们的身体，稍有懈

即将攀登至鞍部区域的队员们。

怠我们就会站立不稳。每每此时,把冰镐和手杖扎入冰雪之中,就成了保持平衡和稳定的方法。

横切至鞍部,我们已走完大半程冲顶路线。除了抵御狂风,体力消耗并无想象中的大,没有遇到大的考验,也并未感受到攀登的难度。此外,太阳跃出地平线后,周围那些银装素裹、巍峨耸立的雪山,在蓝天映衬下异常壮观,历览此等赏心悦目之美景,心中更多的是畅快和坦然。

孰不知,想象中的艰难是从鞍部开始的。

面前是两个大的雪坡,如何才能在减少消耗的前提下顺利通过?最稳妥、最安全的方案应该是采用"之"字形路线迂回上升。但该方案线路较长,大风天气下体能的消耗可能会加速。通过几天的训练观察,瓦伦蒂认为结组直线斜行上升方案更加适合我们。不可否认,这意味着要直面怒吼的狂风,要冒更大的滑坠风险。但他认为,相比之下,这个方案的行走距离大幅缩短,体能的消耗可能会较低,由于路线上已经提前设置了一些路绳和保护点,只要结组的队友能够充分协作,就一定可以用团队的力量去战胜未知的困境,从而翻越雪坡,到达顶峰。此外,在他看来,这个方案有助于增强我们的攀登体验,或者说,更能让我们体会到战胜自己后那种发自内心的、涅槃重生般的愉悦。七个人当然毫不犹豫支持瓦伦蒂的选择。

在鞍部略作休息调整,毛毛和小龙一组,二傻和张勇一组,我和王勇一组,各小组分别与一名向导结组,老郭与另外一名向导结组,开始按照瓦伦蒂的方案向雪坡挺进。湿热空气从口中急促呼出,在头巾和羽绒服领口处凝结成了冰凌。冷风穿过领口，钻进衣服，和着汗水化为透心的凉。前进的路，向导前脚踩下去可能还足以支撑其前行，可若我们后脚照着他的脚印踩下去就可能陷入其中。在这样皮硬瓤松的雪质下，冰镐时而吃得上力，时而吃不上力。风丝毫没有降低的迹象，越刮越大，视线因此模糊，团队前进的步伐愈发艰难，可以不断听到风中传来前面队友粗重的喘息声。各组的向导和队员间只能依靠绳子的放松和拉紧来传递信息。这无疑是一段异常艰难的历程。

大风的等级和大家体力的消耗显然出乎瓦伦蒂的预料，滑坠有如传染般在队员间不断发生。第一个雪坡上，先是毛毛和小龙发生滑坠，然后是我和老郭发生滑坠，幸好有结组绳和保护点，我们滑坠距离都很短，也没有人受伤。但是快到两坡之间的小平台时，由于脚下不稳、冰镐未能有效吃力以及大风狂吹，我再次发生滑坠，此处恰恰没有保护点，滑坠了三四米后才实现了冰镐制动。已经到达小平台的瓦伦蒂冲我大声疾呼："Are you ok？"（你还好吗？）我努力地点点头，然后在同组向导和王勇的帮助下，几乎用尽了所有力气才重新爬回了路线，后来艰难到达小平台。

攀登过程中的任何举动都要小心谨慎。二傻和张勇两人的向导在解决某个问题时，不得已暂时脱掉了并指手套，可他事先没有把防脱绳固定在手腕上，手套瞬间被大风吹落，只能眼睁睁看着它滚下了雪坡，幸好有备用手套。如若不然，即便是向导，为了避免可能导致的严重冻伤，也不得不下撤。

我躺在平台雪地上，闭上眼睛，浑身有一种前所未有的筋疲力尽的感觉。瓦伦蒂见状快速走到我的面前，大声询问："Go back？"（下撤？）虽然是询问的语气，但其中似乎包含着不容辩驳。我当然知道，他是怕我体能消耗过大，继续攀登可能会有危险。我挣扎着坐起来，睁开眼睛直视着他，喘着粗气大声回应："No！I don't think that's a problem！"（放心吧，我没有问题的！）应该是看到了我眼神中透出的坚定，瓦伦蒂迟疑片刻，无言转过身去。我懂得，他选择了相信。

第二个雪坡更加陡峭。更让人不安的，这是一段冰雪混合坡，而且雪质与第一个雪坡刚好相反。它的表面是一层浮雪，浮雪下面则是坚硬的冰层。如果发生滑坠，就极有可能撞到下方被浮雪覆盖、冰层包裹的岩石上，轻则摔伤，重则殒命。为此，向导专门铺设了路绳，要求大家将主锁挂在路绳上前行。只是我们都没有准备上升器，所以只能手抓路绳奋力前进。

如果把成功登顶比作黎明到来，那么这一段难度最大的雪坡攀爬，绝对可以称为黎明前的黑暗时刻。体力严重消耗导致我们无法将冰爪稳固地切入冰层，没有经过攀冰训练的我们，稍微用力不慎，就可能发生滑坠。大家行走得极为小心和缓慢，时间仿佛停滞了一般。历经艰辛终于通过了这段陡坡，到达顶峰下的一个平台，我们大有劫后余生的感觉，齐齐坐了下来。在这里能休息一会儿，绝对是一种莫大的幸福。休息中，我从冲顶包中取出专门携带的果冻，试图补充些能量，可拿到手里时才发现，它已经变成"冰疙瘩"，根本无从下口，只能苦笑着把它放回。

终于通过了最艰难的路段，瓦伦蒂告诉我们，距离顶峰仅剩300米距离。剩下的路比较安全，不再需要冰镐和路绳，也不再需要结组。这话如同一剂强心针，让已经筋疲力尽的我们豪情再起。在信念的支撑下，我们努力站起来，继续向前走去，纵然一步一歇、步履蹒跚。

2015年5月10日上午10:38，经过6个多小时的艰难跋涉，登山队7名队员先后全部成功登顶。那一刻，我们紧紧相拥，让泪水恣意流淌，我们是这个世界上最幸福的一群人……

在顶峰我们只留下足迹

考虑到天气原因，瓦伦蒂没有给我们时间过多停留，他要求大家尽快下撤，我甚至连取出相机的时间都没有争取到。在这个顶峰，除了足迹，我什么都没有留下。

成功登顶固然值得庆贺，随后的下撤也不能有半点马虎。在体力大幅耗费时下撤，是对意志力的考验，更是衡量此次登山活动是否成功的唯一标准。5个小时后，全体成员安全下撤到大本营，进而撤至山下回到旅馆。那一晚，我们举办了一场庆功宴。疲劳和喜悦同时印在我们的脸颊上，小龙亲自烤肉，大家共同举杯畅饮5642牌啤酒。喧嚣过后的那些沉寂，为厄峰攀登之旅画上了一个完美的句号。

即将乘车离开特斯克尔小镇的时候，天空中再一次飘起了雪花。站在车门前，我忍不住驻足回望一眼美丽的厄峰，然后毅然进入车内。那些艰难的攀登过程依然在脑海中鲜活，但还是到了要说再见的时刻，祈愿这所有的美丽都能长存，让更多的人可以随时来到这里欣赏它的美丽，达成自己的梦想。

第三篇

/

横断山雪峰，
大鸟羽翼雀儿山

雀儿山，其实是原定攀登计划受阻后无奈之下的选择，但恰恰是它，给了我很多惊喜。

前两次攀登的经历，让我深刻意识到体能之于攀登的至关重要性，也让我看清了自己体能上存在的严重不足。为此，从2016年年初开始，我就通过一种高强度健身方法来强化自己的体能。每周训练3~5次，每次1小时左右，尽管每次训练完都会筋疲力尽，可一想到自己的梦想，还是努力坚持了下来。

2016年国庆假期，为了检验体能强化训练的效果，老郭、小龙和我一起去往西藏阿里地区，实施了冈仁波齐转山计划。我们用了不到17个小时完成转山，对自己的体能有了比较客观和清醒的认知，开始信心满满地憧憬起年底的南美洲最高峰阿空加瓜攀登之旅。

可事与愿违，因商业登山公司违约，我们错过了攀登季，阿空加瓜攀登计划落空。

2016年夏季我不幸患上面部神经麻痹症，因此错过了2017年攀登慕士塔格峰的报名时间。直到2017年6月，我才忽然想到雀儿山，我的剩余年休假时间刚好能够满足它的攀登用时，费用相对较低，加之体能得到了强化，遂决定尝试半自助攀登这座技术型6000米级山峰。这样的结果，或许是一个无奈的选择，却也因为这些因素有了"一切都是最好的安排"的感觉。

所谓半自助攀登，与标准攀登的区别主要表现在营地设置与协作数量两个方面。营地方面：标准攀登设置4个营地，即C1~C4；半自助则少了一个营地，且其C2位于标准团的C2、C3之间，谓之高C2。用时方面：半自助攀登总用时比标准攀登少一天。协作方面：标准攀登是1个协作服务2名队员；半自助攀登则是1个协作服务3名队员。

出发那天，是阿坝地震后的第十天。得知我要前往四川且目的地临近阿坝，亲朋好友们都关切不已，纷纷叮嘱我要小心余震。但就我内心的感受而言，除了对亲友送来的关切心存感激，对地震倒是真没在意。毕竟根据了解到的情况，即使在地震当时，雀儿山一带也是安然无恙的。

沉稳与冲劲

如果说雀儿山之行中登山部分是快乐的，那么从西安出发长途跋涉前往甘孜县的过程，就可谓是备受煎熬了。全队8名队员，唯一的女队员包包17日到达成都后独自去玩了，我、鲍哥和F哥先后抵达成都，入住同一酒店后也是各自安排。

8月18日早，我、鲍哥、F哥和包包在新南门汽车站汇合，乘坐唯一一班发往甘孜县的大巴10:00出发，途经雅安市、天全县、泸定县，于当天傍晚6:00到达康定。考虑便于衔接，我们选择了留宿在汽车站旁边的宾馆。

因为《康定情歌》，二十多年前我就对李家大姐和张家大哥充满了好奇。终于来到康定，却受停留时间限制，并不能去往跑马山游览，没有机会去了解此处的大好风光和风土人情，不能不说是一个遗憾。收拾妥当后，我与三位队友沿着河边一起小走了一程，品尝了这里的特色牦牛肉火锅，倒也算不枉此行。

19日一早，我们继续乘坐大巴车，经新都桥向西北方向沿S215省道前行，先后途经八美镇、道孚县，到达炉霍县后并入G317国道，直到下午才到达甘孜县。

800多公里的道路，我们足足走了两天。而队友小黑、阳光、斩羽和烧麦4个小伙18日深夜才到成都，然后他们租车自驾前往甘孜，却在19日先我们一个多小时到达了集合地。或许这就是所谓的中年人与青年人、"沉稳"与"冲劲"的非典型比对吧。

8月19日是所有成员在甘孜集合的日期，所以我们这个队伍也就命名

"819组"。819组队员中,小黑、包包、F哥和阳光来自上海,斩羽和烧麦来自长沙,鲍哥则是一位宁波商人。除了鲍哥是第一次攀登雪山外,其他队友都有次数不等的雪山攀登史。来自四地的七男一女就这样走到了一起。

甘孜那绝美的风光

这是我的第一次甘孜之旅。于我来说,甘孜是一个完全陌生的地方。除了曾听说它的名字、知道它地处青藏高原边缘地带之外,再无其他认知。

站在县城东南角宾馆的房间里,从窗户看出去,左前方的甘孜寺金碧辉煌、规模宏大,只是感觉距离略远,吃完饭后时间有限,不能步行前往参观。最易涉足的当然是酒店门口的川藏路,两侧商铺林立,却又都是些汽车维修、饭店之类,实无可逛之处。倒是酒店后面不远处的白塔公园,那高耸精致的白塔以及连绵起伏的群山,看上去让人心旷神怡,心向往之。

白塔公园实为一座寺庙,又称色西底那仓寺,藏传佛教格鲁派高僧那仓向巴昂翁·丹曲成来活佛就是在此坐床。据资料介绍,寺内白塔高37米,三层宝座均按照北京天坛祈年殿底座比例大小建成(具体比例不详),宝座绕饰以数百个转经筒和若干个石雕组成,气势恢宏,壮美无比,这无疑是短暂停留时的最佳去处。

用餐时,我把自己的想法告知队友,他们都愿一同前往,于是饭后大家一起去往白塔公园。

沿着宾馆旁边的道路仅仅步行不到十分钟,我们就到了白塔公园。高高的白塔,法相庄严;金色的藏经楼,堂皇耀眼;长长的转经筒廊,法音不断。站立于公园西南角高处的煨桑台之上,向北看,执着奔走的转经人和白塔公园的辉煌建筑尽收眼底;向南望,雅砻江水则有如一条玉带,把南侧的面包山和白塔公园分隔开来。连绵环伺的群山,缥缈不定的云雾,当阳光透过云层照在行将收获的青稞田上,金黄一片。那场景,犹如一幅经典的山水画卷。

在这里,819组的队员们拍摄了第一张"全家福"。照片上,每个人的神态都是那般轻松,或许谁也没有去想接下来我们将面对什么。

819组全家福。

玉隆拉措在人间

20日清晨，川藏队领队三郎杨初和小表哥（一名协作）各自驾车，把我们和装备运到了90余公里外的马尼干戈镇。在这里稍事休息、补充购买雨鞋，并用过午餐，继续沿G317西南而行十余公里，便到达了新路海自然保护区景区门口。

新路海自然保护区位于甘孜地区德格县境内，雀儿山就属于这个保护区。

据说，新路海由川藏公路筑路大军命名，意即临近新修的公路的一个海子。它的藏语名称为玉隆拉措，意为心倾神湖，与古代藏族人民的英雄格萨尔王的传说相关。相传格萨尔王爱妃珠牡来到湖边，被这里幽静的环境和秀丽的湖光山色所吸引，徘徊于此而流连忘返，后人为了纪念珠牡便给它取名玉隆拉措。

新路海其实是一个冰川冰碛堰塞湖，湖水由雀儿山的冰川和积雪融水供给，湖边云杉、冷杉、柏树和草甸环绕，因其美丽而被誉为人间的"九天瑶池"。如今，这里是一个风景区。说是景区，其实只有入口处的一些售票处、小商店等简陋设施，并不像其他知名景区那样经过精心设计和建设，配套设施极为简陋，不知今后是否会继续开发。

在景区门口拍下又一张"全家福"时，英俊高挑的攀登队长恩波已经在那里等候。蒙蒙细雨中，我们一起步入景区。

几只可爱的旱獭直立在洞口的岩石上，静静张望着我们，仿佛在欢迎我们的到来；几匹牦牛和马儿在草地上悠闲自在地进食，貌似根本不在意我们这些闯入者。除了一栋离入口不远、正在建设的木屋，景区里再也看不到其他任何人工建筑。小黑、阳光、斩羽和烧麦是老朋友，其他人在出行前也在微信群里有了交流，所以彼此之间并无多少陌生感，大家相谈甚欢。

调侃逗乐间，足底宛若生风，在不期而至的蒙蒙细雨中，不经意便已来到新路海前。此时的新路海，宛若一名美丽的女子，面对我们的造访，她娇羞地隐去了妩媚的身形，只留下一个朦胧的影子，任我们自由遐想。

风吹水动，湖面荡起层层波纹，仿佛在向亲近者诉说着格萨尔王那不朽的传奇。天色阴暗，冰川融水变得深邃，似乎要将所有曾经遭遇的黑暗都掩藏其中。云雾缭绕，周边群山巅峰尽数躲进其中，只有尚未被遮挡的部分壮实身躯倒映于水面上，随着水波悠悠抖动。露出水面的石块上，篆刻着的文字此刻也变得黯淡了很多。此时的新路海，少了一分传说中的亮丽，多了几

到达新路海南岸，大本营和雀儿山冰川冰舌已依稀可见。

许难以揣摩的神秘。

在恩波的带领下，我们换上雨靴，沿湖东岸向南涉水前进。时而上至山坡，时而下水蹚行，不知不觉便来到了南岸。不远处，大本营的营帐已经映入眼帘，大家加快了脚步。

这是一片海拔4000米的冲积扇地带，地势平整，溪流众多。川藏队择一块干爽之地搭建了数顶帐篷。帐篷功能不一，形态各异，有队员帐、协作帐、厨房帐、餐厅帐、装备帐，还有一项专门用来开会的星空会议帐。

短暂停留大本营

坐在阳光篷下的户外椅上，品茗四顾。北向，可远观阳光下波光粼粼的新路海；南向，可近眺两山夹峙中白雪皑皑的雀儿山。昼可闲看蓝天白云，云卷云舒；夜能静观星河灿烂，亮丽斑斓。尘世繁杂等，任它疾风骤雨，皆不可奈我何。在这里休养生息，适应海拔，深入了解山峰情况，学习攀登注意事项，开展上升下降、结组行走等基本攀登技术培训，皆甚适宜。身为登山队厨师，三郎杨初的夫人为我们精心烹制出各种精美菜肴，每每食之，总会让人感觉：这看似荒山僻野之地，实为世外桃源仙境，能在此度过数日，真是好不惬意。

单就登山而言，我对气候是没有特殊期望的。但如果考虑到我特意携带的摄影装备，可以说从离开西安时，我就祈求此行中能有更多的好天气。

在大本营（BC）的一天半时间里，多变的小气候在这里呈现得淋漓尽致，这是川西青藏高原边缘地带山区的典型特征之一。时而风雨交加，时而乌云密布，时而阳光明媚，变幻之快让人应接不暇。幸运的是，每每风吹云散，夜晚的夏季银河总能如期而至。第一天，我判断错了银河升起的方向，拍摄不尽满意。第二天，及时修正错误，在银河即将竖起之前，终于拍到了自己满意的银河作品，纵然期间被一通电话搅扰了心情，还是坚持完成了拍摄。之后持续一夜的小雨，彻底把心头的烦闷洗刷一空，也让我毫无负担地踏上了攀登之路。

心驰神往的C1绝美银河

22日启程离开BC前往C1时，天公作美。出发仪式上，8位队员一字排开，坐镇BC指挥攀登的三郎杨初为队员们献上哈达，高山摄像师兰卡认真端着手中的数码摄像机（DV），摄录下每一位队员彼时的跃跃欲试，攀登队长恩波和小表哥、阿牛、阿真等协作也没闲着，纷纷拿出手机记录下了这标志性的一刻，所有人一起喊出了"做好准备再出发"的口号。余音尚存之际，川藏队老板苏拉王平的朋友圈里，已经出现了819组出发仪式的照片和消息。

拔升800多米，初始的山谷林道还算平坦。随后路途变得崎岖，走过碎石盘山道，穿过落石聚集区，在类似传统徒步道的山路上，大家的兴致明显难以提起，倒是路侧分层明显的三阶瀑布响声震天。瀑布因冰川融水汇聚落下而成，看上去别样的雄伟壮观，让我们不时侧目。瀑布扬起不尽水雾，随轻风飘拂至裸露的脸上，为烈日下行进的我们送来丝丝凉意。正是在这段必经之路上，给我们带来不少欢声笑语的F哥遗憾下撤，因膝盖旧伤复发，他无法

最后一缕夕阳照在C1视野内的山巅，闪耀着金色光芒。冰川区域虽然相对平坦，但宿营其中易受湿气影响，除非迫不得已。

继续坚持，不得不与我们挥手作别，踏上回程。

C1位于冰川冰舌末端。随着海拔的升高，我们的视野变得更加开阔，眼前的景象不再是两山夹峙中一片皑皑白雪。雪峰在不远处高高矗立，冰川在眼前向上舒展延伸，脚下则是大小不一的冰碛石。被简单整理后相对平整的小块冰碛石滩就是我们的营地，帐篷便搭设在这里。岩石因遭受风吹雨打雪侵而沙化，散布于冰川之上，好似给冰川披上了一层赭石色的外衣，让人分不清到底是岩石还是冰川。刚到C1时，我曾误以为那是岩石，直到后来训练走到这片"岩石"之上，听到冰爪扎入冰中的声音和暗裂缝里传来的咕咕隆隆水声，才真切感受到这是冰川，货真价实的冰川。

阳光带来温暖，抵消了寒风吹过的阵阵凉意，谁也不愿错过这样美好的下午时光。帐篷外有几把户外椅，几位队员坐在椅子上闭目享受着日光浴。时光放缓了脚步，太阳不舍地慢慢从西侧山脊沉下，放射出的金色光芒照耀着山峰岩壁和白雪，许久之后这光芒才消失殆尽。C1的夜色终于降临，寒冷开始侵袭周身，此时，接近晚上8:00。

大家收起椅子钻进餐厅帐中，藏式火锅已经做好。燃气燃烧咝咝发声，火锅沸腾咕嘟作响，登顶前的最后一餐是火锅，让大家的辘辘饥肠得到满足。不论是荤的还是素的，所有的食材都被投入铜锅之中。排骨等荤菜埋于水中，莲菜等素菜摆布其上，仅仅是看着就足够诱人。待恩波一声令下，队员们全然不顾还是略显夹生的食物，筷子在火锅和餐盒之间腾挪翻转，帐篷里一片红红火火、热气腾腾。

为了保证队员安全，从C1开始，每个帐篷至少入住两人，既能相互照顾，也可以及时应对夜间睡眠时可能遇到的紧急情况。六男一女七名队员入住三顶帐篷，必然要有一位或两位男队员与女队员包包同帐。或许是要避免误解，恩波选择用扑克牌抽签方式分配帐篷。三张方块被斩羽、烧麦和阳光抽到，两张黑桃被我和包包抽得，剩下的两张梅花就是小黑和鲍哥的了。

吃饱喝足，队员们返回各自帐篷，先将防潮垫和睡袋铺展妥当，然后不约而同汇聚到这个营地唯一的星空帐中，喝水、吹牛，用各种力所能及的方式消磨着时间，等待恩波队长规定的睡觉时刻到来。

大家喝水闲聊时，我却偏坐一隅，对于大伙的交流心不在焉，偶尔搭

帐篷、雪峰、银心构成了一幅绝美的画卷。极致风光往往隐于极限之地，欣赏这样的美景需要付出艰辛和努力。

搭话，心思全放在天空中，并不时抬头观看。当星光开始在澄清的天幕上闪烁，我长舒一口气：一个美好的夜晚！脚架和相机早已支起，此刻就架立在雪地上，犹如一支搭在满弦上的箭，耐心地等待着我发出发射指令。

九点一到，其他队员都返回帐篷休息，只有我仍然在端坐等候。近九点半时，银心终于从南侧山峰间立起。设定好各项参数：光圈2.8，ISO2500，焦距15mm，手动无限远对焦，曝光20秒。进一步确定竖向构图：黄色的帐篷做近景，点缀着白雪的山峰做中景，如一把利剑斜插入山峰的璀璨银心做远景。按下快门线的按钮，等待相机背屏亮起……

这幅作品呈现在眼前时，我的内心无比欢愉。一颗流星出现在画面中，它划出一条银线，划过银河，给璀璨的银河增添了一抹美丽的色彩。流星、银河、雪山、冰川、帐篷，这是多少人梦寐以求的景色，这一刻，它们就在我的身边、我的眼前。如此真切，如此梦幻，又如此轻松……

明暗冰裂缝上的勇敢团队

刚到达营地时，因为劳累，加之暖暖阳光的照射，我一度睡眼惺忪。规定入睡时间到来后，拍照的渴望将睡意驱赶得无影无踪。拍完照片钻进帐篷，却又被喜得满意作品的激动所折腾，迟迟不能入睡。辗转反侧一晚，睡得并不好。

第二天迷迷糊糊间醒来，恰逢朝霞初上。初升的太阳透过罅隙把橘红色的光芒射进帐内，瞬间让我清醒，起身出帐跑到了东侧的石崖前。可惜东面的群山"造型"不佳，且阻挡了更多的霞光，能够看到的部分就像一条橘红色的大船，随着霞光漂游，移动在群山之上。俗语常说"朝霞不出门，晚霞行千里"，也就是说，早晨的霞光常常意味着天气与前一天相比可能有明显转变，我也从中嗅到了天气继续晴好的气息。

纵然阳光不负我望，继续助力我们前行，但雪山攀登注定不会只有欢愉和轻松。从23日拔营出发前往高C2营地的那一刻起，包包所谓的"这才是登山"真正到来。从海拔4800米的C1拔升到海拔5500米的高C2，要全副武装、自行负重，且全程在遍布明暗冰裂缝的冰川上行进，这正是半自助攀登

冰裂缝路段，队员们正小心结组行走。冰川发育较好的雀儿山上，分布众多的明暗冰裂缝是每一位雀儿山攀登者不可忽视的危险源。

雀儿山的难点所在。明裂缝大小皆在明处，小心设法总可通过，暗裂缝却被积雪覆盖，阳光的温度不足以让它们快速消融，积雪迷惑了我们的眼睛，稍不留神就可能陷入其中，这是首先必须注意的问题。

协作只在个别危险路段如巨大冰裂缝路段、冰壁路段等布设了路绳。我们面前的路，可能称不上最险要，但为了确保安全和行动的协调统一，必须将所有队员和协作分开结组前行。鲍哥、包包和我体能相对较差，列入一组，另外四个小伙子一组，每组第一人和最后一人都由协作担当，负责引导和保护。

这是一段烙印在我们心间的路程。离开C1不久，各种冰裂缝就开始在脚下起伏抬升的冰川上呈现。协作引导走过的道路中，冰裂缝大小不一，时而如壕沟一般，内有湛蓝的融水水流湍急，需前后队友团结协作，摆好架势、纵身飞跃；时而如峭壁横亘，要抓紧路绳，上升器和冰镐并举方能攻而克之；时而像高空钢索，要看好前方，盯住脚下，保持好平衡，快速通行。

走一会儿,各组便停下脚步,站立休息片刻。如此行进一段时间,终于抵达一个避开了冰裂缝集中地带之处。大家席地而坐,或喝水,或补充能量,或放眼四周,遍览这大好山色。身体的疲劳被心中升腾起的快乐慢慢抵消。

刚刚走出明裂缝区,负责搭建帐篷的两位协作就先行离开,去往前方营地,只留下恩波和每组一个协作伴我们同行。

前进方向右侧,几座相连的角峰和刃脊拔地而起,这是冰川侵蚀作用的杰作。伴随着气候变暖,原本覆盖在山体表面的冰川消融不再,被侵蚀后的山峰便兀立而出,形成了角峰与刃脊。与一般山体的圆润不同,它们山石嶙峋、俊俏挺拔,褐石色的山石上寸草不生。在其衬托下,眼前这片宽阔平坦的冰川也温柔了很多。

左前方,雀儿山主峰耸立,其下侧,几顶帐篷已错落点缀在冰川上方的雪原上,那就是我们的高C2。此时,我们进入了暗裂缝区。这段路途并不

位于冰川顶部雪原上的高C2营地。

算长，但在浮雪覆盖下，若一脚踩上暗裂缝，整条腿都可能没入其中，可谓举步维艰。即使协作不停叮嘱着后面的人要踩着前面的人的脚印前行，我们仍然会不时稍稍陷入进去，所幸并未发生大的事故，如此这般，看似短短的路，依然费很大周折方才走完。

高C2海拔5500米，到达这里时，正值午后。高海拔的阳光热辣异常，晒在身上有一种说不清道不明的温暖感觉。摘下雪镜，强光的刺激让眼睛如针扎一般痛，我赶紧走到帐篷口坐下，将眼睛略微闭合后再睁开方才适应。然后从背包中取出水壶，喝一口热乎乎的水，看看苍茫的雪原。因为被背后的雪坡遮挡，雀儿山的主峰此刻不见了踪影，只有眼前的雪原如此洁白无瑕，就连冰川也洁净了很多。

几个小时后的凌晨一点，是我们正式冲顶的时间。用完晚餐，恩波站在帐篷前的雪地上，我们坐在帐篷口，召开了冲顶前最后一次会议。内容涉及睡觉和起床时间，冲顶保暖的要求，装备要求，出发和关门的时间……凡是相关事项，均一一明确。随后，尽快睡觉成了队员们的第一要务。可我不能，因为三脚架和相机早已经架设好，正孤立于雪地之中，静静等待银河升起。对我而言，与登山同样重要的，是拍摄。

时值农历七月初二，月光式微之时。随着最后一缕阳光隐去，天地迅速隐入暗黑之中。没有风，营地温度在暗夜到来后骤然下降。为了在冲顶前养精蓄锐，队友和协作们已然入睡，四周陷入一片静寂。我独坐于帐篷口，将外帐拉链少许闭合，以抵挡寒气的侵袭，然后喝着热水陷入沉思。久处城市的喧嚣，习惯了热闹的包围，真正置身于这静得可以听到心跳的地方，忽然变得有些不明所以——即使这是我一直向往的地方。归于自然的怀抱，独享暗夜的沉寂，是否也是登山的意义之一呢？透过帐篷的帘隙，一勾蛾眉月恰好映入我的眼中。因为夜色深沉，它那细微的身躯显得尤为皎洁，感觉与我相距非常之近，颇有"手可摘星辰"的意味。此情此景，内心充盈着欣喜。

离开C1时，为了切实减负，我只携带了一支24-70mm变焦镜头。此刻，它就在雪地之中静候着银河升起。相机镜头被我套上了厚厚的羽绒手套，备用电池则乖乖待在我的羽绒服口袋里。白天刚向好友老马请教了如何拍摄银拱，他告诉我长时间曝光要求电量充足，但过低的温度会让相机电池快速掉电，同时，寒冷天气下镜头容易起雾，所以我才想出这些办法保护镜头和电池。

约9:30，预期中的银河闪亮登场。在Planit（摄影计划神器）的帮助下，我在前面两个营地都记录下了银河的倩影，今晚也没有例外。挂在帐篷里的头灯放射出微弱光线，经过长时间曝光，照片明亮清晰。黄色的灯光照亮了近处的帐篷，也给周边的白雪披上了一层黄色的外衣。璀璨银河下的雪山则被夜色蒙上了一层神秘的幽蓝。银心的多彩星芒，雪山的神秘幽蓝，帐篷的贴心温暖，交织成一幅旷远却不失温暖的图画。随后尝试拍摄的银拱，虽然看起来非常笨拙，可于我来说，它就像爱因斯坦的第一只小板凳，意义非凡。

越坡攀冰登山巅

回到帐篷已近10:00，一侧的包包部分面庞露出睡袋，双眼闭合，偶尔还会有几声鼾声发出，睡得正香。脱掉沉重的雪地靴，除去如束缚般的衣物，只留下一身排汗内衣，我快速钻进蓬松的羽绒睡袋，温暖瞬间传遍周身。长长舒一口气，闭上了眼睛。仿佛还没睡着，帐篷外兰卡的喊声就像从梦中传来：起床灌水了！

晚上11:50，五顶帐篷宛若五颗黄色的明珠，闪亮在这片幽静的雪原上。一侧人工挖就的雪坑里，几个高山气炉正滋滋作响，有用来煮方便面的，有用来烧水的。协作把已煮好的鸡蛋分发到队员手里，又把队员们的保温壶放在烧水的气炉前。

趁着协作做饭，大家都忙着穿戴起来。头盔、头灯、雪镜、抓绒帽、魔术头巾，羽绒服、防水手套、冲锋衣裤、安全带，上升器、8字环、抓结、各种锁和快挂，冰镐、雪地靴和冰爪，该上身的上身，该入冲顶包的入包。我们刚刚准备完毕，方便面也恰好煮好。紧张有序地用餐完毕，24日凌晨1:00，队伍准时出发冲顶。

兰卡和阿牛担负修路重任，两人齐头并进、率先出发。没过多久，就只能看到他们的头灯在远处闪烁了。当我们来到号称"绝望坡"的雪坡下，雪坡上已经顺利铺设了两条路绳。攀上雪坡，同绳的包包在我前方拼尽全力向上，旁边绳上不时传来鲍哥那急促粗放的呼吸声，其余队友也各自分散在两条路绳上，努力攀爬。暗夜中，"绝望坡"俨然成了一个热闹的攀冰场。

不知"绝望坡"终于何处，我们只能安心做好自己，力争走出绝望、走向希望。我横下一条心，左手紧抓上升器，右手紧握冰镐，左脚全齿、右脚前齿不停踢入已经冰化的雪坡中，手脚并用，缓慢而吃力地向上挺进。累了，就稍事休息，攒足劲再继续向上。队友们同样竭尽全力攀爬，终于听到上方传来阿牛和兰卡为我们加油的声音，可给人的感觉似乎很远。那一刻，心中真的就萌发出了"绝望"二字。"绝望坡"的名号，大概就由此而来吧。

后来通过谷歌地图查看和测量，"绝望坡"实际上是一个山坡，坡度约75度，坡长约130米。因季节和覆雪量的差异，不同时间这个山坡会呈现出不同面貌，坡度和长度也会因此发生变化。我当时用手持GPS测定了相关数据，其底端海拔5555米，顶部即为山脊，海拔5647米。

不想去看表，也没有心思去计算翻越"绝望坡"到底用了多长时间，我感觉用时很久才到达顶部。候在那里的阿牛帮我解开了主锁，兰卡则在另一条路绳末端协助那条绳上的队友。脱离了主锁的牵制，往前没走几步我便瘫软在雪地上，身边是正坐在那里气喘吁吁的包包。那一刻，一股深深的疲劳感侵袭着我的身心，甚至让我怀疑是否还有力量继续走下去。其他队友先后

在绚丽的朝霞里，队友斩羽第一个越过刃脊，攀至顶峰。协作已经提前在冰壁、刃脊上布设了路绳，有路绳的帮助，队友们的攀登顺利了很多。

到达,唯独少了小黑。原来他已因身体不适撤回了高C2。闻听这个消息,心里觉得遗憾,却也支持他的选择。剩下的6名队员稍作休息,待体能适当恢复,便相互鼓励一番,再次起身继续向前。

之后的路途里,鲍哥表现尤为突出。这个比我年长一轮、年过五旬的儒商,第一次攀登雪山就突破了高原套在他身体上的厚重枷锁,和我们一起过五关斩六将,克服了重重困难,在东方出现鱼肚白的清晨6:00左右,到达了顶峰西南侧海拔6052米的冰壁底端。按照四川省登山协会的相关规定,凡到达这里的登山者,亦可被认定登顶了雀儿山。欣喜之余,鲍哥告知我们,此刻他已非常知足,也非常开心,考虑到身体已经极度疲劳,为防止继续攀登突发变故,他决定就此止步,折返回营。

大家坐在雪地里,接连为心愿得偿的鲍哥送上热烈祝贺,他的脸上挂满了笑容。在榜样力量的激励下,阳光、斩羽、烧麦、包包和我毅然决然起身,坚定地走向冰壁。

攀登这个长约50米、70度左右坡度的冰壁,需运用必要的攀冰技术。一旦越过冰壁,沿着后续刃脊向着日出方向就可登上顶峰。

协作已经在冰壁上铺设了两条路绳,阿牛攀至冰壁上,给我们详细讲解了相关的技术动作和要领。接着,5名队员分成两组,分别通过两条路线开始上攀。过程中,前面队员需要时时踢冰或劈冰,剥落的冰块会快速坠落,有击伤下方队友的可能。虽然我们都头戴头盔,协作仍然不停高喊着"不要抬头",以此来警示下方队友。

相较于常见的野外攀冰,这个冰壁的路线要简单了很多,途中甚至无须设置保护点,攀登的关键在于充分利用好前齿技术和身体的协调性。虽然这是我首次攀冰,但由于很快掌握了阿牛传授的关键技术,攀登起来感觉轻便无比,直接催生出了体内不尽的蓬勃力量。如若不是斩羽先我踏上冰壁,说不定我可以第一时间走上刃脊。

阳光登上冰壁、越过刃脊第一个登顶,斩羽、烧麦紧随其后。我是第四个站在主峰之上的,时间刚过7:00,一轮新日正从地平线上喷薄而出。蔚蓝天空中,白云刹那间金黄一片。壮哉,雀儿山!

红彤彤的太阳把我们几人的影子投射向西边的天空中,在我们头部影

登上雀儿山之巅,恰逢日出胜景。在周围多座5000米以上山峰的簇拥下,雀儿山顶峰异常突兀,也因此有"爬上雀儿山,鞭子打着天"之说。

子周边，一束佛光忽然出现，大家竞相振臂欢呼。未曾想，风云却在此时突变，一团乌云疾速席卷而来。太阳被遮挡，佛光兀自消失，天空快速暗淡了下去。在恩波的保护之下，包包恰在这时到达顶峰。听着我们的祝福，她潸然泪下。这是激动的泪水，是为历经磨难终于触摸到梦想而流。

兰卡用DV记录了所有队员登顶的过程，还用相机凝固下了我们登顶瞬间的不同神态。而我，也用索尼黑卡记录了日出时分雀儿山顶峰的灿烂光辉。所有这一切，都成为记忆中的永恒。

下山途中，终于得见冲顶之路的真容。险峻入眼中，不由得问自己：如若白天冲顶，是否还有勇气去拼？没有答案。

回到高C2，简单吃完午饭继续下撤。为了检测自己的体能，此次攀登的C1到高C2路段，往返途中我均自行背负约25公斤重的背包。下撤过程很是顺利，无论是大裂缝带，还是暗裂缝区，我都没有拖队伍后腿。这种情况下回到C1，我对自己的体能情况有了一个全新的认知。

在C1重新整理装备，自行背负相机设备，其他装备都打包到驮包和大背包

完成攀登后，沿新路海返回途中。新路海地区涵盖了雪山、冰川、森林、草原、湿地等多种生态体系，是国内首屈一指的综合生态系统保护区之一。

中，交由当地老乡运送，队友、协作一起于当晚7:30回到大本营。大表哥（另一名协作）特地在大本营附近迎候，远远看到我们便热情地迎上前来，送上一句暖心的"祝贺成功登顶"，还有一听冰凉的可乐。

那一夜的大本营，我早早躺下，含笑入睡，把几天缺失的睡眠统统都补了回来。我还做了一个梦，在梦里，我依然处于雀儿山的怀抱之中，而且正傻笑着摆弄手中的相机。

第四篇
/
土地之神，
巍峨的马纳斯鲁

按照高度递进原则，下一个最合适的攀登目标显然是有"冰川之父"美誉的慕士塔格峰。但从甘孜返回西安之后，考虑到年龄增长可能带来的体能下降，我想尝试越级攀登8000米级的山峰。循序渐进作为一个重要原则，对锻炼业余登山者的攀登技术、积累攀登经验有着非常重要的作用。慎重起见，我与张伟进行了一次深入沟通，想得到他的指导。作为十四座的创始人，伟哥有着丰富的登山和商业登山活动组织经验，他详细了解了我的攀登历史和训练情况，认定此想法可行，并拉我加入了十四座2018年马纳斯鲁攀登微信群。目标确定，我一边与群友积极交流、互通有无，一边继续进行大强度的体能训练。

　　马纳斯鲁峰（Manaslu），地处尼泊尔中西部地区，与其东南方向的珠峰直线距离约240公里，主峰海拔8163米（另一测量数据为8156米），是世界第八高峰。20世纪90年代，这座山峰的攀登难度被认为远高于珠峰，但近十年来，随着装备发展、气象技术等多方面的科技进步，以及商业攀登的日趋繁荣，马纳斯鲁峰的攀登难度相对降低，成为8000米级山峰攀登的首选目标之一。

　　马纳斯鲁峰藏语名称为"Kutang"，意为平台。其英语名称"Manaslu"源于梵语，意为土地之神。在东峰（海拔7792米）、东尖峰（海拔7895米）、北峰（海拔7154米）等3座7000米以上山峰的拱卫之中，马纳斯鲁主峰显得尤为巍峨雄壮。每年春、秋两季是它的适宜攀登季，只是由于春季夏尔巴大多在珠峰工作，所以秋季成了该峰的主要攀登季，十四座2018年马纳斯鲁登山队便选择了这个季节开展活动。值得一提的是，1996年春季，中国西藏14座8000米以上高峰探险队成功攀登马纳斯鲁峰，实现了中国人对该峰的成功首登。

时间如白驹过隙，转瞬便来到了2018年9月，十四座2018年马纳斯鲁登山队集结的时间。集结地点为尼泊尔首都加都。我将出行时间定在9月8日。一直以为，这一天从西安启程前往加都的只我一人，后来伟哥告诉我群友风不定（风哥）和我是同一个航班。我立刻申请加风不定为好友，与他建立了直接联系。

临行前一个月我就开始了装备的整理工作，做的做，借的借，买的买……收到二刀从台湾地区寄来的防水手套和羊毛袜，则标志着一切装备准备工作的完毕。除了一个双肩摄影包和一个装满了零食的手提包，其他所有装备收纳入两个大驮包之中。

妻儿带着小泰迪"美美"一起送我到机场。家里的每个人，哪怕短时间

部分装备展示。登山装备一般包括服装鞋帽（保暖衣物、遮阳帽、保暖帽、防水手套、保暖手套、羊毛袜和徒步鞋等）、技术装备（高山靴、登山杖、冰爪、冰镐、头盔、安全带、主锁、上升器和下降器等）、个人物品（防晒霜、润唇膏、洗漱用品）、其他装备（睡袋、防潮垫、高山镜、雪镜、冲顶包和驮包）等。

外出，再次回到家时，"美美"都会摇头摆尾、疯狂跳跃，热情无比。这一次，看到我停留在机场出发口，没有与妻儿一同返回时，它似乎嗅到了别离的味道，趴在已经回返的汽车玻璃窗上，拼命向我张望……

一千个人会有一千个登山的理由，但有一点大致类同：当你登上山巅，平日里的平视或者仰视变成那一刻的俯视，能够带给你极大的宽慰，而过程中的种种遭遇，又会给你极深的感触。

城市里的人们，每天置身于钢铁水泥筑起的房子里，穿梭于喧嚣纷扰的车水马龙中，往往会有一种幽闭之感，并因此更加渴望拥有开阔的视野。但是，城市与开阔视野目的地总会有一段距离，而且城市里也有很多东西容易拖住我们的脚步，比如事业、家庭、友情，以及几年或者数十年来对一座城市的爱。

此时，我选择出发，选择再次去往一个遥远而陌生的荒野山巅，去感受大山的巍峨，去品味自然的馈赠，去挑战自我的极限，以期重塑自我、迈向新生。纵然此间要历尽艰辛，我前行的脚步依然无比坚定。

初受直升机坠机事件影响

办理完托运后，我与来自宁夏固原的风不定在候机室相约。初次相见，他有着标准的跑者身材，看起来十分温和，话语虽然不多，却是一口熟悉的西北口音，一说话，就让人感觉特别亲切。

山友之间就是如此，即使以往素昧平生，依然可以从相见的那一刻起，结下历久弥坚的兄弟般深厚情谊。

当我和风不定到达加都机场等待办理落地签证时，淄博的唐锋也出现了。在伟哥早就做好的指引文件的指导下，我们三人结伴，很快办理完落地签证。过了安检、取出行李走到航站楼外时，林子和十二已经在停车场等待我们的到来，他们两人都是十四座的工作人员。

昆明的张斌、朱江小两口早早就抵达了加都，青海的王斌、成都的飞飞、广州的小肋骨和南京的撒野也先我们数个小时到达。只有上海的西北姗姗来迟，但还是实现了这一天在加都顺利会合的计划。

检查装备，查漏补缺，在把工作做细的同时，林子与十二带领我们在加都穿街过巷，遍尝美食，游览名胜古迹，切身感受着这个佛国净土的风土人情。闲暇的时间，在浸润着湿气的凉风中，一本书、一杯茶、一支烟，时光便在指缝中慢慢流淌。悠闲静逸的生活，让每个人都从繁忙的工作中解脱出来，用心享受着这难得的惬意时光。

当天下午正在品茶时，我收到一个让人震惊的消息，消息来自雀儿山山友小黑。据他发来的公众号文章显示，疑因大雾所致，昨天一架从萨玛贡飞返加都的直升机坠落，事故导致六人遇难，仅有一人幸存。刚看到时我还将信将疑，但消息随后便被确认。昨天上午，川藏队前往萨玛贡时就曾乘坐过这架直升机。飞行员是尼泊尔人，其飞行经验非常丰富，曾参与很多高海拔救援工作，在2015年尼泊尔大地震期间表现尤为突出，是一位非常优秀的飞行员。

由于我们也要乘坐直升机到达萨玛贡，这一变故让大家始料未及，心情都变得非常沉重。

前往萨玛贡的行程一再被推迟

第二天，影响产生并开始蔓延，政府对不良天气下的飞行实施了极为严格的管制。能否按原计划前往萨玛贡？这问题如一团疑云笼罩在大家心头。

9月10日早上，天气依然阴沉。成团的乌云压城般卷积在酒店上空，显然无法满足飞行条件，早上飞往萨玛贡的计划只能推迟。变故压抑着大家的心情，但也迎来了唯一的利好。伟哥和队长穆萨在这天上午抵达加都，并与我们顺利会合，队员们因此可以提前了解整个攀登计划。

很多时候，时差是个让人哭笑不得却又不得不直面的存在。但在此刻，2小时15分的时差却变成了一个好东西，它把我们早早从睡梦中催醒，从而有充足的时间去做好各项准备工作。收拾好行囊，用过早餐，大家便齐坐酒店大堂，焦急等待出发的消息。

时间已经来到11日，很多队友都是第一次体验加都的雨季。这本是一个舒服惬意的季节，只是等待让大家备受煎熬。昨夜的雨依然没有下透，今晨的天空同样云层密集，除了期待云开雾散，我们别无选择，只能以"好事多磨"来相互安慰。

一直到中午，期望的拨云见日也未出现，计划再一次搁浅。从其他团队传来的消息同样难称乐观。运输中的装备和食物等很多物资滞留中转地，长时间搁置导致蔬菜大量腐坏。长此以往，先行前往大本营的团队的饮食都将出现问题。此时，大家的心中恐怕都在祈祷，祈祷天气尽快转好，祈祷物资能够尽快运达。

终于看到蓝天白云时，已是12日早上。所有人都难抑心中的激动，兴奋写在脸上，心情体现在举止上，早早吃完早餐聚集在大堂。唯一的期待，就是听到"出发"的指令。只是雨季之时，"十里不同天"实乃常态，更何况萨玛贡地处百公里之外。所以当传来那里浓雾弥漫的消息时，我们内心的失落可想而知。即便如此，我们依然没有放弃，都留在原处苦苦等待。只是结果终究没有任何惊喜，失望再一次填满心头。

又一天早上5点半，又一次早餐后聚集大堂，又一次翘首以盼……队员们此刻只有一个愿望：大扎西和索纳两人快点到来。只有这两人同时出现，才意味着整个航线上的天气都满足了飞行条件。于是，在他们与汽车一起到来的那一刻，5天以来发霉的心情终于豁然开朗。

阿鲁加特小镇的乡村风光

如果说久旱逢甘霖让人无比喜悦，那久雨逢晴日同样如此。太阳终于出现了，将阳光挥洒到每一个可以照耀之处。眼前的世界，可一望千里，美景尽收眼底，所有人心中所有的颓废全部消失。队员们迫不及待地钻进车中，笑语充盈着车厢，感觉不过一炷香的时间就到达了机场。

机场里一片繁忙的景象，我们的行李分组称重并经过安检后，西北、风哥、飞飞、小肋骨、索纳和我6人登上了第一班直升机，7:20准时起飞，向西北方向翱翔而去。20多分钟后，飞机降落在一个城镇。简易直升机停机坪旁，堆积着如小山般的装备，我们和川藏队的驮包以及其他物资也在其中。川藏队已于10日进驻了大本营，他们的装备却仍然滞留于此。很难想象，此刻他们该如何望眼欲穿，眼巴巴渴望着这些装备和物资的到来。

队员们都以为已抵达萨玛贡。提前做过的功课告诉我们，萨玛贡海拔3500米左右、温度0℃左右。但这里炽热的气候让我心生疑惑，迅速打开手机查询发现，此时海拔只有550米左右。无论是海拔还是气温，都与萨玛贡的特征明显不符。

不知索纳在何处忙碌，所以无法找他求证，只得去问询停机坪附近的餐馆里的工作人员。如此方知，降落地是阿鲁加特（Aarughat），一个位于加都与萨玛贡之间的小镇。显然，这只是一个临停点，稍作停留后还要继续飞往萨玛贡。停留的原因，可能就是为了尽快调度运输积压的物资。

小镇位于山坡上，周边林木茂盛、绿意盎然。优美的风光吸引着我，趁着等待的间隙，我漫步进入小镇，想要去感受一下当地的风土人情。

停机坪后就是小镇的主要街道，虽是土路，却很平整。街道两侧是民房和一些商店，旁边停放着几台看起来比较陈旧的拖拉机和轻型卡车。商店里物品还算丰富，以小食品和日用品为主，门口凉棚下的摊位上摆放着的大多是水果和蔬菜，看起来还挺新鲜。

女店主年轻俊俏，正坐在门口的板凳上和人聊天。看到我这个老外的到来，她立刻停下对话，微笑着望向我。我立刻意识到，她应该认为我来采购商品，便赶紧报以同样的微笑，边说边用手比划，示意自己并非购物，只是随便看看。她很快领会了我的意图，转而继续聊天。

街道上，几个孩子正在玩一种类似弹球的游戏，我驻足观看，还没等看懂玩法，他们就害羞地跑开了。

因为怕错过了直升机，我打消了继续探访的念头，转身返回直升机停机坪。

与在加都的等待相比，3个多小时的时间感觉过得很快。11点多，接我们的直升机再次出现，因装上了川藏队物资，飞机只能再乘坐两人。索纳要留下整理装备，西北、风哥和飞飞礼让我和小肋骨先行，他们继续等待下一班飞机的到来。

与在前程广阔的空域中飞行不同，21分钟内，飞机先是向北偏东，后又向西偏北方向，始终沿着幽深的山谷行进。耳边桨声隆隆，前方云雾升腾，两边群山对峙，青山上树木郁郁葱葱，谷底里一河绿水独流。居高临下观

空中俯瞰飞行途中风光。尼泊尔是一个地形变化剧烈的山地国家，首都加德满都与珠峰的直线距离仅约150千米，与萨玛贡飞行距离则不足120千米、飞行时间约40分钟，飞行途中可以看到高山、河谷、森林、梯田以及建在山地上的村庄、建筑。

望，一种心旷神怡之感自心底油然而生。

高度和年龄无法阻止攀登梦想

出现在萨玛贡停机坪的人们，与阿鲁加特居民的穿着截然不同，或身着羽绒服，或穿着抓绒外套，一副身处寒冬的模样。我和小肋骨走下飞机的那一刻，身体感受到的是扑面而来的凉意，内心洋溢着的却是别样的温暖。

从当地气温20多摄氏度俨然夏季的阿鲁加特，一下子来到零摄氏度左右仿佛仍处冬季的萨玛贡，着实有一种时空穿越之感。伟哥和其他队友虽然乘坐的是后面的航班，但由于他们直飞萨玛贡，所以在我和小肋骨从阿鲁加特再次起飞之前，他们已经在萨玛贡的旅馆里喝着姜茶，悠闲地等待我俩到来了。

当我和小肋骨也进入旅馆品尝姜茶时，飞行线路所在的山谷中云雾开始弥漫，大家不免担心：下一班直升机能否继续飞行？如果云雾持续，西北等三人很有可能被迫在阿鲁加特滞留一天。

背着行囊走进房间，一位老先生正在窗前摆弄着相机。看到我进来，他立刻停下手头的事情和我聊了起来。原来，这是伟哥的好友，来自中国台湾地区的梁老先生，年过七旬的他已是第二次来到马纳斯鲁。第一次是为了陪伴两位登山者，除了陪伴，他自身没有别的任何期许，所以在大本营等待同伴登顶返回后，他们就一起下撤了。

而这一次，老先生坦言："我想尽力向上走一些，亲自去感受一下大山。"闻听此言，我不由得向他投去了敬佩的目光，迎着目光的他却变得腼腆起来，他微笑着继续说："年龄大了，体能大不如过往，只因心里有些期许，所以想尽自己所能向上走一走。其实也没有什么强制要求，能走到多高就走到多高，这样，自己也就没有遗憾了！"

此时的我，无法猜测梁老先生能攀登到什么高度，当然也不知道自己会攀登到什么高度。可我相信，当心中存有这份梦想并为之去努力时，无论能到达哪里，最重要的是自己经历的这个过程，至于高度和年龄，终究只不过是个数字罢了。

云雾笼罩着山谷，久久没有散去。它能遮挡住我们的视线，延迟直升机的起飞，却无法阻止乌鸦和雄鹰的飞翔。面对迷雾，这些鸟儿毫不畏惧，快速盘旋中不停鸣叫，似在引吭高歌，又像在与云雾叫板。只是时间在流逝，西北等三人当天到达的希望渐渐渺茫，阿鲁加特的手机信号又极其微弱，只

萨玛贡新村暮色。萨玛贡是马纳斯鲁山脚最后一个村庄，在这里进行一定的高海拔适应过度后，登山者们将由此前往大本营。

能由夏尔巴负责与他们联络，再将他们的相关消息转告给我们。过程虽然烦琐了一些，可至少能让我们知道他们一切安好。

吃完午饭，山谷方向依然被浓雾团团包围，萨玛贡虽也受到影响，但云层很薄，只是略微显得阴沉，并没有把天空压得很低。为了保证已到达队员的状态，伟哥和穆萨进行了简单沟通，决定稍事休息后按惯例开展徒步适应。目的地是Birendra Taal，村子西北方约2公里外的一个冰碛湖。

途中要经过一所寺庙。林子介绍说，有一位高僧在此修行多年，且在周边区域有不小的影响力。我们怀着拜会高僧的期望到达寺庙时，寺门却已落锁，夏尔巴判断高僧应是外出做法事去了，内心不免闪过一丝遗憾，颇有一种"寻隐者不遇"的感觉。

循着灌木林中的小径轻松行进，约一个小时后就到达了冰碛湖入口。居高望去，湖面并不大，阴云的遮掩，给深绿色的湖水增添了些许神秘。入口处乱石杂陈，对岸裸露的巨大岩石上方就是冰舌，冰川融水被岩石沟缝分成数股湍流而下，那是湖水之源。脚踏乱石小心走至湖边，一个个高低起伏、大小不一的玛尼堆映入眼帘。它们围绕湖水而立，大都用片状石块垒砌而成，其中较大的一个还身披金黄色的哈达，看上去就像是一个微缩的佛塔。天气开始愈发阴冷，为防止感冒，我们并没有停留太久，穆萨便催促大家动身回返。

晚上准备睡觉时，打开"睡袋"包才发现：包里的不是睡袋，而是连体羽绒服！我竟然将装睡袋和连体羽绒服的包搞混了，睡袋此时还滞留在阿鲁加特！我只能穿上连体羽绒服将就入睡。

第二天清晨，数声轻声呼喊传入耳中，将我从睡梦中唤醒。听得出是伟哥故意压低了的声音，应该是怕影响其他人。看一下时间，正是日出前蓝调时刻。我快速起身来到楼上。马纳斯鲁峰顶部附近的天空正云雾缭绕，只能偶尔看到巍然耸立、直插云天的东尖峰，主峰始终未从云层中现身。直到日出时刻，金色的光芒也终究没能照耀到山峰之上，观瞻日照金山胜景的愿望看来是要落空了。

伟哥曾告诉我，这里是MBC（马纳斯鲁大本营）以降地区唯一能够看到主峰的区域。由于在萨玛贡停留时间有限，这种唯一性加重了我对日照金山的期许。可云层始终置我的渴望于不管不顾，还故意与我做对似的越积越厚，太阳高照时仍将主峰牢牢笼罩住。

天气愈阴沉，渴望转晴的心思就越浓重。只有转晴，西北、风哥和飞飞以及我们的驮包才有望早些抵达萨玛贡。正如此想念间，一阵突如其来的轰鸣声让我们兴奋不已，是直升机飞行的声音。随后却又得知，这直升机从加都飞来，必定不是我们期待中的那一架。与此同时，更让人焦虑的是，萨玛贡开始下起了雨。

焦虑无法改变天气，除了接受和等待，我们别无选择。无奈的我索性与林子、穆萨一起走进村子散心。未曾想到的是，那古老的村容村貌，不但暂时驱走了焦虑，还依稀让我找到了熟悉的儿时景象。

诺林旅馆（Norling hotel），我们登山队的栖息地，位于小村最高台地之上。在它的周边，密集分布着已建成或正在建设的很多客栈，多为全石砌墙体、木质门窗或全木框架，屋顶大多选用红蓝两色彩钢板，形成了明显有别于当地传统建筑的新式房屋群，我把这里称为新村。

立于旅馆三楼露台环视四周，除了东南和东北方的两条山谷，小村其他方向均被群山环绕，除了徒步或乘坐直升机，没有其他方式能够到达这里。附近一个正在修建房屋的工地里，有人挥舞铁锤分解大石，有人手握铁錾修整石块，有人精心摆放砌筑墙体，叮叮当当之声不绝于耳，颇似儿时父辈辛苦劳作的场景，给这充满寒意的山野小村增添了几分烟火气。

对面客栈的平台上，有数位身着各色亮眼户外服装的旅客。他们或闲坐，或环视，或交谈，或浏览手机，在即将到来的艰苦攀登或徒步之前，齐齐享受着这难得的轻松悠闲时光。

门前道路上，载着货物或驮包的骡马、牦牛队不时缓缓走过，其颈间铜铃随步伐摇摆，发出清脆的响声，与破解修整石头的敲击声交织着，和那些不时出现在眼前的、背负盛满石块的篮筐的老妪一起，共同组成了一幅动人的劳作之图。

沿着门前道路缓步走到东南方的下一级台地，便是萨玛贡老村所在。一条水渠穿村而过，造型简单、传统的房屋分列左右，分层布局顺势而下。房屋以石为墙、以木为门窗、以薄石片为瓦，全部就地取材，上层住人，下层

萨玛贡新村一瞥。除了来往的徒步者和登山者，萨玛贡几乎与外界隔绝，村民们重要的经济来源之一就是为这些暂时停留的外来人提供食宿和装备运送服务。

设牲畜棚和库房，建筑风格与藏族民居极为类似。

  雨后水渠两侧的土路，已被不时过往的行人与骡马踩踏得泥泞不堪。道路边上的老屋里，仍然居住着不少村民，大都或老或小，鲜见青壮年。他们常年如一日，在这样的环境中过着清贫而平淡的生活。面对陌生的来客，一对迎面走来的祖孙丝毫没有拘谨，一边热情微笑，一边给我们送上友好的问候。就连盘坐在二楼诵经的一位老人，看到有陌生人到来，也努力伸直之前蜷缩着的脊背，娴熟地摇动起转经筒，一脸和善地望向我们。只有老人院子里的那条小狗，全然无视我们几个到访的陌生人，依然懒懒地趴在柴房顶上，自顾自地闭目养神，一副事不关己、无欲无求的模样。

  眼前这一切，让我恍若进入一个世外桃源。与时常身处的喧闹都市相比，在这里，我体会到了"返璞归真"的含义。当然，假如要长时间生活在这里，恐怕我也很难坚持下来……

  晚餐后的三楼餐厅里，通向露台的门敞开着，房顶悬下的一只灯泡发出暖黄色的灯光，在穿堂的微风中轻轻摇曳。炉膛里炭火正旺，房间被烘烤得有如春天般温暖。桌上的杯子里,盛着热乎乎的大蒜汤或奶茶,一群人正围坐一起,观看四个队友打牌。输的一方按规则表演节目,赢的一方与围观的人一起起哄畅笑。唱歌、讲故事,各种节目不一而足,哈尼族小美女朱江跳的一段海草舞更是把餐厅的气氛推向了高潮。

门外夜色渐渐浓重,屋内灯光愈显明亮。此时的餐厅,有如落下大幕的舞台,哄笑声渐渐不再,寂静了很多。其他人都已回房休息,餐厅里只剩我独自一人。喝掉杯中的最后一口奶茶,去往露台之上,朝着马纳斯鲁的方向凝望了一眼,在心里默默祈祷一番,我也转身回屋了。梁老先生早已歇息,此刻正发出轻微的鼾声,大地复归于沉寂。

15日清晨,5点刚过,隔壁又一次传来伟哥的轻声呼喊,我和梁老先生皆闻声而起,一溜小跑来到露台。青色天地,一片清冷,晶莹的露珠打湿了露台,天地间透着一股沁人心脾的凉意。只有那浸润着露珠的花儿丝毫不惧,仍然在寒冷中肆意绽放,展示着它那不尽的芳姿。

但这些并不是我关注的重点,目光稍作停留便快速转向马纳斯鲁所在的方向。看起来,今天是一个好天气!主峰和东尖峰的雄姿就在眼中。虽然峰顶处有团云在逼近,却并未完全遮掩住山峰。风吹云卷,团云正被慢慢吹离,日照金山必定可期,心中那份激动可想而知。

不一会儿,又有几名队友不约而至,手中都握着相机,同样目不转睛盯着西南方的山峰,唯恐一眨眼就会错过。只是从我们站立位置望去,受山峰位置和透视因素影响,东尖峰比主峰还要高耸,实际上,它比主峰海拔低200多米。

金色尽染时,几缕云雾恰好飘至峰顶。随即,云雾飘离,被金光包裹的主峰与东尖峰一起闪耀于我们面前,露台上顿时响彻起欢呼声,快门声也响作一片。据店家介绍,马纳斯鲁双峰日照金山已经很久未曾出现,今天能够得见,真可谓是上苍的恩宠。此刻露台上的每一个人都是幸运的,同时被幸运眷顾的,当然还有滞留于阿鲁加特的西北等三位队友。

我们在此时得知:直升机可以从阿鲁加特起飞了。

大家都不约而同守护在露台上,目光注视着来时山谷的方向,期待着直升机的到来。近中午时分,伴随着阵阵轰鸣,空中出现了一个彩色的点,离停机坪越来越近，个头越来越大。苦苦期盼的直升机终于到来了。

看清舱窗上出现三人的身形时，大家都激动地挥舞着双手大声呼喊，笼罩在心头的阴霾随着这畅快由衷的喊声一扫而空。此刻的蓝天下，欢愉是唯一的主题。飞机降落形成强大气流，吹拂起尘土激洒向我们，但迎接的人谁也没有后退，只是暂时转过身去，避开气流的正面冲击，一待飞机停稳，便回转身纷纷跑向前去，与从飞机上走下的西北、风哥和飞飞热情拥抱，夏尔巴们则忙着去搬运我们的驮包。

还有什么能胜过团聚的喜悦。听着热烈的欢呼，看着张开的臂膀，飞飞悄悄转身，默默抹去眼角的泪水，然后和队友一一拥抱。一起走过的山友都知道，煎熬过后的泪水，饱含的全都是幸福。只是后来飞飞始终不承认她曾流泪。

天气变换中的休闲时光

严格说，刚到萨玛贡的西北、风哥和飞飞三人，本应在这里适应一段时间，然后再去大本营。但对比我们的攀登计划，之前遭遇的种种变故已经耽搁了不少行程。考虑到三人体能基础冠绝全队，在征得他们同意后，伟哥决定全队下午就启程前往大本营。

午餐尤为丰盛，米饭、萝卜蔬菜饺子、炒青菜，还有鲜美的羊肉汤。队伍终于齐聚，队友们的心情当然大好，大快朵颐一番之后，收拾妥当行囊，开始向大本营进军。

阳光普照，凉风送爽，是一个徒步上山的好日子。迈过湍急的溪水，走过古老的石桥，经过佛音缭绕的寺庙，绕过无人居住的老屋，一路欢声笑语的我们感受着美好景致，不知不觉就行进到了Birendra Taal冰碛湖的右上方。此刻居高临下，视野开阔，可以清晰地看到高处分阶流下的冰川融水形成瀑布轰鸣而下，腾起的水雾浸润着临近的植物，植被异常茂盛。透过瀑布水雾回看远处的萨玛贡，已经变得只有巴掌般大小。行至此处，每一个人都会停下脚步，向萨玛贡深情一望。眼神中充满眷恋，或是因为谁也不知道，再次回到萨玛贡时，我们会是怎样一种心情。

初升的阳光照耀着马纳斯鲁裸露的山体,峰顶则被乌云笼罩,金色的山体、灰黑的云层交融,给人一种山峰似乎在燃烧的错觉。

璀璨夺目的日照金山。拍摄日照金山时,宜选择山峦、植物花朵、河流以及其他可以体现纵深感的前景,并对金色山体部分测光,进而构图拍摄。

山路崎岖，海拔明显在不断提升，植被逐渐稀疏，天气也在快速转变，云雾冷雨齐齐袭来，沙石小道渐渐消失在迷雾之中。温度骤然下降，身着软壳裤和抓绒衣的我感受到了些许凉意，但背包里无衣物可用，我只能硬着头皮冒冷前行。

　　冲破迷雾，蹚过山涧，脚步渐渐蹒跚。阳光偶尔从浓雾的裂隙中透射出来，顷刻间又和线条状的蓝天一起消失得无影无踪。前方左侧开始露出真容的冰舌，让我们看到了胜利的曙光。此时，就连以身体素质出众而知名的伟哥，也借着我正在拍摄之机，停下来喘上几口粗气。简单交流了几句后，他凝望着前方，欣慰般地自言自语："快到了，快到了！"

　　脚下的路，从沙石小道变成了冰碛石山丘，黄色帐篷在道路两侧频频现身，仿佛一伸手就可以触摸到大本营。连片布设的营地，各式各样的帐篷，在我们眼前一一呈现，壮观的景象让人叹为观止，我们仿佛从寂寥的荒野一下子便走进了喧嚣的世间。

　　可惜美景无法驱走寒冷，而我们的营地又在大本营的最前端，也是最高处，我们加速前进。经历5个半小时的跋涉，终于到达目的地，我的身体已是瑟瑟发抖，第一时间跑进厨房帐的汽炉跟前取暖。

　　此时，受凉感冒加上高山反应，我感觉头痛头晕、浑身乏力，睡觉是唯一的念头。但伟哥和穆萨阻止我们进入各自帐篷，更不允许睡觉，所以只能强打精神围聚在餐厅帐中。

　　眼皮越来越沉重，这无异于一种折磨。帐外美丽的风光和后来绝妙的星夜都无法提起我任何兴致。好不容易撑到晚上九点半，伟哥终于同意我钻进帐篷。

　　我们的帐篷梯次分布在冰碛石滩上，帐篷底部已被夏尔巴们尽可能平整，外侧三排六顶属于男队员，内侧的四顶属于女队员和林子。我的位于外侧中间一排，且紧靠路边，风哥在我上方一排的相同位置。为了使队员们更加舒适，伟哥要求夏尔巴给每个人都准备了厚厚的海绵垫子，还专门为我借了两床棉被。对于饱受风寒的我来说，这棉被无异于雪中送炭。

　　明明非常想睡，躺进温暖的被窝里，我却又无法入眠。翻来覆去中，耳边不时传来冰崩、流雪的巨响。到后来，已根本分不清是现实的巨响，还是记忆中的回响，就在这样迷迷瞪瞪之间，迎来了16日的天亮时刻。

慵懒窝在帐篷里，着实不想起身。风哥见我未有动静，担心我身体有恙，数次关切询问我的感觉，我不忍让大家为我担心，强忍困意起身去了餐厅帐。

喝着水，看着帐外天空云雾升腾，周边山峰时隐时现，首次开展拉练的川藏队刚从我们营地间道路上缓缓走过，困意再次袭来，我顾不上吃早餐，又返回帐篷睡了。

重返餐厅帐时，天气已愈发阴沉，高反症状虽略有缓解，却又被一种想吐但吐不出的感觉纠缠，头也隐隐作痛。强忍不适，也只是坐了一会儿，便终究忍耐不住，急忙起身，刚跑至帐外就呕吐了。经历了一番翻江倒海，五脏六腑终于平静下来，纵使身体感觉还不够好，但至少轻松了很多。于是漱了漱口，重新回到帐内听大家闲聊。

聊意正兴，帐外忽然下起了雨，且越来越急。随后，雨点中夹杂着密集的小冰粒，把帐篷打得哒哒响。想想来时的碎石路，内心不由一紧，为此刻仍在路上的背夫们担忧起来：雨后应该更加湿滑难走吧，更何况他们还要背着重重的驮包！帐篷中，大家的心情都因这突如其来的冰雨变得无比矛盾：既盼望装备早些运达，又希望背夫们小心行走。期待之中，大家不时走到帐篷口向来路张望。

仿佛猜透了我们的心思，背夫们很快冒着冰雨到达营地。我们的装备完好无损，他们的步伐也依旧轻盈、神态依然轻松，队友们终于松了一口气。

自呕吐之后，我的高反和感冒有所好转，只是不怎么想说话。一反常态的表现当然避不过队友的眼睛，小肋骨默默回帐取来高反药，林子则给我送来两包日本感冒药。内心充满感激的我，第一时间把这些苦口良药服了下去。感冒药味道虽然极其难闻，药效却非常好，短时间内就发挥作用，驱走了我所有的不适，整个人也活跃起来，每每与队友们谈至开心处，笑声肆意飞扬。飞飞看着我，笑着说："萝卜的爽朗笑声终于又回来了！"

连续四天阴雨天气，驮包里的装备大都被不同程度打湿，尤其是睡袋和羽绒衣裤已全湿了。小心取出它们，铺开晾在帐篷中，默默期盼明天会风和日丽，能让我们把这些打湿的装备晒干，清清爽爽迎接即将到来的拉练。

下午,雨夹雪转变成了雪,雪花并不大,雪势却不小。帐外飞雪连天,帐内一片热闹景象。在餐厅帐聚集着的队员们,有的聊天,有的打扑克,有的品茶喝咖啡,在消耗着时间的同时也慢慢适应着环境。一下午的时光就这样在不经意间悄然流走,然后就是每天例行的晚餐及睡前的泡脚。糟糕天气里,大家唯一能做的就是窝在大本营养精蓄锐,静静等待雨天的结束。

如果不看手机,基本上都不知今夕是何夕。没有网络的日子,大家更注重去和周边的人面对面交流。人与人之间的连接更加深了。尝试摆脱网络的束缚,多一些面对面的沟通,这应该也是登山带给我们的某种启发吧。

17日清晨醒来时,雨雪已经停歇,晴朗终于可期。早餐时间是8:30,队员们不到7:00就已全部起来,显然不想辜负这大好时光。用手杖敲打支撑杆架,清除帐篷上厚厚的积雪,然后把睡袋、鞋袜和各种衣物统统拿了出来,椅子、帐篷顶都成了晾衣架,营地也因此成了一个五颜六色、缤纷多彩的世界。一切准备妥当,静待阳光普照大地。

原本11:30举行的煨桑仪式因故推迟,伟哥决定借此机会提前开展雪坡行走训练,同时配对队员和夏尔巴。我分配到的是巴桑夏尔巴——山友何静无氧

煨桑仪式。

攀登马卡鲁峰时的协作,一个看起来略显羞涩,但在训练时又显露出一定实力的可爱小兄弟。

行走训练地点位于大本营上方的冰川雪坡上,从营地徒步约一小时可达。路途以冰碛碎石路为主,仅有一段岩石路高低起伏、通过性较差,但夏尔巴已在此铺设好路绳,通过此段几乎没有什么难度和危险。

训练主要内容包括行走步伐的练习,上升器与8字环的使用。在穆萨和夏尔巴的指导下,每位队员们都至少上下两次,掌握娴熟,上升下降自如。

训练完成回到大本营时,煨桑台已经布置完毕,喇嘛为登山队诵经祈福,并为每一位队员和协作献上了哈达,系上红绳。仪式结束后,全体人员一起饮用了祈福的酒水和食物,期望它们可以给我们带来不尽的好运。

训练时身上出汗,回到营地后又忘记了及时加衣,煨桑时吹拂的风让我再受风寒,头疼也再次侵袭。林子又一次及时伸出援手,贡献了两包药。服药后,不适在短时间内迅速消失,我又能继续与队友聊天、拍照,享受这正式拉练前难得的休闲时光。

严重高反突如其来

因为是首次涉足8000米级雪山,同时对马纳斯鲁缺乏足够的了解,出于对谨慎和安全的考虑,川藏队采用了二次拉练策略:第一次拉练到低C1即刻返回;第二次拉练经高C1到C2,在C2适应一晚再返回大本营。伟哥有着十年马纳斯鲁攀登组织经验,熟知攀登线路和难度,对队员体能情况也了解得极为充分,因此他制定的策略与川藏队有所不同。在确保队员充分适应高海拔的前提下,以保证体能为主,十四座登山队只开展一次拉练,行程与川藏队第二次拉练相同。

我们拉练出发的日子定在18日。经过及时治疗,我已完全恢复了常态,一早起床后就和队员们准备好所有必需装备,只待伟哥一声令下。出发的指令发出后,大家沿着煨桑台顺时针走完一圈,于10:20开始正式从海拔4939米的MBC起身,向高C1进发。小肋骨一马当先,其他人排起长队鱼贯而出。

和煦的阳光温暖着全身,身着软壳裤和抓绒衣依然感觉温暖如春。出发前我曾专门扫了一眼自己这身行头，脑海中自然就蹦出了那句广告语：简约而不简单。

穿过那段冰碛碎石路和高低起伏的岩石路段，到达换冰爪处——就在我们行走训练地点附近，挂上冰爪豪情满怀地走上了雪坡。从此时开始，就要按照伟哥的要求，寻找到适合自己的行进节奏。这个节奏，就是登山的节奏，讲究运动中速度与体能的协调分配。对以长时间、高消耗为特点的登山而言，合理的运动节奏，既可以让登山者充分发挥登山技能，又能尽量减少不必要的体能消耗，避免力竭、滑坠等危险情况发生。由于既往体能训练方式各不相同、体能储备各有千秋，登山者的运动节奏也会有一定区别。

飞飞擅长越野跑，风哥是马拉松好手，这两人体能储备尤其雄厚，在雪地上行进的速度明显快于其他队友，没多久就跑到了队伍最前面。王斌久居青海，日常坚持游泳，而且经常冬泳，同样具备良好体能，他后程发力，不出所料追上了前两位。这三人第一拨到达了海拔5753米的高C1。

大多数队友选择结伴同行，在过程中慢慢寻找各自适合的节奏。与时走时停的大部队相比，唐锋略显不同。他的速度看似缓慢，常常位于队伍靠后位置，但他从不停下脚步，始终以一种稳定的节奏前进，不知不觉间就走到了前面，成了先头部队的一员，也早早到达了高C1。

我行进最为缓慢，也是全队最后一个到达营地。呈现在我眼前的营地面积并不小，只是由于其他队伍大都先于我们到达，且人数众多，有利地形早已被抢占完毕，留给我们的只剩几块高低不平、零散分布、面积狭小的空间，夏尔

高C1营地中的帐篷与不远处的一些山峰、蓝天、雪地相映生辉。

巴们只能将就着搭起了帐篷。分配给我和风哥的是较为居中的一顶。

放下背包，凭高远眺。

群山林立，马纳斯鲁主峰仍隐身于东尖峰之后，不露真容。左方，山谷间云海浮游，将山峰拦腰截断，上部傲立、下部隐匿；前面，透过云海狭小间隙，大本营全貌一览无余，只是原本硕大的帐篷此刻变得有如一粒粒黄豆般大；右侧，阳光照射下的东尖峰，有如一把被缓坡拱起的利刃直插苍穹，甚是雄伟；背后，则是我们将要继续前进的方向，远远看去冰壁林立、险峻异常。

约下午6:00，阳光被山体阻挡，整个营地被笼罩在一片阴影之中。没有了阳光的直射，仅仅在帐篷外雪地之上稍事站立，就可以明显感受到刺骨的寒冷。抓绒衣、软壳裤显然已无法应付，队员们纷纷换上连体羽绒服御寒。只有东尖峰顶部还有部分阳光可见，皑皑白雪反射出光线，看上去刺白一片，其下部则淹没在一片青冷之中，仅仅看一眼便让人打冷战。队友们大都选择缩进帐篷，穆萨、王斌和我不顾这寒冷，饶有兴致地在营地里拍照。

就我自身感受来说，第一天拉练甚是枯燥，尤其在到达凯途登山队所在的低C1时，我理所当然认为高C1就在附近，导致身体自然快速放松，可当被告知其实不然，我们还需继续上行，目的地似乎遥不可及时，异样的疲劳便快速来袭。

那会儿我一直在想希望和绝望的区别，或许不对，但彼时彼刻很是贴切：希望是由很多个小目标的实现累加达成的，最接近希望的那个小目标也往往最让人绝望，如果不能坚持，最终结果可能就是绝望；而坚持下去，结果必然就是希望的达成。登山如此，凡事何尝不是如此？虽然我们并不知道最终会收获什么，但如果不坚持，就必然无法知道。

这一天大家都略感疲劳，晚上睡得也相对沉一些，良好的睡眠有利于体能快速恢复。19日8:00刚过，我们从高C1出发继续向C2拉练。与第一天相比，这一段的海拔上升只有500米左右，但基本以陡峭的雪坡和冰壁为主，还有为数不少的悬冰川。虽然行走距离大幅减少，但对技术和体能的要求却大幅提升，而且随着冰崩和雪崩发生概率的加大，危险系数也在加大。大部分路段都需要借助已铺设的路绳，利用上升器尽量快速通过。而在跨越大雪坡上的冰裂缝和部分陡直冰壁时，必须借助铝合金梯才能顺利通行。

队友四肢并用通过竖梯。虽然这个冰裂缝并不宽,但由于其前后壁有较大高差,只能借助铝合金梯子通行。初次踏上梯子,部分队员难免心生怯意。

阳光很温暖,除了眼前洁白的雪、透着幽蓝的冰川和微微吹拂的风,再没有任何其他可与寒冷关联的字眼。为了助我进一步确认适合我的节奏,风哥放慢速度与我同行。出于适应海拔的考虑,其他队友也都齐齐放慢了速度。

走完一段长长的缓坡,随后是曲折蜿蜒的乱冰区。四个陡峭的冰壁,倾角最小约60度,最大达80多度,两侧不时闪现出陡立的悬冰川和幽深的冰裂缝,让人心生畏惧。即使是冰壁之间的平缓地带,也堆积着大小不一的众多冰块,它们因冰崩而形成,全部被积雪覆盖,经过时同样会让人胆战心惊。

冰壁陡峭,不过已被前面的山友凿出台阶,行走难度相对减小。开始仅需轻牵路绳便可攀上,到达悬冰川紧邻的冰壁时,则必须紧抓路绳,有时还要以上升器配合,尽量借力快速上攀,以躲避可能发生的冰崩。在几个较大的冰裂缝前,竖立或横担着铝合金梯子,走在横梯上的每个人都小心翼翼。攀登的山友很多,每一个冰壁前都排起了长长的队伍。

下午1:40左右,所有队员陆续到达C2营地。

营地海拔约6250米,恰处雪坡中间,视野极为辽阔。坐在帐篷前回望来时路,冰壁不见了踪影,只有无边的雪原高低起伏,缓和、柔美的雪丘有如一条条谱线,正在其间蹒跚行走的两位山友恰似音符。雪丘与山友一起,在这茫茫雪原上奏出了一曲壮美的乐章。脑海中突然就冒出了余秋雨先生在《阳关雪》中的一段话:在这样的天地中独个儿行走,侏儒也变成了巨人;在这样的天地中独个儿行走,巨人也变成了侏儒。与此情此景如此贴合:宁肯前路孤独而多艰,也要向着自己的梦想勇敢前行,哪怕是侏儒,此刻也成

拥堵的冰壁前,队友们排队攀登。通过一些逼仄或陡峭的冰壁时,为确保安全,后面的登山者必须静静等待,在前方腾出足够的安全空间后才能继续前进。

了巨人;在壮美如斯的大自然中独行,哪怕是巨人,此刻也仿佛不过是一个侏儒。

C2的海拔已经刷新了我的攀登纪录,此后的每一步上行,都将不断刷新攀登纪录。

或许是过程太过辛劳,又或许是对海拔的适应不够充分,在我换上连体羽绒服保暖时,并不能继续保持清醒的意识。身体的不良反应在此时开始出现,最明显的就是大脑渐渐变得昏沉,顾不上拍照片就钻进了帐篷。在这个营地,要三人合住一顶帐篷,除了我和风哥,撒野也加入进来。因为担心深夜的大风吹进帐篷让我们受凉,风哥和撒野在睡觉前把所有通风口的拉链都闭合了起来。

20日清晨,穆萨继续前往C3,其他人则结束本次拉练,只待吃完早餐就向大本营下撤。

孰知意想不到的事情在这个清晨悄悄袭来。经过一晚休息,原本已恢复正常的我,刚穿上衣服走出帐篷外,身体就突然脱离了大脑的指挥,整个人即刻瘫软在地。大脑快速变得混乱直至全无意识,其后一段时间内所发生的事情再无记忆。那时的我,有如一个重症肌无力脑瘫患者,瞬间失去了所有的自主能力。

在雪原中努力向C2攀登的登山者。马纳斯鲁山体宽大，部分雪原坡势相对平缓，层次相对分明，远远望去，可以带给人绝佳的视觉体验。

重新恢复意识时，已是两个多小时之后。天气恰是晴好，雪丘在蓝天白云的映衬与阳光的照射下异常洁白，并不时反射出耀眼的光芒。穿戴整齐的队友和夏尔巴们正围立在我的周边，表情非常紧张。看到我终于苏醒，他们脸上的紧张焦虑转变为喜悦。当时，我正坐在帐篷口的一只背包上，氧气面罩源源不断向口鼻输送着氧气。我似乎是这群人中唯一正在用氧的人。在身后穆萨的搀扶下，我凝神聚力，努力尝试站立起来，向着大家微微一笑，然后使出浑身解数，摇摇晃晃努力向前走了几步。虽然感觉身体还比较绵软，但至少已经恢复了一些力量。

其实，在我瘫坐于地上之际，队友们都以为我是在开玩笑，穆萨还恶作剧般去拍打我的脸，可当他发现我目光呆滞毫无反应时，立刻意识到这并不是玩笑，而是高反了。穆萨没有慌神，立刻将备用氧气取出，和索纳、巴桑以及队友们一起合作，扶的扶、戴的戴，第一时间给我吸上了氧气，并通过手台将这一情况报告给了大本营。伟哥急切要求穆萨关注事态发展，并随时向他通报。让大家如此揪心，醒来后的我倍感惭愧。

确定已苏醒的我安然无恙后，除了穆萨、西北和风哥留下陪我，其他队友开始按计划下撤。在C2停留的那段时间，我不停尝试来回走动，渐渐感觉双腿有了一些力量。与穆萨协商并征得他的同意后，我开始下撤。为了保证安全，巴桑和瓦龙两人一前一后用两把锁把我系住，风哥殿后，几个人一起护送我下撤。即使正在持续吸氧，我的身体依然比较羸弱，稳定性也不够好，所以下撤尤为缓慢，穆萨和西北很快超越了我们。在我跟跟跄跄到达高C1时，王斌和撒野正在那里休息，我们一起稍事停歇，补充了水、吃了些东西，遂继续下行。

路上，王斌和撒野逐渐拉开了与我们的距离，瓦龙也去追赶西北，同行的只剩了我、风哥、巴桑和风哥的夏尔巴。

直到阳光尚好的午后时分，我们才回到大本营附近，远远就看到有一人正戴着雷锋帽焦急地向这边张望，毫无疑问，那是伟哥。

"没事儿就好，没事儿就好！"伟哥迎上前拥抱住我，轻轻拍打着我的脊背，反复念叨着这句话，一股热流从我内心瞬间升腾。

"快去吃饭，就等你和风不定了！"

说完，伟哥便搀着我走向餐厅帐，我却在这时闻到自己身上冒出的一股怪味。

吃完饭，趁着天气虽阴却不冷，我来到洗澡帐内，脱下已然透着酸臭味道的衣服，竟发现内衣裆部有不少大便，必定是短暂丧失意识时失禁所致。洗澡帐内的温度很高，我仔细擦洗完自己的身体，再将被污染的内衣洗好，将所有难闻的味道一一清除，然后换上干净的衣服，一身清爽去往餐厅帐里，窝在那儿静静听伟哥讲他过去的事情。

忐忑中等待晴空

20日晚上8点多,流雪雪瀑的巨大声响依然毫无规律又频繁地出现,就像一首首催眠曲,催我钻进睡袋。冷气穿透帐篷,准确扑向任何能够散发出热量的物体,没过不久,睡袋表层就凝结了一层冰霜。无论是流雪还是寒冷,都丝毫未能阻挡我快速进入梦乡,而且还睡得特别沉。

醒来时听到帐篷外有窸窸窣窣的声音,不知是雨声还是雪声。直到有人砰砰砰不停敲打帐篷的龙骨,我才意识到昨夜应该下了很久很大的雪。那时看雪的心情并不非常迫切,所以一个多小时后才缓缓起身穿衣。然而,就在拉开前帐的那一刻,我惊呆了,眼前的景象让人怦然心动:一眼望去,雪原广袤无暇,妆点出一个洁净无比、白茫茫的世界。

踱步至帐外,雪花依然在飞舞,可大本营俨然变成一个童话世界,看着眼前的景色,我降低呼吸的频次,让空气顺着鼻腔、口腔慢慢滑入腹中,能感受到清新,还伴着几许凉爽。

冒着飞雪步入餐厅帐中,帐内早已坐满队友。没有网络,没有娱乐,没有喧嚣,没有纷争,大雪漫天之中,大家习惯聚集在一起。与往日不同,今天伟哥特别安排了几个交流主题。来自蓝天救援队的风哥开讲心肺复苏急救知识;瑞丽航空机长张斌普及波音737飞机的操控布局和紧急时刻的降落操控;伟哥则一反常态,给我们讲了一段他轻易不肯示人的经历——道拉吉里峰攀登往事……时间就在这平和的节奏中流逝着。

下午,穆萨和两个修路队队员完成拉练冒雪返回大本营,带回了C1和C2两个营地的最新情况。这场大雪波及了C1、C2两个营地,而且积雪较厚,尽管穆萨已尽力清理了帐篷上的积雪,但从不见减弱的雪势来看,帐篷随后依然有再次积雪甚至被压倒的可能。假如帐篷真被积雪压倒,我们存放于其中的物资就会受损或受潮。毫无疑问,这是个坏消息。本想继续和穆萨交流,只是在大雪中奔波良久,他其实早已疲惫不堪,连饭也没有吃,换了身衣服就去睡觉了。我们担心的一切,只能看天意了。

临近傍晚,下方临近扎营的川藏队已经租用到了无线网络,伟哥闻讯积极协调,相关人员也加紧施工,只是天色已晚,天气又愈发寒冷,原定下午

5:00开通的Wi-Fi只能推迟到22日早晨继续施工。不少期待网络能快些开通的队友们颇感失望，可也只能耐住性子继续等待。

翌日清晨，飞雪终于停住了它肆虐的脚步，阳光努力地从数个方向发力，将笼罩在山谷上空的云层慢慢撕破，欢快地照向大本营和周边的冰川雪地。Wi-Fi小王子在早上8点多把装置收拾妥当，队员每人以3000尼币（相当于18元左右人民币）的价格购得用户名和账号，自13日以来第一次与外界取得联系，我们纷纷向家人和朋友报平安。我们甚至判断，如果上午这样的好天气能够持续下去，那么正式攀登有望于23日午饭后开始。

可惜晴好只是暂时，在阳光与阴云的搏斗中，前者终究败下阵来，大雪再一次侵袭大本营。积雪本已开始消融的石质小路复被积雪覆盖，冲顶之路的路况肯定也是不容乐观。

更坏的消息接踵而至。大雪阻住修路步伐，通往C4的路尚未被修通；其他队伍在C1的帐篷已出现被压倒情况，我们的也恐难幸免，睡袋极有可能会被打湿……面对这些不好的消息和恼人的天气，我们很是无奈。在大自然面前，人类的弱小被无尽放大，除了等待和祈祷，我们没有别的应对办法。如果这雪继续下，冲顶的日子将不得不继续推后。

躺在睡袋里，耳边传来的基本就是三种声音：**窸窸窣窣**雪打外帐的声音，**轰轰隆隆**冰崩流雪的声音，**噗噗腾腾**夏尔巴除去覆雪的声音。

帐篷上积雪过量堆积，不但会影响帐篷内的通气，造成帐内氧气不足，可能导致队员发生高山反应，而且还有可能因压塌帐篷给队员带来身体的损伤。所以，我们要及时清理外帐积雪，夏尔巴也会根据雪势适时协助我们。

第二天清晨拉开帐篷前帘，苍茫大地上点缀着黄红点点，乌鸦和苍鹰在营地上空自由盘旋，营地右侧的山峰不时出现流雪雪瀑，有时甚至四条雪瀑同时发出巨响。

山友李建宏大哥于昨日冒雪来到营地，加入我们的登山队继续他的十四座攀登之旅。今天就有几位他的山友来到营地，不久前他们刚刚一起共同完成了乔戈里峰（K2）的攀登。贵客上门，伟哥既要照顾客人，还要张罗着准备中午火锅的食材，忙得不亦乐乎。

吃完热腾腾的火锅，客人们继续与建宏大哥交谈，夏尔巴们着手分配路

中秋前夜月光下的大本营。圆月高悬,雪山依稀,队友们纷纷走到帐外,追逐这盏夜皎月之美。

餐。这些食品由伟哥早早在国内备好,从樟木口岸陆路运至尼泊尔,再由夏尔巴们运来大本营。餐厅帐前的塑料布上,摆满了各种各样的食品,饼干、方便面、火腿肠、饮品应有尽有,队员们按自己的喜好各自挑选,然后装入自己的背包之中。就在大家各自忙碌时,川藏队老板苏拉王平来到了营地,与我们互通有无,交流心得。

根据天气预报,伟哥将正式攀登的日子确定在9月24日,其他登山队也大多选择这一天出发,所以抓住冲顶前最后的机会,在难得的好天气里相互交流似乎成了大家共同的选择。

自晚餐前开始,天公作美,虽偶有云雾来袭,终究还是等到了月光普照。皎洁的月光如水银泻地,把营地和四周的群山染成一片银白。头灯点亮的帐篷泛出点点黄光,与天空中皎洁的月亮、闪闪的星光一起,共同编织出一幅梦幻画卷,点缀着这美好而深沉的夜晚。

这是一个美好的夜晚,是中秋节的前夜,大家一起赏圆月,吃月饼,与远在万里之外的家人遥寄相思,也为即将到来的攀登默默祈福。

中秋节踏上艰辛攀登路

9月24日,农历八月十五,中国人的中秋节,本是我们阖家团圆的节日,远在万里之外的我们却在这一天正式踏上了攀登之路。对于可能遭遇的艰难险阻,每一个人都做好了充分的心理准备。

清晨,上天也垂青这难得的美好,阳光明媚,天空湛蓝洁净,偶尔飘过几片流云,微风轻抚五彩经幡,经幡便摇曳生姿,仿佛在为我们祈福送行。

我蹲在帐篷中,细致梳理着需要携带的装备、路餐及其他用品。尤其是二刀从台湾地区寄来的羊毛袜,我特意将之叠放整齐后与几幅手拉宝一起放进背包。拉上所有拉链的那一刻,我努力平复一下自己的心情,然后回到餐厅帐,等待午饭后那光荣时刻的到来。

11:45,队员和夏尔巴们围聚在煨桑台前,例行顺时针行走一圈后,拍了一张合影照。此时的营地开始被不期而至的雾气弥漫,我们就此正式踏上征途。

拉练获得的经验,让我和风哥对行走节奏的把控得心应手。内心的淡定替代了曾经的焦虑，我们也有了足够的时间去重新感受这条线路。

从加穿冰爪地点往后，冰川覆盖上了厚厚积雪，变成了漫长的雪坡，一望无垠。在保持好节奏的前提下，第一天行程的行走要领就一个字"熬"。其中唯一的难点是必经的百余个冰裂缝，幸好它们一般都不太宽，而且都分布在前半程，大家有足够的体力和办法快速通过。

到达低C1时，为了量化一下它与高C1的距离，我刻意记录了一下到达两地的时间，按我们的节奏刚好是一小时，占全程用时的六分之一。考虑到第一天大家体能尚好，其距离之长由此可见一斑。

我和风哥最后到达高C1，出发时雾蒙蒙的天气在我们到达后逐渐变得晴朗。尤其是入夜后，夜色犹如昨晚，盈盈的月光，多彩的帐篷，还有营地下方谷地中正在飘逸的云海，给这个中秋节增添了有如仙境般的气氛。用过晚餐后，队员们或坐或立于其中一个帐篷前，飞飞特意取出从家乡带来的月饼，给大家分而食之。冰天雪地之中，我们都忘却了寒冷，畅快地聚在一起，喝热水、吃月饼、赏圆月，每个人都开心地笑着，丝毫不见疲劳的踪影。我想，我们所有人应该都一样，在那一刻思念着远在家乡的亲人们，并在心里送上默默的祝福。这祝福当然也要送给正在逐梦的我们。

无论内心如何欢喜，愈发深邃的严寒终究难以抵御，而前路又是那般漫漫，所有人都深知，防止生病、保证休息才是首要任务，所以不久之后纷纷钻进了帐篷。

第二天5点多醒来，高C1营地四周已是晴空万里，阳光也已普照大地。营地正沉浸在一片忙碌的氛围之中。国际队很多队员正在收拾装备准备出发，我们的队员和夏尔巴也大都起床，空气中浸润着的彻骨寒气，让我不由自主想要收缩身体，使之严实地包裹在羽绒服之中。突然，一条小狗跳出帐篷的遮挡，欢快地进入我的视野。在这海拔近5800米之处，它是怎么到来的？它不怕冷吗？它要去哪里？我不禁疑问连连。在我惊讶和疑惑的眼神中，小狗丝毫不惧严寒，纵然身上的毛发已被打湿，依然撒着四蹄在营地里窜来跑去，一旦有人示好或拿出食物，它便快速跑到其面前摇头摆尾，伸舌舔舐，那模样甚是惹人怜爱。后来才知这是萨玛贡一家旅馆的小狗，它不惧艰险，跟着自己的夏尔巴主人来到这里。

顾不上去探究关于小狗的太多故事，我跑进餐厅帐加了一壶热水。说是餐厅帐，其实就是在雪地上围护了一个防风的空间而已，里面的雪地高低起伏，被多人踩踏过后非常滑，稍不留神就会脚底打滑，我就差点中招。加完热水小心翼翼走出餐厅帐，回到帐篷里用完自己全部的早餐：一个面包，一包豆浆，再加一壶水。

所有队员8:40从高C1出发，沿着拉练时走过的路一路向上。这条路大家都已很熟悉，其他人先行，撒野加入了风哥和我的小队，我们一起保持既定节奏走在最后。一路之上，沐浴着炽热的阳光，饱览着旷广的美景，丝毫感受不到是在海拔5800米以上行走。

由于前后出发的登山者连同夏尔巴有百十人之多，在较难攀登的陡峭雪坡和冰壁处经常会遭遇拥堵。每逢此时，我们便会借机适当休息，然后再集中精力攀爬，一路倒也还算顺利，下午一点多就到达了C2。回想拉练时我在此发生高反，我开玩笑似的给大家说：又一次来到了我的伤心地咯！话音未

C1到C2途中的雪壁上，缓慢行进的登山者。险峻的冰壁延缓了前进的速度，冰壁下总有长长的队伍。

落，便引来了大家一片哄笑。

随着海拔的提升，气温下降颇为明显，下午4点左右，营地的温度便已明显降低，即使身穿连体服也能感觉到深深的冷意，脚更是冰冷，我赶紧换上羊毛袜。

毕竟为时尚早，不能睡觉，也没有睡意。不知是谁率先喊了一声出来聊天，大家欣然应允，纷纷来到帐外。有教夏尔巴中文的，有交流各自旅行见闻的，甚至还有队友做起了游戏，总之是各尽所能，想方设法熬过这段时间。一直到晚上6点多，一轮圆月从营地前方高高升起，温度持续降低，我们才各自钻进帐篷开始休息。C2帐篷同样3人一顶，依然是我、风哥和撒野组合。为了避免重蹈拉练时的覆辙，我们将前后帐和顶账所有通气孔统统打开，以此确保空气充分流通，防止氧气过度消耗。做好了这些措施，我相信这次应该能够顺利度过这个夜晚。

时间流逝，狂风劲起，肆意吹打着帐篷，发出巨大的声响，一度让我担

队友风不定在努力攀上冰壁，冰壁顶部的仰角放慢了攀登速度，排队的队友一边等待，一边观察他攀上仰角的方法。

心大雪将至。但当5点多起来后,才发现一切担心都是多余的。没有担忧中的大雪,且在太阳当空照时,劲风也匿去了身形。天气像变了一种脾气,从怒不可遏变得笑容可掬,仅余缕缕微风吹拂着营地,远处云层也比较稀疏,又是一个好天气。

对我们而言,从这个早晨开始,直至登顶过程中的每一步,都将走在一条陌生的道路上,能够看见什么,又将遭遇什么,皆是未知。

所有的未知在向C3进发的第一步悄然开启。连续三个雪坡,对体能的消耗巨大,而其后的一个雪坡加冰壁组合不出意料出现拥堵,由于我们是最后一队出发,所以有足够的时间等待拥堵高峰过去,而不必畏惧接踵而至的拥堵,这意味着我们可以在充分休息后再挺上雪坡,不但避开了拥堵,也保存了体能。

但冰壁是个难点,它的顶部呈仰角状,需要结合攀冰技术并利用路绳巧妙发力方可攀上,这直接导致通过的速度极为缓慢。断后的三人中,撒野在前,风哥居中,我在最后。仰角下有一个小小的冰壁平台,勉强可站立两人,撒野攀上仰角时,风哥站在平台上观察,我将上升器推到极限后立在下方等待,边休息边查看他们通过时所采用的方法。

撒野攀上最高点时,冰爪用力刺破冰壁,积雪和冰粒被骤然甩出,在阳光的照射下,形成一片散射着光芒的雪雾。等到他和风哥都顺利通过,我立刻抓紧路绳攀至平台上,再把上升器推到最高处,左脚的冰爪以踢冰方式凿入冰壁,用力一蹬,右手快速把上升器上推的同时,将右脚冰爪凿入右侧冰壁……待到达高点时,两手一起抓住路绳奋力攀了上去。虽然冰壁并不高,但如此这般一番攀爬后,到达冰壁顶部的我们都是气喘吁吁。

冰壁过后又是两个雪坡,双腿变得沉重,脚步渐渐缓慢。终于翻过两个雪坡看到了C3。我们的营地坐落在整个C3最高处,到达时已经是下午2点多,GPS给出的海拔为6757米。脱掉冰爪休息了一会儿,我便迫不及待钻进了帐篷,感觉又累又困,仍然不敢睡,毕竟在这个高度发生高反的概率很大,唯一的应对方案就是不停喝水、反复排尿,并避免过早睡觉。穆萨则到处巡查,要求大家保持帐篷通风,尽量去帐外活动。

喝了一壶水,穿上连体服起身来到帐外。受天气影响,前几天一直没有看到晚霞，但今天傍晚的天气并未像往日般"上午好，下午差"。恰值日落时刻，西方的天空中晚霞初现，即使面积不大，终究还是能称得上"瑰丽"二字，理所当然要记录下来。虽然不能像有三脚架在手那样从容不迫，手持拍摄几张也算不枉遇此一回。

为了安全起见，穆萨要求每个帐篷里至少有一名夏尔巴陪同，同时希望大家尽量吸氧睡觉。为此，巴桑替换了撒野，与我和风哥同帐，不过我们并没有吸氧睡觉，只是将帐篷的透气窗完全打开。实践证明，这种选择并无不妥。

考虑到C3到C4路途的艰苦程度、气温的进一步降低以及可能发生的天气突变，穆萨要求提早动身，给C4挤出更多的休息时间。我们6:00起床，7:30全部身着连体羽绒服出发。之前只是听说过这段路的艰苦程度，走上了才知道它"艰苦"二字所蕴含的真正含义。

这段路除了最后10分钟从雪坡顶点到营地以外，其他部分就是一个雪坡走到黑，海拔拔升到7438米，相当于一个大雪坡就让海拔拔升了近700米，而我们也跋涉了6个多小时。在这个雪坡面前，无论是坡度、长度，雀儿山"绝望坡"与之相比只能是小巫见大巫了。

如果将攀登之路的前四段做一个难度和攀爬趣味的比较，那难度最大和攀爬趣味性最高的首推高C1到C2段，相反，最无聊的就当属C3到C4段。这真是一个让人无聊至极的存在，可注定又是一个任谁也无法逾越的坎儿，就像是人生中的无奈，真的无处不在，唯有熬过方能到达目标。

吸氧的感觉，远不如想象那般顺畅。在高海拔地区，想象中的吸氧应该可以让人神清气爽、身轻如燕。按说我应该体会过这种感觉，比如拉练中从C2下撤时。遗憾的是，那时吸氧后的感觉是从肌无力开始的，效果验证的起点偏离正常值太多，完全没有参考意义。我一直无法回忆起那天下撤时的诸多细节，所以记忆呈现断点状态，并不完整，吸氧的感受当然也无从谈起。不过据相关资料介绍，攀登者在高海拔地区吸氧，其自身的感受与海拔降低2000米时不吸氧的感觉相似。

第二天挺进C4，对于每一步都在创造历史新纪录的我来说，没有任何理由拒绝吸氧，毕竟以前从没到达过这个高度，当然要严格按要求行事。考虑到接下来还有更重要的任务，大家也都无一例外吸氧前行。

从大雪坡回看C3营地,如处云端。

行进中才发现，戴着面罩吸入氧气，其效果实际上并不明显，远不如不戴面罩大口呼吸来得更爽、更直接、更过瘾，所以过程中我多次拨开氧气面罩，畅快呼吸新鲜透凉的空气。可又担心这感觉仅仅是假象，所以更多时候我还是乖乖把氧气面罩扣在口鼻上，哪怕它可能是在做着无用功。万一因为缺氧而高反，必然会影响马上到来的登顶时刻，岂不憾哉！

C4营地地处垭口，如同一个大风通道。刚到时还是蓝天白云、风和日丽，几分钟后就变成了乌云压顶、雪花纷飞。没多久又是大雪停、风发威，帐篷被吹得砰砰作响，有如正擂起示威的战鼓，蔑视一般向我们吼叫着："你们回去吧，这是我的领地，我不会允许你们轻易通过！"

迫于大风的淫威，刚一到达营地，我和风哥、撒野就钻进帐篷再也不想出来。原本设想的在C4拍照的计划也因此泡汤。协作先给撒野和风哥做了饭，最后给我煮了一包辛拉面加重庆小面。吃完饭后我们纷纷倒头入睡，头枕背包，鼻戴氧气，身穿连体服，脚伸进协作带来的两个睡袋里，巴桑则勉强躺在我们伸脚的地方，四个人就这样挤成一团，在狭小局促的帐篷里窝到了晚上10点多。

作者在向C4攀登的过程中。

感觉没过多久，巴桑起身烧水、做饭，我们也睁开惺忪睡眼。那边巴桑忙碌着，这边则是我们靠在背包上努力驱赶着睡意。饭很简单，每人只是冲了包黑芝麻糊或豆浆，吃完后周身充满暖意，鼓足精神收拾好各种装备，静静等待大本营发出向顶峰进发的指令。

终于，对讲机中传来了伟哥的呼叫声，坐镇大本营指挥的他向穆萨发来的指令是：鉴于天气预报，原定凌晨两点出发提前至零点出发，以避免部分较晚登顶的队员置身于恶劣天气之下。

9月28日刚过零点，早已做好准备的三人和各自的夏尔巴按要求准时出发。

我时刻牢记着伟哥的叮嘱，始终按照自己的节奏稳步向前。皎洁的月色，清冷而明亮，甚至不用打开头灯就可以清晰看到脚下的路。脑海中突然闪现出"历久弥新"这个词，只是我们眼前的景象却不是如此，因为每一次抬眼看向前路，总感觉景色就和刚刚出发时一样，似乎没有什么变化——即使已经走了很久。

前四天冲顶过程中，我和风哥一直按照伟哥要求以适合的节奏前行，只因节奏偏慢且偶尔停歇，所以几乎每次都是最后一批抵达营地。这一次，我依然按照自己的节奏行进，体内却突然间充盈了消耗不尽的力量，加之这段路并无技术性攀登路段，只需沿着雪坡不停迈开脚步，所以整个过程我几乎没有停留休息，行进速度较之以往快了很多。巴桑始终紧紧跟在我的身后，严格匹配着我的节奏前行。

基本不变的步点，不觉疲劳的身体，让我在向顶峰做最后冲锋的道路上不断超越队友，超越其他登山者和协作，很快就从冲顶者长长的队伍之中脱颖而出，甚至没有遇到任何一位登顶下撤的登山者，便到达了东尖峰转向顶峰前的最后一段刃脊前。

顶峰已经触手可及，我将上升器推到力所能及处固定好自己，然后深呼吸一口气，转身回望来路，一条长长的灯龙由近及远、蜿蜒起伏铺陈而去。再转向前方，同样是头灯的光亮告诉我，位于我之前的登山者已经屈指可数。凌晨4:40，在超越了两个登山者后，我的身前只剩了两个外国登山者和一个夏尔巴，他们正坐在顶峰处的风马旗前拍摄登顶照。

趁此时机，我固定好上升器，确保身体能够安全和稳定站立，然后双手合十、双目微闭,为老师、家人和朋友默默祈福。待睁开眼睛试图去整理仪容时,却发现氧气面罩下方、口鼻前的头巾上和连体羽绒的领口处全都挂满了冰凌,就连一直挂在胸前的相机和变焦镜头也被覆上了厚厚的冰层。看到此处,内心不由一惊:相机不会被冻坏了吧?思虑至此,连忙掏出始终贴身放置在连体服内袋里的相机电池,小心装入电池仓,忐忑打开相机开关,肩屏同步亮起,再慢慢旋转镜头、抖动机身,覆裹的冰层变成碎屑纷纷落下。用抓绒手套擦拭掉残存的冰碴,取掉镜头盖,举起相机对着前方三人试拍了一张,显示屏上出现的照片让我长舒了一口气。

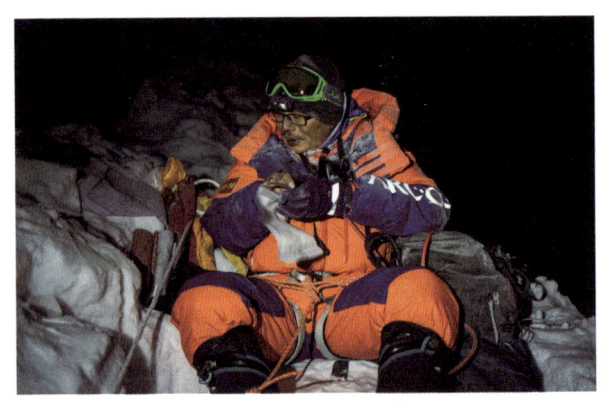

到达顶峰后,巴桑为我拍摄登顶照。

4:50,前面三人拍完照片开始收拾装备,恰好腾出了一个人的位置,我开始缓缓向上走去,12分钟后,我成了全队也是当天中国队员中的第一个登顶者。此时的刃脊上,已经排起了长长的等待登顶的队伍,只是随着月色的暗淡,天色变得浓黑一片,头灯灯光变得有些刺眼。看着后方越来越多的排队登山者,我一心想着尽快拍完照让出位置,也就顾不上整理形象,一屁股坐到雪台上,巴桑即刻变身为随行摄影师,借助着头灯的光亮,用我的相机给我拍了几张。

拍照后立刻下撤,路上遇到了风哥、西北、飞飞、穆萨和小肋骨等人,其他队友则因为光线、服装等原因未能认出而错过,但我知道他们都在队伍之中,都在静静等待登顶时刻的来临。

我们一直觉得,队中第一个登顶的人肯定出自飞飞、风哥和西北三位之中，他们和其他队友也都在2017年登顶过慕士塔格，只有我没有攀登过7000米级雪山，所以谁也没有想过第一个登顶的人会是我。我也在想到底是因为什么，让结果与初始判断出现了如此大的差异。最后想来，无非就是因为我听了伟哥和风哥的要求，冲顶时始终注重对节奏的把控吧。

下撤途中的雪中送炭

下撤的路还算顺当，因为众多登山者大都还在等待登顶，反向去往C4的路上基本没有什么阻碍。途中，我还饶有兴致地欣赏壮美的朝霞，感叹神奇的马峰大三角，又从容拍摄了美丽的日照金山，于6:40到达了C4。此时天已经大亮，我和巴桑迅速补拍了几张照片，弥补了在这个营地没有拍照的遗

下撤途中欣逢日照金山。图中还显示出了高海拔山区常见的"大三角"，大三角的顶部与地平线基本平齐。

憾，又补充了足够的水，继续向C3下撤。

在C3营地不远处，遇到了正在向C4行进的川藏队众人，包括老板苏拉王平、队长罗日甲以及各位队员，他们的冲顶日程比我们晚了一天，看起来状态都不错，寒暄几句，挥手作别各自前行。

8:40回到C3后，我的两只脚开始隐隐作痛，主要怪我向C4攀登时更换了袜子，将二刀寄来的袜子换成了厚厚的纯羊毛袜。这双袜子虽然厚，包裹感却很差，且容易内滑。当它整体内滑到高山靴前侧，加之下山时脚向靴子尖部挤压，从而导致脚趾受挤疼痛，这是一个让我非常后悔却又无法挽回的选择。后来，双脚有3个趾甲因此而脱落。受此影响，下撤的速度越来越慢，直到10:20才到达C2。

由于脚疼难忍，这一段又是技术性最强的路段，继续下撤的路变得非常困难。我和巴桑一起尝试着各种方式，尽可能既安全越过冰壁，又避免脚痛，历尽千辛万苦终于在3小时后到达高C1。

脚的疼痛，高C1温暖的阳光，香甜可口的红茶，让内心滋生出一种懒惰。躺在防潮垫上，真的想好好睡一觉再踏上接下来的路。但风哥的话始终在我的耳边回响：穆萨说，登顶后今天必须回到MBC。与其在高C1休息后还要继续忍痛回MBC，倒不如坚持回到MBC，彻底换掉鞋子和衣服，然后毫无顾虑地休息。

当把这个想法告知巴桑后，他也支持我继续下撤的决定。又一起喝了些红茶后，我们再次踏上下撤之路。为了尽量减少脚痛，我使出了浑身解数：尝试屁降，因为缺乏工具屁股被硌得生疼，速度也非常慢；抓住路绳倒退着下坡，脚疼是好了很多，速度却慢得一塌糊涂；把路绳扛在肩头，抓紧绳子身体倾斜，借势向下行。最后一招确有成效，成了下撤到冰川与雪坡结合部时我最常用的招数。

只是到了冰川路段后，这里没有了较大高差，也基本没有了路绳，原有招数失效，疼痛感再度侵袭，只能忍痛慢慢跨过一个又一个冰裂缝。

正所谓"天无绝人之路"，刚进入冰裂缝区没多久，我们就看到了与夏尔巴一起飞跑而来的李总（李建宏）。是的，没错，他们正飞跑而来。

李总比我们晚出发一天，由于他是从大本营直接攀登至C2，过程中又比

正在攀登中的李建宏。李建宏是新疆的一位杰出企业家,2018年5月,他完成了珠峰、洛子峰连登,马纳斯鲁是他当年攀登的第3座8000米级山峰。

我们少用了一天,所以最终和我们同日登顶。值得一提的是,2018年的4月到8月,他已经完成了珠峰、洛子峰连登以及K2(乔戈里峰)攀登。加上这一次的马纳斯鲁,在2018年内,他已经完成了4座8000米级山峰攀登。接下来他还计划攀登道拉吉里,完成今年第5座8000米级山峰的攀登。面对这位已经53岁的兄长,我实在是只能仰视。

　　得知我的脚出现了问题,他立刻用自己配备的对讲机与伟哥取得联系,要求大本营工作人员将我的徒步鞋送至穿冰爪地点,我感动得一塌糊涂。帮我联系完这些事项后,他继续飞奔而去,看着他的背影,我和巴桑起身默默前行。

　　当到达MBC附近的高处时,远远看到一个身影正在离大本营不远处迎候,正是伟哥。待走到跟前,他的一个热情拥抱便化解了我们曾遭遇的一切艰难困苦。16:52,我和巴桑终于安全撤回了MBC,那一刻,我有一种从绝境回归家中的感觉。

　　随后,风哥、飞飞、穆萨、西北、张斌、朱江、王斌、唐锋先后回到

MBC，小肋骨与撒野也于第二天即9月29日先后回归。十四座2018年马纳斯鲁登山队实现了所有队员登顶后的全部安全下撤，大戏的帷幕终于顺利落下。

首次登顶8000米级雪山的感怀

周到细致的生活安排，面对不利天气时的耐心安抚，不盲目跟从的拉练安排，优秀夏尔巴的良好服务，窗口期到来后的果断出发，根据天气预报对冲顶时间的择机改变……这一切精心组织与决断，确保了十四座2018年马纳斯鲁登山队每一位队员的成功登顶与安全下撤。

30日的庆功宴上，西北帮我解开了心中的一些谜团，也就是拉练时我无意识时段发生的一些事情：他给我吃了四个能量胶，还给我提供了水，瓦龙则给我做肌肉按摩……为使我尽快恢复，队里的兄弟姐妹们想尽了各种办法，直到我能站立才把我放心地交给巴桑、风哥和瓦龙。虽然我的记忆是缺失的，但这份情感却永远铭记在心。

每一位登山者都用自己无比的执着见证着巅峰的盛景，也拷问着自己的内心，我们迈出的每一步都是与自己心灵的对话，对自己意志的磨砺，也是见证自己生命厚度不断增加的过程。

一起走过的那段生死与共历程，就是一辈子交情的最好见证，见时难别时更难，只愿在今后的日子里，我们都如攀登马纳斯鲁这般能活出各自的精彩，他日再见，我们依然是为了既定的目标永不放弃的热血兄弟。再见，注定不会遥远！

回到西安后得知，就是在这个登山季，韩国古尔加峰登山队5名队员及4名当地向导遭遇暴风雪不幸罹难，然而他们于攀登中所表现出来的进取精神和勇敢必将长存。致敬每一位在路上的朋友，唯愿各自安好！

第五篇
/
逐梦世巅，
壮丽的珠穆朗玛

完成了马纳斯鲁攀登顺利下撤到大本营后，天气也变得那么的绮丽和迷人：白云依偎着蓝天，阳光普照着冰舌，帐篷点缀着营地，劲风不时送来冰崩和雪瀑的轰响，还有队友和协作们轻松而欢愉的笑声以及清凉中带着甘甜的空气。此刻的一切，在我眼中、耳中和心中，是如此协调又扣人心弦，宛若一台精美的大戏就在这常人一般不至的地方鸣锣开唱。

卸下那些厚重的装备，换上轻便抓绒衣，脚踏着舒适的UGG营地靴，心中放下了所有的负担，再也没有了焦躁与不安，悠然坐在营帐外的户外椅上，看着眼前美丽的风光，贪婪地呼吸着清新凉爽的空气，我对领队伟哥说：接下来，珠峰会是我最后一个攀登目标，因为我想有更多的时间去陪伴家人，和他们一起过平静的生活，去领略那些还未曾欣赏过的风光。

马纳斯鲁攀登其实就是我珠峰之行的热身，也是珠峰进阶的必经之路，但真正决定攀登珠峰却是一个艰难的过程。高昂的费用，漫长的攀登时间，那些已知和未知的风险，无不在考验着我。即使是早早就加入了伟哥为2019年春季攀登珠峰组建的微信群，我更多时候都选择沉默寡言，因为我需要等待自己内心的回应。

一方面进行着内心的抉择，另一方面则考虑着资金的筹备。

古城的春天，是一年中最为美好和惬意的时光，气候宜人，满城花海，满眼的生机盎然。纵使它总是那么短暂，也总能给刚从雾霾天走出来的人们以无限的遐想。只是这个春季刚刚到来的时候，一场倒春寒和沙尘天气从陕北向关中弥漫，在这本应已是春暖花开的日子，人们刚刚褪去厚重冬装，又不得不重新把它们裹在身上，本已升腾起的春日的喜悦也被狠狠压制下去。此时的我，心中的珠峰攀登之念想却在这样的日子里，如雨后春笋般快速生长，不断撞击着我的心灵。我试图向西安交通大学源动力联谊会的校友们寻求资金帮助。让我欣喜的是，在看到赞助方案后，凯翔科技的方孜、中农网的孙炜、新易太和的董庆锋等校友先后表示他们的公司愿意伸出援手助我圆梦，董庆锋和郭宇宽校友还代表他们个人给我送上了援助，这些倾力相助对我而言是莫大的鼓舞，也让我坚定地做出了抉择：勇敢追梦！

2019年4月12日，2019年十四座珠峰登山队在加都集合的日子。大概一个月前，我终于下定决心随队攀登，而且报名珠峰、洛子峰连登。和妻子商量凑齐所需剩余资金，在登山协议和风险告知书上签字，对照清单准备各种装备，定做旗帜和魔术贴，购买必要的保险，调整自己的心情……出发前的事情很是琐碎，却又必须认真面对，容不得一丝马虎。从决定随队攀登开始，直到清明小假期的最后一天，我才基本做好了所有准备工作。这段时间里，让我心存感激的除了校友的援助，还有何静送来的脱水蔬菜、鱼干以及无所不能的澳洲木瓜膏，山友飞狐寄来的睡袋、太阳能充电板和美味的小吃，当然还有亲朋好友的真诚祝福，这其中包括张伟请著名登山家夏伯渝老师录制的一段视频，在视频中，夏老师为我们每一位队员都送上了诚挚的祝福。

带着祝福前行，祝福就化为了攀登的力量。

临行前，还是感受到了一些压力。因为觉得登山风险太大，领导并不愿在我的请假审批单上签字。如果不签字，出行就会受阻，全盘计划就将落空。我个人其实很理解领导的想法，毕竟我们对珠峰的了解有限，更多是各种媒体中反复提及的彩色路标，是电影《绝命海拔》中那一幕幕悲惨的场景。他拒绝签字，是担心我遭遇危险，是为我的安全着想。只是这样一来，不但心里多了一份压力，我还要考虑如何去说服领导，心情一下变得沉重起来。

从来没想到，与领导的第一次长时间交谈，主题是我请假。那天早上，在他的办公室，一个半小时的时间里，他详细了解了我的攀登经历，又听完我平静的陈述后，终于同意在请假审批单上签字，我悬着的心终于回归平静。

珠峰攀登史上的勇者足迹

珠穆朗玛峰，世界上海拔最高的山峰，与南极、北极并称"世界三极"。由于其特殊的位置和显赫的地位，自从1921年被人类首次试图攀登以来，它就被无数的人们所瞩目。

据故宫博物院相关研究表明，珠穆朗玛峰这个名字，最初源于《皇舆全览图》[康熙五十六年（公元1717年）完成编制]。在这幅地图上，中国人首次明确标注了珠穆朗玛峰的位置，并将其命名为"朱母郎马阿林"。虽然现在测定的实际位置与这幅地图上标注的山峰位置略有出入，但从图上山川地势的相对位置可以清晰认出它就是珠穆朗玛峰。地图上也并未标注测量到的珠峰高度，但当年测量用的部分仪器，至今还妥善地保存在故宫博物院里。

有记录的对珠峰的首次攀登，是1921年一支由13人组成的英国登山队，队长为克·哈瓦德巴里，队员分别来自英国、加拿大、尼泊尔和印度，以英国人为主。他们于当年6月26日到达位于中国西藏的北坡（东北山脊）大本营，9月24日到达海拔约7000米的北坳后下撤，9月30日离开大本营，首次攀登以失败告终。

在前三次英国登山队北坡攀登的队伍中，都有一位叫乔治·马洛里的队员，参与了前两次攀登的他在巡回演讲中，面对记者不停追问他为什么要去攀登珠峰时，不耐烦地回答道：因为山在那里（Because it is there）。他根本不会意识到，这句不耐烦的回答，后来却成了登山者们口口传诵的传世名言。只是1924年，当马洛里第三次参与北坡攀登时，他永远消失在了人们的视线之中。1999年，他的遗体在海拔8200米的一处倾斜岩脊上被发现。综合各方证据，人们认为他在遇难前并未到达顶峰，此为后话。

从1922年到1947年，先后又有8支登山队尝试从北坡攀登，均未成功。1950年，外国登山队从位于尼泊尔的南坡（东南山脊）继续尝试攀登。

1950年11月，一支由克·修斯顿等5人组成的美国登山队首次从南坡尝试，但只是到达了海拔约5800米位置，还没有完全通过昆布冰川时便选择了返回。一年后，又一支英国登山队试图从南坡攀登时，但止步于昆布冰瀑。

南坡的第三次攀登则具有开创性意义。1952年5月，由瑞士医师伊都华·卫斯-杜农率队的一支19人登山队再次冲击南坡，并于5月28日到达海拔约8600米处后，因天气和疲劳原因止步。但正是他们的尝试，开创了一条从南坡通向顶峰的路线，也为南坡的首次成功登顶奠定了坚实基础。值得一说的是，高海拔登山中常常听说的"死亡地带"（Death Zone）正是由这位瑞士医师所定义。

最引人注目的攀登起始于1953年4月，约翰·亨特带领的英国登山队一行23人在12日到达南坡大本营，全队包括11名英国人、2名新西兰人和10名尼泊尔夏尔巴。此次攀登以瑞士登山队开创的路线为基础，共设置了BC、C1-C9等10个营地，最终时年33岁的新西兰籍队员、养蜂人埃德蒙·希拉里和39岁的夏尔巴丹增·诺盖于5月29日接近中午时分成功登顶，这也是人类首次登顶珠峰。正是因为这一突出的成就，希拉里被英国伊丽莎白女王封为爵士，丹增则成了夏尔巴的民族英雄。夏尔巴人也由此开始在全世界的登山舞台中频频出场，成了高海拔攀登队伍中一股不可或缺的神奇力量。事实上，在第一次攀登珠峰中，就已经出现了夏尔巴的身影，只是这一次的成功攀登，才让他们真正出现在人们的视野之中。

此时，中华人民共和国刚刚成立不久，百废待兴，在中国人民心中，有太多事情显然比攀登珠峰更重要，更需要花费时间和精力去处理，所以那时的珠峰并未吸引我们太多目光。直到1955年8月1日中国与尼泊尔建交后，领土划分尤其是珠穆朗玛峰区域的划分成了焦点。中国以《皇舆全览图》为据，据理力争；尼泊尔以自己掌握的地图和丹增的南坡成功登顶为由，毫不退让。在这种情况下，能否从北坡成功攀登珠峰，不再仅仅是局限于体育范畴内的活动，也成了宣布中国领土主权的行动。组织实施北坡攀登并力争成功登顶，势在必行，亦迫在眉睫！

1958年，中国与苏联曾签订联合攀登协议，计划于1960年联合组队从北坡攀登珠峰。为此，我们还派出登山运动员前往苏联接受培训。但受中苏关系的影响，联合攀登计划被迫搁浅，苏联工作人员也全面退出，只能由我们自己来组织实施攀登。1959年10月，在贺龙副总理的亲切关怀下，中国登山运动员决定自行组队开展珠峰攀登。

1960年，中国登山队队长史占春等人在瑞士采购装备时，意外获悉印度陆军登山队也将于同一时期从南坡攀登的计划，为此，中国登山队加快了各项工作的开展进程，决心要先于印度登顶珠峰。

当年3月19日，登山队抵达北坡大本营。5月13日组建了由许竞、王富洲、刘连满和贡布组成的突击组。5月17日突击组开始正式攀登。24日，在海拔8500米的突击营地，因许竞体力消耗过大不能前行，原本承担运输任务的屈银华接替许竞成为突击队员，并承担摄像任务。

随后，在第二台阶（海拔8680米）最上部4米多高的岩石前，刘连满作人梯，另外3名队员踩着他的肩膀攀爬，四个人用3个多小时才通过了这块岩石。在这个过程中，为了防止冰爪踩伤刘连满的肩膀，屈银华脱掉了高山靴和鸭绒袜，仅穿薄毛袜站在他的肩上打钢锥，因此冻伤了双脚。而刘连满在攀爬至8700米处后，因过度虚弱停止了向上攀登。其他三人则于25日凌晨4:20成功登顶珠峰。由于登顶时天色黑暗，并没有留下任何影像资料，唯一的影像是下撤到约8700米时屈银华用摄影机拍摄的，内容是他回头拍摄的珠峰顶峰。因此，这次中国登山队北坡登顶珠峰并未得到国际社会的认可。5月30日四名队员全部返回了大本营。而印度登山队则由于在南坡8600米处遭遇大风雪，未能登顶，铩羽而归。

1961年，《中尼边界条约》顺利签署，对于珠峰的划分有了清晰的描述。

1975年，中国再次组建珠峰登山队，从北坡向珠峰进发。这次，登山队不但要带回攀登的影像资料，还要自主完成测量珠峰高度的任务。为了拍摄到队员登顶珠峰的镜头，队长邬宗岳在最后冲顶时刻解开了自己身上的安全绳，他牺牲了，他的遗体和摄像机被找到了。5月27日14时30分，9名突击队员索南罗布、罗则、侯生福、桑珠、大平措、贡嘎巴桑、次仁多吉、阿布钦和潘多登顶珠峰。其中侯生福是唯一的汉族队员，潘多则是第一个从北坡登顶珠峰的女性。在峰顶，侯生福还为队员们拍摄了高举五星红旗的合影。这张珍贵的合影，向全世界宣布了中国人民无高不可攀、无坚不可摧的英雄气概。

正是在这次攀登中，登山队利用屈银华打下的钢锥，在第二台阶搭建起了闻名于世的"中国梯"。也在这次攀登中，夏伯渝被冻伤了双脚并因此截肢，但在此后的40多年中，他从未放弃攀登珠峰的信念，终于在第5次攀登时，也就是2018年他从南坡成功登顶珠峰，他用自己的坚持完美诠释了"我还活着，我就要为我的理想继续去奋斗，去拼搏"的真正含义。

独自再赴加德满都

2019年4月11日，整理好两个驮包、一个冲顶包和一个摄影包，我独自一人再次踏上了异国攀登之旅。妻子和"美美"一起送我到机场，确认我顺利通过安检进入候机室后，在机场附近等待消息的她才驾车回家。

愈发友好的中尼关系，便捷的签证流程，相对低廉的花费，以及尼泊尔诸多峻美秀丽的景色，让愈来愈多的中国游客涌入尼泊尔，多个城市都开通了直飞加都的航班。我乘坐的西安直飞加都的航班由西藏航空公司承运，商务舱价格甚至比很多国内航线的经济舱还要低廉。出于托运装备需要，与马纳斯鲁之旅相同，我还是购买了商务舱，可以托运两件总重46公斤的行李。可能因为正值尼泊尔旅游旺季，加之航线日益成熟，与2018年秋季单程1500多元的机票价格相比，略贵了300多元。

熟悉的场景，却没有了队友的同行，心中掠过一丝形单影只的酸涩。放空大脑静坐一隅，纵然头等舱候机室中人来人往，我依然视若无物。转念想到马纳斯鲁登山前后自己形象的反差，觉得此时也应该留下一幅照片，在登机前最后一刻，热情的服务员帮我实现了这个小小心愿。

很多乘客还没有登机，我选择了第二排左侧靠窗位置，视野极佳。身着盛美藏装的乘务员迎候在机舱通道入口，热情招呼着走进机舱的每一位乘客。

或许是被我胸口的国旗配饰引发兴趣，乘务员端来茶水时，很自然地问起我此行的目的。在听到去攀登珠峰的答案时，她的眼中充满了疑惑和诧异，或许她根本没有想到，看起来瘦弱且文质彬彬的我，即将踏上的是珠峰攀登之旅。只是职业的素养让她很快恢复了常态，很真诚地为我送上了祝福后，微笑着退了出去。

飞机开始滑行，然后在轰鸣声中一跃而起，直上云天。刚一平稳，乘务员就来介绍餐食种类，在牛肉臊子面和虾仁饭中我选择了后者，然后擦擦脸

在机场候机室留下自己的第一张照片。西安至加都直飞航线是西安咸阳国际机场的第49条国际航线,是西安推动"一带一路"倡议发展的重要航线之一,它的开通搭建起了一条连接两座"千年古都"的空中走廊。

喝了杯橙汁选择小憩。睁开眼时已是40多分钟后,乘务员先是端来了有牛肉、点心、水果和面包的冷盘,随后又送上了虾仁饭,还给了一碟辣椒酱。客观评价,这是多年出行历程中,我所吃到过的味道最好的飞机餐。

顺手打开遮阳板,飞机正飞过一片雪域高原,高原雪峰上空飘浮着朵朵棉絮状白云。在青色山谷和湛蓝天空的映衬下,雪峰与白云,一硬一软,完美融合成了一幅美丽的画卷。当阳光开始直射进来,我拉下遮阳板,闭上眼睛,开始享受这寂静时光。

快14:30时,广播里传来甜美的播报声:5分钟后,我们的航班将飞越珠峰上空,右侧舷窗口旁的乘客可以尝试观赏。身处机舱左侧,我没有移身也没有睁开眼睛,脑海中浮现出一幕熟悉的景象,是2016年去冈仁波齐转山后,在珠峰北坡游客大本营看到的珠峰形象:与两侧的山峰对比,珠峰看起来并没有十分的巍峨,但它那金字塔般挺立的身躯依然挺拔、壮丽。这种感觉既如此熟悉,又那么陌生。

尼泊尔当地时间14:58(北京时间17:13),飞机平安抵达加都特里布万国际机场,办理完签证、通关等入境手续,提取完行李走出大厅时,十二已经在等候我的到来,看到我的身影出现,他笑容满面,挥动起手臂。继2018年一别后,七峰公司明达西夏尔巴又一次为我献上哈达,同时送上一句温馨的"想念你,我的兄弟"。

一切是那么的熟悉,仿佛七个月前的场景重现,那是第一次到达加都。不同的是,那一次有风哥同行,这一次是我独身前往。

2016年10月在珠峰北坡游客大本营拍摄的珠峰。北坡游客大本营并非登山者大本营，而是普通游客能够接近珠峰的最近点。因为可以非常清晰地欣赏珠峰雄壮的金字塔形山体，每年都吸引大量游客前来观光，其最为瑰丽的时刻是日落时分，极易欣赏到壮观的日落金山。

　　车子刚刚停下，我便急切走下车来，透过酒店的玻璃大门和窗户，可以看到大堂中端坐的伟哥和林子。走进去后又发现，已经两次登顶珠峰即将开启第三次珠峰攀登之旅的队友、沈阳青年艺术家孙义全也已到达。久别重逢的感觉无比亲切，我们边聊边等队长穆萨和队友德吉梅朵（德吉）的到来。其后不久，早已来到加都自行出去参观的队友、来自法国巴黎的浙江人艾米也回到酒店，一群人围坐在大堂沙发上热聊起来。这场景，虽有新友，但丝毫不亚于老友重逢。

　　同时出现在酒店的，还有一位大家眼中的陌生人。伟哥介绍说，他叫哈里斯，是一位出生于东北的美籍华人，与七峰公司老板大扎西为至交，为了攀登途中生活的便利，这次也加入我们的队伍。印象中，东北人都是段子手，善谈、幽默，哈里斯显然不是如此，他话语并不多，面对一个个陌生的队友甚至略显矜持。仅从健美的身体线条上判断，他应该是一位运动好手。

距离上一次来这里刚过了半年多的时间，记忆也还新鲜，泰米尔街区还是那般人潮涌动，狭窄的路面上依然车如长龙人如织，空气中依旧弥漫着挥之不去的灰尘，小商贩仍然用生疏的中文追逐着路人，希望能够说服他们采购自己的商品。当然，在道路的一边，还有熟悉的冒菜店。

邀请德吉梅朵和艾米一起走进冒菜店，这是在加都为数不多的、能让我吃得开怀的饭馆，老板是一位叫小龙的湖南人。看到我的到来，或因记忆略显模糊，他似乎对我非常陌生，稍加解释后他才恍然大悟，热情地招待我们坐下。

艾米久居国外，对国内当下流行的饮食显然比较陌生，第一次听说并品尝冒菜，她非常惊喜。吃完后向我不停道谢，说是我带她吃到了美味可口的美食。

回到酒店时，来自香港地区的队友王云飞还在房间忙着手头的工作，珠海队友葛玲和广州队友小肋骨则刚刚到达。与葛玲不算熟识，但也算不上陌生，2018年她完成马卡鲁峰攀登途经西安时，我曾亲自到机场迎接她并与她一起用餐。对她印象最为深刻的，除了攀登，莫过于其抽烟的本领了。

11日这一天，就只差我马纳斯鲁时的队友唐锋还未到达了。

我们都是有准备的追梦人

临近房间后窗，有一台貌似风机排气口的装置，正在拼命地轰鸣，发出的巨大声响慢慢消磨着我的睡意。直到晚上11点，那声音才终于消停下来。舒一口气关掉空调，躺在舒适的床上，已经倍感疲劳的身体却怎么也睡不着，辗转反侧良久，不知何时睡去，只知醒来已是4月12日清晨6点多。

泡一杯红茶，手执茶杯缓步去到楼下。在这个时节，清晨的加都空气中弥漫着丝丝清爽的凉意。大堂入口右侧的吸烟区空无一人，坐在藤椅上喝几口红茶，点燃一根香烟，然后静静看着远方的天空。在升腾的烟雾中，伟岸的珠峰再次展现出朦胧的身影，只是定神间，它已不见了踪影。

对面的餐厅里，早已是人头攒动，本以为我会是队伍里用餐较晚的那一个，进入餐厅后却未见其他队友。劳累的大家或许还在酣睡吧，我这样想。打了一份水果，浇上酸奶，又随便选了一些蔬菜，坐在一个抬眼便可看到餐厅大门的位置，一边吃一边等待大家的到来。

伟哥、穆萨和十二率先到来，然后是德吉……等我再次坐在休闲区时，已是8点多，葛玲和小肋骨才悠然出现在大堂门外。

用完早餐后安排检查装备。队长穆萨逐个走进每位队员的房间，认真检查大家带来的每一种装备。在寒冷的高山上，齐全、优质、轻量化的装备是达成梦想的重要保障之一，只有做到有备无患，我们才能在攀登中心无旁骛。穆萨来到我的房间时，众多的装备已被我散铺在床上、地板上，不大的房间变成了装备的世界。

"这个水壶保温效果没问题，但1.5升容量过大，过于沉重，最恰当的配置是两个1升水壶，一个自带，一个交给夏尔巴携带。好处是既能尽量减轻自身负重，又可以保障过程中的用水需要。"穆萨看着我的水杯，如此说道。

"与马纳斯鲁时相比，珠峰的攀登路线更长，途中也更加寒冷，还会在多处遭遇拥堵，稍不留心，就容易冻伤手脚，所以更要注重袜子的保温性能，羊毛袜要足够厚，且有替换备用。你这羊毛袜不够厚，需要至少另购两双。现有的这些袜子，就在徒步过程中和大本营休整期间穿吧。"

"干电池带得足够了，头灯流明和数量也没问题。就是这个羽绒防水手套需要更厚一点的，我那里刚好有一双极星的，你拿去用，你的这副就无须使用了。"

"登山靴、安全带、主锁、快挂都没问题，不过上升器这根绳需要重新系一下。"

穆萨细细检查完我的装备，又去了别的队友那里。

检查完所有队友的装备，就到了补充装备时间。队友们一起从安娜普尔纳酒店前往泰米尔，大约500米距离。

途经的街道，是进入泰米尔的主干道，挤满了汽车和摩托车。马达声欢腾，车轮快速轧过，尘土飞扬不止，炽热阳光照耀下的街道顿时迷蒙一片。道路两侧的人行道上，徒步者、登山者、游客和市民们人来人往。途中要经过不少摊点,有兜售纪念品的,出售围巾、披肩等服饰的,还有售卖现做食品与新鲜水果的。甚至可以见到有人在人行道上席地而卧,他们身侧往往还会有一条同样横卧在地、坦然入睡的狗。

结队而行的我们戴着帽子和口罩,在人流中穿行。越过那个车流不息的十字路口,来到泰米尔核心区入口处的户外用品店区域。各种品牌店面鳞次栉比,户外用品应有尽有。

正值登山季,所有正品店铺商品都几无折扣,但登山所需,我们还是必须照单购买。艾米收入上升器、主锁和快挂,我买了水壶,十二替唐锋采购了排骨羽绒服。只是遍寻未见厚羊毛袜,而它又恰是需求最多的装备,张伟了解到这一情况,与穆萨进行了简单协商,决定请尚在国内的朋友帮忙采购带来。

就在我们采购的同时,义全也在微信群里展示了几张图片,从中可以清晰看到,他已在尼泊尔航空文化和旅游部办妥了所有队员的登山许可手续。

每一位队友的心中都充斥着购物的快感和即将成行的渴望,这样的时刻,这样的心情,迫切需要一顿可口的中餐与之匹配。大家齐声选定了位于泰米尔核心区的兰州拉面馆。不敢说每一位到达加都的中国人都会选择这家面馆,仅就此时的我们而言,或许只有一碗香喷喷的拉面,才能满足我们的中国胃。

街道上,拉面馆的招牌异常醒目,实际上它却藏身于幽谧之处,一栋巷中老楼的三楼。从招牌下方入口进入,沿楼梯盘旋而上,尽头的平台上堆满杂物,面馆的大门就在这堆杂物旁边。

走进面馆,偌大的厅堂里摆满了桌椅,几位女性服务员正在不停忙碌着。看到我们,老板连忙放下手中的活计,走出操作间热情招呼着我们。这是一位回族同胞,已在加都经营数年,多年的坚持和不错的味道,为面馆赢得了很好的口碑。

点了拉面、拉条子和手抓肉以及几个凉菜。坦率地讲,不管是面条还是菜品,与国内相比,味道称不上多么地道,但在异国他乡能有这样的中国味道饭菜果腹,已然让人心满意足。就在我们热聊等餐的过程中,林子带着队友枫叶如丹匆匆赶来。与他俩一起到达加都的,还有队医魏必,只是魏必没有同来就餐。

吃完面回到酒店的第一件事是整理装备。按照装备使用情况分开装包：沿途要用的装备装入一个驮包，由背夫与我们徒步行程同步运输，以便随时取用；剩余装备则装入另外一个驮包交给夏尔巴，用直升机运送到卢卡拉，再交由牦牛队驮运到大本营。

第二件事是在酒店泳池旁合影，这也是十四座2019年珠峰（南坡）登山队的第一次合影。说起来，合影仅仅只是一个仪式，但在我们心里非常重要。毕竟生活就是这样，有时需要庄重的仪式。

第三项任务是召开行前准备会。会议定在下午4:00，利用会前一点间隙，我跑到伟哥房间，那里有魏必带来的明前龙井茶。泡上一杯，清丽的茶香即刻飘入鼻腔，分外甜美。

会议地点在酒店二楼第一会议室，桌上已经摆好纸笔和矿泉水，甚至还有糕点。参会的除了登山队所有成员，还有尼泊尔七峰公司大扎西、大巴桑两兄弟和协作队长索纳。照例先进行自我介绍，然后是伟哥对明天开始的整个行程的介绍，不但包括EBC徒步安排，还有珠峰营地解析，当然还有对大家的要求和鼓励。让所有成员在出发前做到心中有数，是会议最重要的目的。

当天的最后一项任务，是一起参加欢迎晚宴。七峰公司把晚宴设在了一家西餐厅。烤鸡、牛排、烤鱼、香煎三文鱼应有尽有，菜品丰盛，环境格调优雅，消费价格高昂，与行前会时会议室准备一样，无不体现着珠峰登山队接待的高规格。对于我们来说，放开食量尽享美食是此刻的不二选择，毕竟从明天的徒步开始，就将正式踏上无法预知结果的攀登之路。唯一可以确定的是，这条路注定会异常艰辛。不过，从大家略显疲惫的脸上，我仍然看到了坚毅和信心。我们都在期待，高耸入云的珠穆朗玛会舒展笑靥、敞开怀抱，温柔地接纳我们这些虔诚的攀登者。

回到宾馆时，时间尚早，排气口如常轰鸣，我烧开水把水杯续满，再一次来到一楼休闲区。夜色撩人，微风送爽，宾客来来往往，络绎不绝。

一位宾客穿过人群，落座在我旁边的空座上，很自然地和我聊了起来。言谈中得知，他是泰国人，受单位指派，在加都机场临时工作两周，任务行将结束，很快就要回国。得知我是珠峰登山队的一员，他立刻竖起双手大拇指，称赞我们是最棒的人。我微笑摇了摇头：我们不是最棒的人，只是一群追梦人。闻听此言，他略显愕然，似乎很快又明白了我说的话，点点头，若有所思的样子，似乎在回味我的话语，兀自抽起烟来。抽完一支烟后他站起身来，礼貌地与我告别，恰在此时，魏必来到这里。

与魏必在群里有一些简单交流，了解并不算多。仅仅知道他毕业于上海体育大学，作为运动康复专业硕士研究生，曾为数支国家运动队担任队医，经常在群里解答一些运动损伤问题。受伟哥邀请，这次专门前来出任我们队的队医，以期尽量降低队员们因运动损伤而中途退出的概率。

或许是彼此间已有一种莫名的向往，不够熟悉并没有影响我们的探讨，甚至还因很多共同话题，相互产生了一见如故的感觉。我们聊的内容很广泛，从我为什么登山，到当前国内民众对登山的一般认知和误解，再到中国商业登山组织当前凸显的弊端，还有队医对队员在身体和心理上的作用，然后又聊到了彼此的设想。他想拍摄纪录片，访问几位有代表性的登山者，通过纪录片展现他们的攀登体会；我想把自己登山的经历转变成铅字……凡此种种皆有谈及。

交流中得知，他是蚌埠人。虽然在行政区划上蚌埠属于安徽，但从地缘上而言，蚌埠与山东有着非同一般的亲近关系，饮食、语言、风土人情大同小异。因为这，我们感觉更加亲近了一些。话聊得投机，时间也就过得很快，转眼已是深夜时分，我们只得打住了不尽的话题。

回屋，洗澡——接下来的徒步期间，据说只有一次洗澡的机会，当然不能放过五星级酒店良好的洗澡条件。然后关掉空调、闭上眼睛，准备迎接明天的到来。

卢卡拉开启EBC适应路

似乎做了梦，醒来时又记忆全无。拉开窗帘，打开窗扇，庭院里的道路仿佛被水洗过一般，花草枝叶上挂满了水珠。哦，昨晚下雨了！我喃喃自语着，眼睛平视远方的天空，天空仍然布满着阴云，只是雨后那湿润的空气让人倍感清新。

　　已经是4月13日了，按照计划，这是启程前往大本营的日子。本来6:30就要出发的工作团队，因为天气不够好，直到近8:00才得以成行，队员们于8:40正式出发。

　　正值EBC环线徒步和珠峰攀登的旺季，机场里是一番热闹的景象，与马纳斯鲁攀登时同样的流程，魏必、艾米、葛玲和我来到直升机前，机场工作人员引导我们逐一下车拍照，又帮我们在飞机前合影。

　　飞机正式起飞后，以每分钟约4公里的速度向东方飞去。发动机轰响着，螺旋桨剧烈搅动着的气流也在轰鸣着。

　　放眼向舷窗外望去，沿途连绵高大的喜马拉雅群山上，林木森郁。在阳光可长时间照射、坡度相对平缓的山坡或山顶上，密布着难以计数的梯田，蓝红白颜色各异的房屋大都点缀在向阳一侧，道路如曲折的练带，把房屋与房屋、梯田与梯田串接在一起，有如无数音符流动在乐谱之上。在险峻陡坡一侧的山谷之中，蜿蜒盘旋着的是或湍急或涓流的水带，有的似乎已经干涸，但仍然给在这片土地上艰难生活的人们带去永恒的希望和生机。

　　山谷中水汽快速生成、聚积和搬运，形成一阵急雨袭来。瞬间，直升机前挡与雨滴激烈碰撞，那响声好像冰雹打在车身上，噼里啪啦不停作响。仅仅持续了一分钟，飞机就穿过了雨带，急雨不再。

　　空中云雾正要开始弥漫，飞机恰好飞入山谷之间。6分钟后，历时47分钟、总距离约180公里的飞行结束，我们到达了卢卡拉（Lukla）机场。先行出发的第一组却在我们后面飞抵卢卡拉。第一组由林子、穆萨、十二、索纳和唐锋组成。我们心生纳闷：先于我们出发，却迟于我们抵达，所为何故？林子解开了我们的疑惑，原来是唐锋在飞机上录像时故意抖动手机，声称此即"抖音"，这一特殊拍摄技法引发了飞行员的好奇，飞行员为了配合唐锋充分发挥延长了飞行时间。听到这个原因时，大家纷纷笑开了怀。

　　卢卡拉机场号称"世界屋脊上的跑道"，海拔约2860米，由珠峰攀登第一人埃德蒙·希拉里于1964年自行筹资兴建，主要目的就是帮助登山者更快进入珠峰，并同时回报卢卡拉镇居民。

　　机场分小型飞机区域和直升机区域两个部分，彼此紧邻。最值得一提的是小型飞机区域的地形地貌。该区域的跑道宽20米，仅长460米，呈斜坡型布置，坡度约18.5度，跑道末端对面的防护墙上涂刷有LUKLA AIRPORT 字样，跑道起始端旁边则是悬崖，其下就是深深的山谷。仅仅在飞机上看一眼这个跑道，就让人心生怯意、不寒而栗。

卢卡拉尚未开通公路，机场成了当地居民运送很多必要生活物资的唯一通道，每天在这里起降的航班约有30个，直接印证着它的繁忙和重要性。海拔高、跑道短、坡度大、气象条件复杂、机场设施极端落后，正是这些因素，让卢卡拉机场始终位列世界十大危险机场之首。

到达后，我们进一步感受了这个小镇复杂多变的气候。在机场旁边的餐馆里，第三组小肋骨、德吉、如丹、王云飞和哈里斯五人等待乘坐的直升机时，天空开始下起了雨，还不时传来隆隆的雷声。

林子拥有行进这条线路的丰富经验，深知EBC线路上备餐时间很长，刚一到达，她就立刻组织大家挑选各自中意的餐食，并把菜谱拍照发到群里，让处于飞行途中尚有零星手机信号的第三组队员提前选定餐食，我们笑称此

由于频发的浓雾与强风，卢卡拉机场一天只有几个小时可供起飞和着陆，加之其所处的危险地形，让卢卡拉机场在良好天气时始终异常繁忙。

为"空中点餐"。的确是一段漫长的等待,第三组到达时菜品依然没有烧制完成。林子解释说:从点餐到送上餐桌,中间间隔至少也得有一个多小时。

恰好利用这间隙,在林子、十二和索纳的帮助下,我去寻找始终未见的摄影包。功夫不负有心人,当它的踪影在直升机场上方货物堆放处呈现时,我终于放下了那颗悬着的心。

餐食终于上桌,如丹带来的萝卜干成了抢手货,无论是吃面的还是吃米饭的,大家一起上手,一大袋萝卜干顷刻间被消灭一空。

考虑到冒雨前行可能会打湿衣衫,餐后,队友们纷纷换上冲锋衣裤,或者备好雨伞,边喝奶茶边等待天气好转。当然也做好了另外一种准备:如果雨势过大,则就地住宿等待天气变好再出发。

幸运的是,快两点时,雨转多云,在这里生活经验丰富的背夫们判定已可出行,他们率先出发。我们各自打理好自己的行装,紧随其后鱼贯而行,按照既定计划向帕克丁(Phakding)行进。

机场到EBC入口的距离很近,仅约十几分钟的路程。走在平整的青石铺就的夹道上,刚被雨浸润过的道路湿润而整洁,夹道的尽头,天空中满是白茫茫的雾气,湿润的路面倒映着队员们欢快的身形。夹道两侧是随道路延伸、整齐林立的两层楼房。二楼用来居住,一楼基本做了商铺。商铺里,户外用品、生活用品和纪念品等林林总总。不时有三三两两的背夫擦身而过,背带从额头拉下,只能低头前行的他们或漠然无视,或轻轻抬眼看一下对面来人便匆忙走过。主家们或端坐或站立于店铺门口,看向我们的眼神中满含期待,应该是希望我们购买其商品吧。十二买了一瓶可乐,艾米买了几枚法国和中国的国旗胸贴,穆萨则为我们买了一包火柴,有20盒之多。大家都对他此举有所不解,看着我们疑惑的眼神,他笑着揭开谜底:从大本营再往上走,火柴将是最好的取火工具。

到达入口时,索纳正在集中办理门票,从这里开始,EBC徒步行程正式开启。我趁机招呼队友们在入口处拍了一张合影,只是这幅照片中少了我——拍摄者的身影。就在我们准备进入入口时,远在安娜普尔纳大本营的伟哥恰好发来远程指令:鉴于距离帕克丁较近,且海拔整体呈现下降趋势,要求大家行进速度可以慢,绝不能快。目的很简单,行走的第一天,最重要的是适应。

行进在山谷中，大小不一的块石草草铺就的道路，高低起伏。道路两侧分布着很多村庄，村庄里有为旅客们提供食宿的各种客栈。乔恩·克拉考尔在他的《进入空气稀薄地带》（浙江人民出版社2013年版）里曾说，伴随着徒步和攀登者的涌入，沿线村庄中的客栈有如雨后春笋般兴起。我并未见过这些客栈的前生，但从它们的今世来看，克拉考尔所言非虚。客栈多以精致见长，规模一般不大，在修建和装饰上花费了很多心思，让它们看起来精美而整洁。玻璃窗上大都贴着各色彩贴，这些彩贴让我找到了在美国66号公路上自驾旅行时曾经有过的感觉。路边嬉笑玩耍的孩子们，见到客人时总会热情招呼：纳玛司代（Namaste，中文意为你好）！黝黑的笑脸上写满了纯真，叫人喜爱，又心生怜悯，不由得就让我想起了在巴丹吉林沙漠腹地牧民家看到的那些孩童……道路中间不时会出现高高的玛尼堆，上面最醒目的标识就是平雕而成的、刻满了经句的石板，每每看到，总会有一种莫测的神秘感，甚至从中可以感受到一种力量。道路两侧，众多的转经筒不时发出滴滴答答的铃声，悠扬、悦耳，又净心。客栈边的土地上，种植着油菜、香菜、大葱、萝卜等绿色蔬菜，主要用来满足居民和客人们的需求。

或许是高原的春天来得迟一些吧，道路两边的林木已然葱葱郁郁，高山杜鹃却未到盛放期。不过，仅仅是路上偶尔看到正在怒放的几株，已经让我们可以憧憬杜鹃盛放时遍布山野的盛景。

边聊边拍边想象间，游走在山谷两侧的我们，已经走过了两道铁索桥和两道高架桥，晚上六点到达帕克丁的栖息地——位于第四道桥上方的Sunrise Lodge，一家从建筑形式看颇具欧式风格的客栈。

回首第一天的徒步，多云的天气为我们的行进带来很大便利，没有了阳光的照射就不必顾虑紫外线的侵扰，大家状态都很好。只是于我而言却失去了拍摄心仪照片的机会，略有遗憾。

坐在餐厅里，双肩因长时间背负摄影装备感觉阵阵酸疼，魏必听说后伸出手给我按摩。不得不说，这家伙还真有"两把刷子"，颇有手到病除的感觉，经他按摩过后的双肩酸疼感尽失，按完那一瞬间，酸疼感就被周身的惬意所替代。

三位女队友在杜鹃树旁合影。高山杜鹃从海拔1800米的低热河谷到4900米的高寒冰雪地带都有分布。为了适应不同的环境,随着海拔的升高,它的外形从乔木到灌木,再到匍匐在地的灌丛,其开花季节也会随着高度的不同而变化。

晚饭前,我把当天拍摄的一些照片修了出来,发送给需要它们的队友,还有远方正在等待我的消息的人们。

在客栈院子里散步时,忽然发现客房外墙上张贴着一张海报,大意是韩国《国家地理》登山队将于今年攀登洛子峰南壁,并拍摄相应纪录片,何静竟然也名列十一位运动员之中。我赶紧呼喊林子一起来观看,激动的林子还要求与海报合影留念。我打心底里为何静高兴,能有一个与韩国《国家地理》合作攀登的机会,对执念于攀登的何静来说,应该算是一个好的机遇。只是当时我们并不知道,洛子峰南壁本就是一个天堑,直立的峰壁几无登攀成功的可能,韩国团队之前几年先后数次攀登,却无一成功。何静也在随后的攀登中,先后做了三次尝试,最终都未能突破直壁、失败而归。结果看似遗憾,但何静后来说:能尽己所能去尝试,即使没能成功,至少也收获了对洛子峰南壁的深刻认知。

生活就是这样,有欣喜,也有遗憾,无论结果怎样,我们都要继续负重前行。

大本营的帐篷海洋

不知何时，睡梦中的我被窗外哗哗的雨声吵醒，听得出雨势不小，抬头看看窗外幽暗的天色，复又睡去。再次醒来时，已不闻雨声。大家都已起床，为躲避室外的阴冷，纷纷围坐在餐厅沿墙布设的桌椅前，互相展示、传递着各自拍摄的照片或视频。我则独坐一隅，品一杯清茶，理一理思绪。

从这一天开始，在大家清晨进水完毕后，魏必将每天逐一测量记录多项数据，包括夏尔巴在内的全队人员，如睡眠、排便、用药等情况以及心率、血氧饱和度等数据。通过这些资料，魏必将及时掌握和分析队员身体及机能的变化，为后续拉练和正式攀登提出合理的建议。同时，他还会根据需要为队员进行适时的按摩放松。

当魏必为所有人测量完毕时，室外已变得阳光明媚，吃早餐时的心情也因这阳光而变得灿烂。

整理行囊再次上路。与前一天不同，这一天的行程，海拔要上升800多米，且总体呈现上升趋势，路途上坡为主，辛劳程度可想而知。幸运的是，道路两旁的风光美丽依旧，在一定程度上缓解了可能的疲劳。

谷底流水与我们反向而行，水流湍急，轰响的水声一路相伴前行。络绎不绝的马队与牦牛队，驮运着煤气罐、营地装备以及各种食材，在狭窄的

魏必在给队友唐锋测量身体指标。随着海拔的升高，人体的血氧饱和度会趋低，通过对血氧饱和度以及血压、心率的监测，可对登山者身体状况进行粗略评估，并给出相应建议。

道路上来回奔走，脖子上系着的铃铛发出"叮叮当当"的悠扬铃声，提醒我们停下脚步主动避让，错身而过后，我们才重新拾步前行。时至今日，有一件事情我始终没有想明白，这些马队的马蹄均无马掌，不知其主人是否曾考虑：坎坷石块路会对马蹄造成磨损。

路并不好走，美丽的风光又不时让我们驻足，行进速度因此缓慢，不过大家的心情普遍都很好。一路上或拍或录，把那些最值得展示或留住的记忆统统装进手机里。

约两个半小时后，一行人到达萨加玛塔国家公园入口。入口处的图板显示，我们已离开帕克丁5公里，并进入了珠峰保护核心区域。距离目的地南池（Namche）——昆布地区最大的城镇和交易市场——还有6公里。在这里小憩补水，继续前行不久就到达了午餐地点Everest Guest House。由于顾客众多，进入餐厅的第一件事依然是点餐，我点了蔬菜鸡蛋炒面，外加一份煎蛋，然后静静等待。

就在用餐前，我们收到了伟哥发来的消息，今晨卢卡拉机场发生一起撞机事故，一架小型飞机起飞过程中向右偏离跑道，并与两架停着的直升机相撞，至少已造成两人死亡。闻听此讯，惊愕之余，大家纷纷为亡者的不幸遭遇而叹息，也真正体会到了世界最危险机场的名不虚传，只希望尼泊尔的经济能够尽快发展起来，持续加强机场基础设施的建设力度，让类似事故少一点，再少一点。

等待的时间里，大家纷纷来到房外，看似在慵懒地晒着太阳，内心实则异常急切，不断通过微信了解撞机事件的最新进展。很多队员的亲友也看到了相关新闻，关切地发来消息问询。字里行间不难感受到，知晓我们平安无事，他们的内心才终于不再焦急。

饭菜终于上桌，辛劳后的这份餐食似乎分外好吃，或许不是它真的好吃，而更多只是心理作用，毕竟它将为我今日剩余的路途提供必需的能量。

随后的海拔持续上升，道路蜿蜒曲折但还算平整。路边的植被开始与之前变得不同，杜鹃花逐渐稀少，取而代之的是更多高耸笔直的松树。行进间可以看到的风光不再像之前那样优美。

峰回路转，我们走进了一个小村之中。路边一个偌大的村户院子里，一位身着民族服饰的女人正站在门口，侧着身子，坦然又专注地观看着来来往往的路人；几头健硕的牛儿，旁若无人地啃食着地上的绿草；一棵枝干上沉淀着岁月痕迹的棣棠，傲然挺立于路旁，把硕大的树冠伸进院中，树枝上绽放着的粉色美丽小花，一阵风吹过，树枝摇曳，无数花瓣便纷纷扬扬飘落，如花瓣雨般洋洋洒洒奔向地面。一会儿工夫，树荫下就变成了一片花瓣的海洋，院子里、矮墙上如同披上了一层薄薄的花被。如丹、艾米和德吉被这花瓣雨深深吸引，忙取出手机，不停地拍摄。

经过路边一栋房子时，窗前的板凳上正端坐着一位老人。他头戴花帽，花白的胡子布满脸颊，身上橘红色的奥索卡抓绒衣虽然脏了一些，却分外醒目。在其身前条案上，摆放着一大一小两个不锈钢盆和两个蓝色的袋子，里面装满了橘子，看起来鲜美异常。他一直盯着我们，没等我们走到跟前，他立刻站起，脸庞满带和善的笑意，用那黝黑粗壮的大手从盆里抓了几个橘子，前探身子努力向我们展示和推介着自己的商品。新鲜的橘子勾起了我的食欲，口渴的感觉瞬间充盈大脑，我毫不迟疑地迎着他的笑容走到案前，购买了七八个橘子，顺手装入背包。

棣棠花与居民庭院。

第五篇　逐梦世巅，壮丽的珠穆朗玛　　145

卖橘子的老人。作为一个科技欠发达的农业国家，尼泊尔的水果蔬菜几乎都是纯天然的。

　　背包里放着橘子，实在是一个诱惑，且难以抵抗。没走多远，我就在一个休息处停了下来，放下背包，迫不及待取出橘子与队友分食，同时观察来往的行人。一队大龄徒步者正好经过，一色的欧美面孔，领头的是一位头戴鸭舌帽、身穿蓝色皮肤衣的老人。只见他戴着深色眼镜，开怀的笑容把脸上堆叠满了皱纹，边走边弹着一把精致的尤克里里，乐声叮叮咚咚响彻于耳，如泉水流淌般美妙无比，毫不掩饰地把自己内心的快乐传递给我们。乐声伴随，他们的脚步也变得别样轻盈。就连趴在路边的黄狗也被乐声吸引，趴伏的身子未移，头却循着乐声缓缓转动，直到这队徒步者消失在拐弯处，黄狗才恋恋不舍地伏下了头颅。

　　掰开几瓣橘子放入口中，丰富且甘甜可口的汁液瞬间溢满口腔，滋润着心田。恰好又有几个队友赶上来，把剩下的几个全部都分给他们享用完毕，然后一起说说笑笑，继续沿着山谷前行。来往的行人渐渐增多，流水声、口哨声、欢笑声、铃铛声开始不绝于耳。没过多久，曾数次带队EBC徒步的德吉告诉我，前面很快即将到达双层吊桥。

之前的行程中，我们所经过的都是单层的吊桥，突然听到双层吊桥这个词，感觉很新鲜。让我好奇的是，有一部登山题材的电影《绝命海拔》曾将它作为取景地。这部电影全景呈现了1996年珠峰山难的全过程，那一幕幕惊心动魄的画面，向我们揭示了攀登珠峰时不同背景的队员所怀的不同心态，以及因此而引发的悲情与激情杂糅的不同结局。我努力去回忆，试图从那些画面中找到关于双层吊桥的镜头，却终究只是徒劳，因为眼前浮现的，更多是攀登过程中的那些惊心动魄的场景和悲惨结局。

思考似乎还未停止，我们已走近双层吊桥的上层入口处。停下脚步仔细观察，两层吊桥实为两座铁索吊桥，上下错落布置，下层长度较短，上层较长，水平和垂直各相距十几米。其桥两端固定于峡谷两侧的崖壁上，以铁索为筋骨，木板为桥面，大风吹过，桥身摇曳晃动不止。走在吊桥之上，风正吹得凛冽，叫嚣着穿越山谷。两侧护杆上的风马旗也被吹得猎猎作响。吊桥下的山谷中，伴随着永不停歇的轰隆隆声，泛蓝的流水向低海拔方向快速流走。冷风频来，桥面晃动不已，心里忽然感到一丝紧张，已经湿透的内衣更是传来深深的凉意，不由自主便加快脚步，快速通过了吊桥。

刚刚到达对岸，空中就飘起了雨丝，云雾随即在山谷中快速升腾，同时还伴有隆隆雷声。我们到达离桥头不远处的检查站时，云雾已经升至近山巅处，回望桥身，此刻也隐去身形，只剩朦胧一片。又过了几分钟，整个山谷全部被云雾弥漫，视野仅及数步之内。庆幸的是，一度密集的雨丝终于停歇了它的脚步。

通过山谷后则是另外一番景象。云雾不见，一支马队清晰跃入眼帘。那领头的白马，其姿靓丽，其势轩昂，宛若白马王子，正优雅地与两匹黑马结伴而行。让人颇为费解的是，三匹马竟然会互相等待、先后领走。由此我想到了长跑、自行车比赛等体育运动，团队成员往往采用领跑或领骑策略，既能够让所有成员保持体力，又可以力争好的成绩。对身负驮重任务的马匹而言，当然不存在竞技运动之说，可保不齐它们真的明白，在繁重的体力劳动中如此这般可节省体力，所以才做出这样的选择。物竞天择，在进化的道路上，无论是人还是动物、植物，都在不断学习更多的生存技巧，以便更好地适应生活。

下午四点左右，队员陆续到达南池镇。刚到镇口，便听见隆隆水声，它们从路边水泥砌筑的水渠中发出。水渠自高而下，其间布设数个平台，每个平台上都建有一个装饰精美的方亭，亭中放置一个一人多高的转经筒。渠水湍急而下，冲击着伸至水中的扇叶，进而将转经筒快速转动。清水长流，转经筒亦不停歇，直将筒面上两圈大大的金色经文变成了两条金带，不停在我们眼前晃动。走过这条长长的水渠，拾级而上，不久就到达了Himalayan Lodge客栈——我们的留宿地。

客栈位于南池镇相对较高的位置上，站在露台上可以一窥南池全景。放置好装备、点好餐食，在索纳、林子的带领下，小肋骨、德吉、葛玲、艾米和我一起来到镇里。作为昆布地区最大的集贸市场，南池的经济发展水平明显好过前面经过的所有村镇。四边皆山坡，围合成一个仿若漏斗的谷地，南池就在这片高低错落的谷地上建设和发展起来。这里的房子大都依地势而建，街道虽然高低起伏却整洁有序，无论从城镇化发展、基础设施建设还是从物资丰盛程度而言，都称得上自离开加都以来所走过的最繁华的城镇。街道上，商铺林立、人流不息，英文招牌和那些琳琅满目的商品更是让人眼花缭乱。让我意想不到的是，这里竟然可以看到很多在加都也难觅踪影的纪念品，尤其是以珠峰为题材的纪念品。

走到一个巷口，索纳突然指着一间牌匾上写着"SONAM"的店铺，故作自豪地对我们说"That's mine"（这是我的店）。待大家看清牌匾上的文字，都明白了索纳的意思，配合着他哄然大笑起来。

临近街角的一家蛋糕店里，蛋糕和咖啡的浓香飘逸而至，把我们吸引至其中。芝士蛋糕、苹果派、巧克力蛋糕……各色蛋糕应有尽有，细细品来，味道堪称绝美。在这样一个海拔达3450米的高原小城，竟然有如此高制作水平的蛋糕房，让人颇感惊诧。坐到蛋糕店窗口的长桌前，品一杯香浓的现磨咖啡，尝一块香甜的精美蛋糕，然后览一窗壮丽的雪山盛景，有一种恍然不知身在何处之感。

毕竟已在高原，一旦暮色四合，气温便骤然下降。为了防止感冒，我们急速赶回客栈，聚拢围坐到餐厅里，或打牌，或刷朋友圈。我的心思和他们不同，正惦记着拍到的照片，就只身坐在条桌一角，打开电脑浏览了一遍相机里的图片。但电脑电量已所剩无几，简单修了几张照片便来到客栈露台。这个露台的视野极好，大半个南池都可收入眼中。此刻，镇子灯光璀璨，在明亮月光的映照下，左方雪山也露出真容。只是不知是雪山忽感羞涩，还是苍天有意戏弄，一层淡淡的薄雾，恰似一层薄纱轻轻蒙在了雪山之上，月亮周围环绕着一圈大大的光晕。此情此景，对于久处城市的我们，可谓难得一见。随着太阳西沉，日间热闹喧哗的小镇快速归入沉寂。

在露台上尝试拍了几幅南池夜景，在薄雾和灯光的干扰下，成图效果并不理想，可我依然心满意足。回到餐厅后，先是花费200尼币把笔记本交给店主去充电，然后坐到了魏必前面的凳子上，他正笑嘻嘻地观看斗地主。这一天的行程并不算长，也谈不上辛苦。不过，长时间的背负还是让我的双肩无比酸疼，请魏必献出他灵巧又深具力道的双手为我揉捏，事毕时已是22:30。"铁三角"葛玲、唐锋和穆萨战意正浓，我已困意十足，给他们打了个招呼，便回屋休息去了。

第二天8:00出发，又是阳光明媚，大家的心里却没有这般晴朗，因为昨晚十二曾告知我们：这是整个EBC（珠峰大本营）过程中最艰辛的一段，前半程整体呈下降趋势，直到谷底，后半程则要持续爬升，且费体力。

当然，能在一天徒步的启程阶段降低海拔，也是件幸运的事，毕竟这时大家还没有进入状态，身体需要一个被唤醒的过程。沿途所遇依旧，众多的EBC徒步观光游客、背夫或马队、牦牛队遍布于道路之中，还时时可以见到玛尼堆和佛塔，大家都已非常熟悉一个原则：遇到驮队主动避让，路过玛尼堆或舍利塔时靠左侧行走。这种避让，其实也让徒步者有稍事休息的理由。

走出不久，便远远看到了阿玛达布朗姆峰的身影。

阿玛达布朗姆峰，英文名为Ama Dablam，意为阿妈的项链，海拔6856米。因其具有极高辨识度的挺拔峻美身姿，历来为人们所赞颂，被誉为喜马拉雅山脉最美丽的山峰之一，也有媒体把它列入世界上最美的十座山峰之一，是众多登山爱好者心中的技术型攀登目标之一。

晴朗的天气，让阿玛达布朗姆峰始终停留在我们的视野之中。随着道路的延伸，愈是靠近，它的身影就变得愈发伟岸和清晰。曾经一次或数次徒步EBC的队友，如艾米、如丹和德吉，看到阿玛达布朗姆时，内心的欣喜溢于言表,笑容绽放着向我们诉说:"又见阿妈的项链!"

十点多行进到谷底,一家客栈恰好坐落其间。宽大的露台上,一些游客正在休息,有的在轻声交谈,有的在静坐饮水,他们大都面向右前方——阿玛达布朗姆所在的方向。此刻的阿玛达布朗姆,正安静地矗立在那里,宠辱不惊地接受着观者一次次的礼赞。十二给我说,他很喜欢这个客栈,就是因为这个宽大的露台。但我们团队的休息点并不是这里,我和他对视一笑,继续迈开脚步向前。

从客栈开始进入后半程,用十二的话说,就是"轻松了多少就得还回去多少"。一想到后面都是升海拔,身体瞬间给出一种难以名状的反应,就是"露怯"。持续提升海拔对体能是严峻的考验,强迫自己将那不好的反应抛掉,因为除了努力前行,至少在此时,我们别无选择。

休息点距离谷底的客栈并不远,到达这里后,我们并不知道只能短暂休息,以为会在这里解决午餐,所以大家坐到室外的椅子上,晒着暖暖的太阳,喝着酸甜美味的柠檬茶、奶茶,又消灭掉了如丹带来的香辣手撕兔,除

客栈的宽大露台正对阿玛达布朗姆峰。阿玛达布朗姆峰呈现为陡峭的锥形,垂直的山壁和锋利裸露的山脊非常引人注目,在攀登上具有一定的技术难度。

了因感觉自己状态出了一点问题而意欲继续向前的云飞，其他人大都完全放松了下来。直到我们喊着要点餐时才知，午餐地还在前方，这不过是一个休息点，只得无奈起身，再次提神凝气前行。

13:30时，我们终于来到位于腾波切的午餐地Himalayan Hotel。阳光已然隐去，雾气弥漫着村庄，周围充斥着逼人的寒气。大家都在餐厅里取暖，我和葛玲相约去楼下抽烟，一根尚未抽完，就感觉寒冷难耐，赶紧丢掉香烟返回。喝下一碗大蒜汤，暖意才又重新升腾。一份蔬菜鸡蛋牛肉炒面，与十二带来的、可谓珍馐美味的冻干紫菜蛋花汤一起，给已略呈疲态的我带来了极大的满足感。

让大家颇为担心的事情还是不期而至，云飞呈现出较为严重的高反症状：头疼恶心，不能进食。而后面依然是拔高路线，如何保障她安全到达，成为穆萨、林子和魏必不得不思考的问题。经过商讨，三人决定让魏必和丹吉留下陪护云飞慢行，穆萨与其他人午餐后按既定计划继续前进。

约15:00时，队伍准时开拔。几天来大家已经看惯了沿途类似的景色，又逢连续上坡，队员们都心无旁骛、专心行走，行进速度稳中略有提升。如若不是必要的休息补水，大都不再刻意停下去拍摄。即使想拍摄，也会加快速度。几天来，每到下午天气就会阴冷降温，如果这时长时间停留，汗水快速散发，身体愈感寒冷，就会增加感冒和高反的风险。只有减少停留、加快速度，我们才能早一些到达宿营地。那时，就不用再担心寒冷的袭扰了。

行进路上曾遇到几片杜鹃花林，其枝干看上去毫无活力，它们的"身体"尚未被唤醒，花期也就更靠后了。据说，这些杜鹃的盛花期要到雨季六月，正是观光客稀少的时节，除了当地居民，外人很少能够欣赏到。那繁花似锦的景色，只能在脑海中去想象了。

到达位于下庞波切（Lower Pangboche）的客栈OK Kailash Hotel时，已是16:30。疲惫的队员们瘫坐在客栈餐厅的软长凳上，身体都如散架了一般。我的内衣则已湿透，阵阵凉意袭来，仿佛将思想也驱离了躯壳。第一时间加穿上羽绒服，紧紧裹住身体，才又重新找回了自己。

加都办的手机卡此刻还有信号，等离开庞波切后它便不会再有作用。考虑有备无患，花费2000尼币买了10G的流量卡。据说这个卡只能用到大本营之前，而且只能在沿途客栈固定区域使用，网速是很慢，可总归能与亲友建立联系，让他们及时了解我们的动态。

吃完晚饭例行修照片。在这种高海拔寒冷区域，笔记本掉电非常快，仅仅修完几张照片，电量就只剩一半左右了。为了节省用电，我只能先修一些必修的照片。

微信成了关注云飞状态的唯一工具，大家的心弦都因她而紧绷着，可网络的脆弱不断累积着大家的焦虑。在信号消失或过于微弱的时间里，我们只能为她默默祈祷，希望云飞能够挺过这个难关，快点顺利到达客栈。作为队友，在追梦的路上，我们不愿看到任何一个伙伴掉队。

等待的时间总是过得很慢。因为多了一份牵挂，大家的心情也不再无忧无虑，空气中弥漫着一种凝重的气息。当艾米第一个获得云飞到达的消息，并欣然告知大家时，距离我们抵达已经过去了两个多小时。餐厅里低沉的气氛瞬间被这个消息点燃，伙伴们的开心之情溢于言表。能够在魏必的陪伴下到达今天的目的地，也就意味着云飞已经初步闯过了这道难关。这难关说大不大但说小也不小，毕竟事关能否继续攀登，所以当然值得庆贺。

艾米第一个冲下楼去，我和几个队友紧随而至。云飞正坐在客栈大门口的长凳上，她面色苍白、唇色青紫，看上去非常虚弱和劳累。魏必和艾米正分别为她揉按两手虎口穴位，试图努力缓解她的症状。身材魁梧的魏必其实已疲态尽露，只是在队员出现状况的当下，队医的责任心驱使他强忍着疲劳，一边为云飞按摩，一边给她做着心理疏导。

按摩完毕后，云飞的状况并无明显改善，直接送她回房间休息是最佳选择。魏必简单吃了点东西便回屋睡觉去了。"铁三角"继续玩着斗地主，其他人各自做着自己的事情。没过多久，大都先后回屋。辛劳了一天，对自己的最好抚慰就是钻进温暖被窝美美睡上一觉。

从计划来看，由于在丁波切（Dingboche）要进行拉练，而从庞波切到丁波切的路途又相对较近，海拔上升仅有300余米，所以这一天将是整个徒步过程中最轻松的一天。

针对云飞，我们本已做好了应急预案，如果她状态不好，则由魏必陪同继续在庞波切停留一天，以期她能调整恢复好状态。出乎意料的是，当云飞

丁波切位于一个山凹，四周高峰林立，站在村里，不论往那个方向看都可见白皑皑的雪山，很是壮美。

第二天清晨出现在大家面前时，我们发现无论是气色还是体能，她的状态都恢复得相当出色，看起来与我们完全无异。大家都为她能如此快速恢复而振奋不已。9:00，所有队员准时出发，我和艾米、如丹作为第二梯队，紧随由丹吉引路、葛玲先行的第一梯队。

道路始终在山谷左侧延伸，乔木消失了踪影，沿途尽是零散分布的灌木和裸露的黄土与石块，视野变得极为开阔。直升机不时从头顶飞过，螺旋桨割裂气流发出巨大的声响，在山谷中回荡。非常巧合的是，我们竟然偶遇了一个徒步队伍，与唐锋同样来自淄博。得悉唐锋也是我的队友，他们非常兴奋，急忙要与他结识，还要坚持等到他的到来，并与之合影留念。在异国他乡的旷野上能够偶遇老友，也真是难得的缘分。

第二梯队一路有说有笑，正午时分到达丁波切村口时，丹吉和葛玲已经进村，而我们不知道投宿于哪家客栈，便坐在村口用碎石垒砌的石凳上，边休息边等待回来引导我们的丹吉，趁机欣赏一下村口的风光。

丁波切房舍不多，以客栈居多。房舍以道路为界分处两侧，大都是房田一体，零散分布在一个长约1200米、宽约200米的狭长平地上。

毕竟已深处山谷腹地，回望身后对着的阿玛达布朗姆峰时，它也与周边的高山一样，大部分身形都已隐去，只露出被白雪、冰川包裹的最秀美的部分，点缀在那满眼褐石色的高原山丘之上。

十几分钟后丹吉回来，引导我们去往客栈Bright Star Hotel。

客栈位于村子后面的山坡上，三层石木结构，除了一楼的一间餐厅和三楼尖顶下的阳光房，其他房间都是客房。

客房里的设施非常简陋，仅有两张床和相应的被褥。林子认为这些客栈的被褥不够干净，所以行前就特别告知我们，要准备好自用的抓绒睡袋。每天睡觉时，我都会先钻进睡袋，再盖上客栈的被子，既干净，又暖和。

由于气候多变，阳光房成了这里每一个客栈的标配，主要用来晾晒各种被服，兼可放置杂物，且作为夏尔巴居住之处。阳光房里拉了多条晾衣绳，绳上晾晒着各种各样的衣物，还有几张床板凌乱无序地放置在地面上，与我们同行的几个夏尔巴就住在这床板之上。

客栈每层设有一间沐浴房。不过，沐浴并非免费提供，这让人倍感不爽，但为了洗去汗臭和疲惫，又不得不无奈接受。有人曾想投机取巧，谁知店家设置好了仅够一人使用的洗浴时间，一旦超时，热水就会自动断供。

每一个旅游旺季，客栈的生意都格外火爆，这家也不例外。里面挤满了各种肤色、讲各种语言的徒步客和登山者，其中绝大多数都是徒步客。

在尼泊尔侧喜马拉雅山区，道路通行不便，物资较为匮乏，相较尼泊尔其他地区，物价要昂贵很多。以电力供应为例，我们走过的很多村镇都地处偏远，山高谷深加之财政有限，公共供电难以实现，所有客栈只能自行发电。大多数以自备柴油发电机发电为主，也有一部分使用太阳能发电。无论采用何种方式发电，运行成本都非常高，所以即使是给笔记本电脑、手机等电子设备充电，也要付出不菲的代价。这里的充电费用较之前投宿的旅馆要贵出很多，充电宝和笔记本充电每次要1000尼币，手机充电每次500尼币。为了保证这些工具使用，再贵的价格也只能接受。

离开加都以来，出于防止感冒的考虑，我始终没有洗澡和洗衣，在到达大本营之前，丁波切是唯一一个可以洗澡的地方。思虑再三，还是决定花费

雪后丁波切

500尼币洗了个热水澡,并把已经反复几次湿后自体烘干的内衣洗了出来,趁着阳光尚好,晾在了客栈室外楼梯的晾衣绳上。未曾想,洗后不久,天气迅速转阴并下起了雨。尽快晾干衣服的期望变成了奢望。

当晚本计划好第二天拍摄日出,但是清晨5:00起床后发现,户外一片雪白,仿佛置身于童话世界。晾晒在楼梯挂绳上的衣服,此时都被冻成了雕塑。在这般天气下,阳光房早已衣满为患,并没有好的地方可以调整,只得尽由它们在风中不停摇曳,并期待着阳光可以尽快到来。

雪后的丁波切银装素裹,在白雪装扮下,客栈附近几间立于山腰的房子,给人一种身在童话世界的感觉。来时方向的山谷中,云雾正在升腾,一点点吞噬着晨色中那仅有的一片蓝。日出时,浓雾也随之扩散——除了山谷中透出的一洞光亮,而在这洞光亮也逐渐被大雾掩盖后,整个丁波切都被茫茫大雾吞噬了。

在这凉风吹拂却并不寒冷的时刻,雪花不时打在身上,分不清这是刚下的雪还是风吹起的积雪。过了日出时间,天气依然没有好转,拍摄日出注定无望,只能转身回到餐厅。餐厅里还没有顾客,显得空空荡荡,仅有两个服务员正在做着开张前的准备。空气中弥漫着一股让人窒息的味道,是昨夜气炉加热及今晨发电机开始发电后,燃气燃烧和柴油燃烧不充分所散发出的刺激气味。对于当地居民来说,这种味道他们早已习以为常。但对于我们这些初到的过客而言,这味道的确带有很强的侵略性。不过,柴油发电是客栈经营者电力供应的最主要方式,在这交通严重不便的地区,能有电供我们使用,已然如上帝恩赐般珍贵,所以我们终究还是要忍受这些气味。

随着电力供应的到位,网络也恢复了。信号强度不高也不够稳定,但我们每一个人都感到知足。

这个季节中,喜马拉雅南麓的天气唯一可以预测的,就是它的多变。刚刚还是浓雾弥漫,到了8:30左右,阳光开始重现,在它的照射之下,大雾一点一点消散,最终消失了踪影。丁波切重现我们视野中。

雪后道路过于冰滑,为避免因此造成队员的伤病,原定集体拉练计划取消,我们多出了一整天自由活动的时间。其他队友都在客栈休闲,只有我和十二闲不下。我们带上摄影摄像装备,喊上索纳、丹吉和扎西,五个人循着拉练的道路缓缓而上。云雾再次涌入山谷，阿玛达布朗姆峰的山尖有如一位调皮的姑娘，在云雾中和我们玩起了捉迷藏。云雾涌动，这姑娘则时隐时现，让试图通过延时摄影来留下它曼妙身姿的我们，终究未能如愿。

继续攀高到达二号高点，云雾愈发浓厚，雪花再次飘起，我们只好放弃前行，返回客栈。

当天晚上，一番讨价还价之后，我花费了2800尼币把两个充电宝和一台笔记本电脑充满电。为了记录接下来的过程，保障所有电子设备的电能供应着实重要，代价再高也得承受。

此日未能得偿所愿，难免对翌日怀有莫大期许。所以第二天清晨5:00我再次爬起，想要拍到晴朗天空下日照阿玛达布朗姆峰的胜景。日出一侧堆积着一些云彩，恰好遮住了金色光线照向它的路线，等到阳光照射在阿玛一面时，阳光已然泛白，阿玛的日照金山拍摄计划再次宣告落空。日出拍摄未能如愿，但此时浓雾也消失了踪影，即将结束休整继续前进时遇到这种天气，意味着向罗波切挺进之途少了一大隐患。如此看来，也算是好事一件。

伟哥继续发来微信，持续强调缓步慢行的重要性："罗波切（Lobuche）海拔已达4900多米，大家切记要缓步慢行，以充分适应高度拔升对身体带来的不良影响。"

早餐吃饱、确保体力是应对未知前路至关重要的保障，我一口气吃掉了一碗汤面和三个煮鸡蛋。

临近8:00时出发，我和葛玲跟在丹吉身后，始终保持着固有的节奏。除了从客栈启程时有一段约百米提升的路线外，沿山谷右侧山坡西北向前行的5公里之内，基本都以稍有起伏的平地和缓慢下降路线为主，山谷底部是冰川融水汇集而成的奔腾的河流。目光所及，眼前的路、地、山、河基本被白雪覆盖，颇有毛主席词中"山舞银蛇，原驰蜡象"那般壮美，后面的队友们被这美景所震撼，纷纷拿出手机驻足拍照。

阳光普照，微风送凉，一个非常适合徒步的天气。灼热的阳光慢慢消融着地上的积雪，经过徒步者的踩踏，脚下的道路逐渐变得泥泞湿滑，尤其是行走在下降山路时极易滑倒。葛玲的脚步并未因此而减缓，丹吉更是遥遥在前。我小心行走，不时提醒身前的葛玲注意脚下。除了为偶遇的美籍华人夫妇拍摄合影，我们再未停下脚步。一个半小时后我们三人就早早到达了5公里外的Duglha。

Duglha海拔约4620米，位于昆布冰川终碛堤底部的一个平台上。在长年累月的风化作用下，那些杂乱无章、棱角分明的冰碛石早已化成了小碎石和土状物质。这里距离谷底仅数十米，必须越过谷底尚未冰冻的河水才能到达。河面上不知被谁放置了几块大小不一的石块，这就是我们过河的路了。石块上挂着尚未完全融化的积雪，需要小心翼翼、一步一个脚印通过。幸好我们到达谷底时，过河的人还很少，没有了拥挤，也就少了一份担心。

两家客栈，是Duglha仅有的两栋建筑，我们的午餐点Thukla Bakery Cafe就是其中之一。我和葛玲坐在客栈院子里的凳子上，晒着太阳等待后续大部队的到来。未曾想，或许是看到了我胸前的国旗，先于我们到达这里的一个徒步者走过来搭讪，他是广州户外俱乐部组织的9人EBC徒步团队成员之一。当得知我们此行目的后，徒步团队的成员纷纷跑来与我们合影，一口一个"英雄"称呼着我们，让我和葛玲受宠若惊，又略显尴尬。毕竟我们才刚刚上路，能否如愿以偿还是个大大的未知数，"英雄"二字实不敢当。

一个半小时以后大部队才陆续到来。等待过程中我曾给葛玲说，估计后边的队友是拍照拍疯了，所以才耗时那么久还没到来。事实验证了我的判断，其他队友到达后还在不停讨论着看到的风光。

中午12:00刚过，我们也再次出发，沿着终碛堤坡一路向上，半小时后便到达了接近终碛堤顶部Duglha垭口。

在徒步者和登山者眼中，这个垭口有一个非常特殊的别称——"生死界"。别称的由来就是因为建立于此的珠峰纪念碑林。一座座纪念碑在此默默矗立，纪念着以往岁月里登山途中遇难的山友，有克拉考尔1996年同行的遇难者，当然也有长眠于境外攀登途中的中国登山者们，比如2013年遭遇恐怖袭击不幸身亡的杨春风、饶剑锋，以及2010年攀登道拉吉里故去的韩昕等。中国境外登山遇难者纪念碑由伟哥等人提议建立，位于整个碑林的最显眼处。

我默默走到中国境外登山遇难者纪念碑前，点燃一根香烟，吸了一口敬献于碑前石块上。一缕青烟升起，心中默默祈愿。愿这缕青烟能把我们的思

在纪念碑林停留的人们。用石头堆砌的纪念碑,英文叫作凯恩纪念碑(Cairn Memorials)。"Cairn"意即"一堆粗糙的石头筑成的纪念碑或地标",通常建在山顶或天际线。此处的纪念碑是用来纪念部分在高海拔山峰攀登中不幸遇难的登山者和夏尔巴人。

念带去天堂,带给这些我眼中真正的英雄们,让他们知道,在他们未竟的道路上,还有我们在努力去实现他们的夙愿。

寒风夹着雪花,青烟升腾雪原。跪地给英雄们磕了三个头,让缕缕哀思随着青烟升腾直达天堂。

艾米、如丹、小肋骨、唐锋等先到的队友一一鞠躬、敬烟,绕碑一周后先行前进。我和穆萨、十二则留在原处等待林子的到来。林子一到,穆萨便把啤酒打开,与她一起敬献给杨春风(老杨)和众位勇士。看到碑身老杨照片的那一刹那,林子已经开始啜泣。作为老杨生前的好友,每每在此"重逢",林子总会潸然泪下。只是逝者已逝,生者仍需自重,道路在脚下,我们还必须前行。

离开纪念碑林,沿着昆布冰川侧碛继续向东北方向行进,下午两点多,全队先后到达罗波切。时隔一年重回故地,艾米开心地站到标示着罗波切名字的简易房屋前,喊着让我给她拍照,言语间透出满满的亲切和不尽的喜悦,就如老友重逢。在投宿点氧气客栈,我们将度过到达珠峰南坡大本营前的最后一晚。

罗波切位于一个三角形地块上，由昆布冰川侧碛、另一条冰川的冰水扇和山坡围合而成，村庄面积不大，集中分布着数家客栈，每一家客栈里都人满为患，只有村口一家蛋糕店门可罗雀，显得特别冷清。

放下行囊，我和林子、艾米、云飞等队友就去往蛋糕店，点一杯咖啡、几块蛋糕，在这安静又温暖的空间里，悠闲度过一段难得的惬意时光。云飞早已恢复常态，利用这个机会，正好处理手头积累的一些事务。其余队友都留在客栈，他们坐在餐厅的椅子上，与关心登山进展的亲朋好友们说说话，聊聊天。

金色努子峰（Nuptse）。努子峰英文名称来源于藏语，nup意为西方，tse意为高峰，合起来就是"西方的高峰"。它位于珠峰以西，有着独特的锯齿状的山脊，看起来像一个保护着珠峰的巨大屏障。

时近傍晚，因为心怀念想，我独自返回了客栈。目光始终关注着餐厅窗外，试图捕捉一些美丽的落日瞬间。返程时会乘坐直升机返回加都，那时的我们，只能在空中再次俯瞰此处，所以这一天也就成了我在罗波切仅剩的拍摄机会。

晚饭时段，窗外隐约闪现出片状金色余晖，我立刻拿起相机跑到房后。努子峰峰顶在前方高耸，正被笼罩在一片金色之中。一位当地居民赶着几头牛马，悠然地向努子峰方向而去。金色，代表着丰收的希望；牛马，则代表着人们生活的希望。当两种希望在罗波切这个高原小村相遇，似乎就迸发出无尽的力量，径直沁入我的胸腔。那一刻，我从内心希望，某年某月后的某一天，如果有机会能再次与罗波切相遇，这里的人们能够生活得更加富裕，能够更多感受到现代文明的便利和温暖。

此后的活动与往日大致无异，唯一不同，就是晚上7:30召开了一次队内会议。第二天就要到达大本营，有些注意事项有必要给大家交代清楚。穆萨交代的核心是要求每个人都应洁身自好，从到达大本营起到攀登结束止，不得与其他人行苟且之事。这不但关系到国家的名声，亦涉及夏尔巴的神灵信仰，既事关攀登大计，也关乎生命安全，要求大家务必遵照执行。闻听此言，队员们无不知其中含义，皆会意一笑，纷纷表示赞同。

由于连续两天早起，加上这几天徒步也有些疲劳，会后在餐厅未待过久，大家就都不谋而合选择了回屋休息。

4月19日，徒步的最后一天。我们将到达大本营，在那里开始另一种适应过程，并开启随后的攀登之旅。

6:00起床时我发现，脖子有类似落枕的迹象，内心为此十分纠结，总怕它会影响此后的攀登。魏必细细查看告知，此属轻微的高反症状，是高反作用下颈部肌肉紧张所致，一旦经过充分适应就会逐渐消失。听他此番言说，我不再纠结，继续去做出发前的各种准备。

7:00刚过，我、葛玲、艾米和哈里斯三人跟随丹吉率先出发。与克拉考尔当年所经历的不同，或是受全球气候变暖的影响，沿昆布冰川侧碛延伸的道路上，早已不见厚厚的积雪，稀疏的浅草依然枯萎尚未返绿。必经之路上，分布着大小不一、棱角分明的冰碛石。除了来往的行人和牲口，这里基本难见其他生机。

开始看到的，大都是同向行进的徒步者。喘息声、说话声、牲口脖子上的铃铛声，还有空中直升机的嗡嗡声，不时传入耳中。大家走得都很轻松，看不出丝毫的紧张。大约一小时后，反向而来的队伍逐渐增多，包括从大本营方向返回的徒步者、背夫和牦牛队。

约莫行走了3公里后，丹吉出现在前方高处的石丛中，待我们走到跟前，他指向右前方一片冰川，说那就是昆布冰川。它是我们中国攀登者口中的"恐怖冰川"，也是我们的大本营所在地。

之所以有"恐怖"之名，一方面是"昆布"与"恐怖"发音类似，另一方面则与其中一段通过性非常差、危险性极强的"昆布冰瀑"有关。昆布冰瀑是南坡商业攀登过程中所必经的第一大难点。据统计，1953—2017年，珠峰南坡攀登共有176名登山者和夏尔巴遇难，而在昆布冰瀑段遇难者就高达44人，占到遇难者总人数的四分之一，其凶险程度由此可见一斑。

顺着丹吉手指的方向极目远望，阳光照射下的昆布冰川正闪耀着刺眼的光芒，其形状并不能清晰得见，只有冰川左上角大量的黄色帐篷耀眼异常。今天的目的地应该就在那附近了。一想到即将到达大本营，内心变得迫切，脚步也不由轻快了许多。

9:30左右抵达海拔5170米的格舍普（Gorakshep），午餐点是这里的喜马拉雅旅馆餐厅（Himalaya lodge&restaurant）。走进宽大的餐厅，发现Everest Link Wifi（尼泊尔一家通信公司）的Wi-Fi在这里竟然还有信号，大家顾不上取下背包，便坐下去刷微信，顺便等待后续大部队到达。

此时，我除了感觉落枕，头也开始隐隐作痛，眼睛微微发热并伴有胀痛感，经验告诉我，这是轻微的高反。按照魏必教的缓解方法，我一边按压头部后侧的两个穴位，一边左右或上下摇头。只是睡意却不期而至。

徒步者基本都选择在这里居住，略微调整身体状态再赶往大本营，感受一下这里的氛围，同时也欣赏一下这难得一见的壮丽风光，然后踏上EBC返程之路。这样安排是有原因的，按照尼泊尔政府的强制性要求，未获得登山许可的徒步者们不得进入昆布冰川，亦不能在大本营留宿，最多只能到这里简单参观。如有违反要求者，一经发现便会受到严厉处罚。

这里是EBC徒步者去程的终点，但对我们来说，却是艰难攀登的起点。

用完午饭，林子和魏必一马当先，我和十二紧随其后。行进路线主要以爬升为主，并伴随积雪和冰川的融水，道路略显泥泞，并不好走。内心的渴望驱使我们加快步伐，下午一点多就到达了大本营边缘。道路开始变成了冰碛砾石土路，到十四座大本营似乎不再多么艰难。七峰公司的两位夏尔巴出现在眼前，他们一手提铝壶，另一手拿茶杯，壶里盛着已冲好的橙汁，正等候在这里。他们与十二已经非常熟悉，看到我们到来，立刻迎上来，将橙汁倒入杯中递给我们。

饮罢橙汁，与夏尔巴道别，我们继续向前。看到标示着"EVERST BASE CAMP, 5364m"（珠穆朗玛峰大本营5364米）的巨石时，一直绷着的心终

大本营全貌。这里仿佛一个城市，沿着昆布冰川搭建的各色帐篷就是这个城市的主要"建筑"，而这个城市的主人就是登山者、协作和其他后勤人员。

于放了下来，吊着的那口气也完全松了下来，仅剩的体能伴随着心气的放松而消失殆尽，感觉每一步都变得无比艰难，步履蹒跚。体能优异的十二只能放慢脚步，以迎合我的步伐。

气喘吁吁，缓缓挪动着沉重的双腿，走到了大本营入口处的直升机停机坪，一些游客正兴高采烈地在这里拍摄照片。站立其上放眼望去，蓝天上白云飘浮，四周雪山屹立，犬牙般交错的冰塔林沿着努子峰山体向前延伸，此刻依然洁白一片，只是在阳光照耀下，不时散发出点点幽蓝的光芒。前方黑色的冰碛砾石丛上，遍布着大大小小几百顶帐篷，其间夹杂着尚未融化的冰川和积雪。这些帐篷一直向前延伸，终点似乎在普莫里峰与罗拉峰山体交汇处。十二说，我们的营地就位于目之所及的最远端。

又足足用了一个小时，我们才到达自己的营地。早已驻扎在此的夏尔巴们纷纷迎了出来，送上他们最热烈的欢迎。我们的驮包也已到达，集中放置在了餐厅帐前的空地上。由于尚未分配帐篷，我卸下冲顶包，暂时坐在了餐厅帐外的椅子上。右侧脖颈阵阵发紧，头部有一种撕裂感，恨不得立刻就去睡觉。

我们登山队的营地和帐篷。图中较高的黄色帐篷为洗澡帐，其他橘色帐篷则为队员的居住帐篷。

队友们先后到达，只有小肋骨走得比较慢，最后一个上营。她似乎始终处于瞌睡状态，非常明显的高反症状，测量血氧值只有40多。魏必、穆萨和索纳紧急协商，决定让小肋骨吸氧。大约40分钟后，她的血氧值就升到了90多，整个人的精神状态也明显好转起来。

待十二给每个人分配好帐篷，我们各自取了自己的驮包放于其中，然后换上营地服围坐于餐厅帐内。

马纳斯鲁时的老熟人——Wi-Fi小王子悠然现身，依旧是笑容绽放。想必Wi-Fi基站已经搭起，看到我们，他立刻开心地挥舞着手中的流量卡片，招呼我们购买流量。1G流量售价50美元，10G售价200美元。考虑到与国内的联络需要以及图片、短视频等发送的需求，我直接买了10G流量卡，应该可以满足需要。刚刚上来这几天，基本都是适应海拔，没有多少题材可拍摄，加之网络还极不稳定，所以我并没有急于上网。

刚到大本营之际，早睡可能带来的问题就是早醒，而早醒可能会加速或加重高反。为了避免这种情况发生，一般要求至少等到晚上9:00才能睡觉。即使队员们看起来都极度疲劳，却也只能强忍睡意，憋到规定时刻再钻进帐篷。

接下来的一个多月时间里，这些帐篷就将是我们的家，大本营理所当然就是我们共同的家园。这个登山季，各种肤色、各个国家的登山者齐聚这里，达到创纪录的382人。按照登山者国籍分布统计，总数排在前三位的分别是美国、印度和中国。如果再加上负责修路、协作、后勤和营地管理的夏尔巴们，在这个家园生活的总人数达千人以上。

大本营，此刻就是一个名副其实的国际村，村里的人都围绕一个目标——攀登珠穆朗玛峰而忙碌。

"天然剧场"中开练

即使按规定时间入睡，还是在20日凌晨约3点时醒来。初上大本营，无论我们接受与否，高原反应及其影响总会不期而至。怎样度过这一阶段，对我们任何一个人都是一个不小的考验。根据经验，良好的心态、合理的饮食、充足的睡眠、合适的着衣和充分的饮水，是度过这种考验的良方。

哈里斯本来一直平安无事，起床后也突然变得萎靡不振，测试发现他的血氧值很低，为防止不良状况发生并尽快提振他的状态，穆萨决定让他吸氧。吸氧后，哈里斯的状态也好转了。

经穆萨允许，我终于可以在阳光明媚的下午睡了一个午觉，所有不适的症状在午睡后统统消失。精神状态明显好转，我也有了拍摄的欲望。太阳西沉，月光如水银般倾泻在营地之中，我约上魏必来到最后一个帐篷旁，寻找

夜色中的大本营。

合适的机位拍摄。多次尝试，终于找到一个可以将普莫里峰与帐篷共同纳入构图的地方。与马纳斯鲁大本营不同，珠峰南坡大本营是一个沿着昆布冰川冰舌延伸的狭长条形地带，十四座营地在最里面，所以根本无法拍摄到大本营全貌。不过，美妙月光下的普莫里峰与帐篷的组合效果已经近乎完美，又拍了几幅才心满意足，回到帐篷安然入睡。

休整的日子，只能待在大本营活动。看似无所事事，实则是在调动身体的每一个细胞，让它们慢慢适应海拔高、氧气含量低的大本营环境。经过适应，高原反应的程度就可以大大降低，所以高海拔攀登时，充分适应是每一个登山队都非常重视的事情。

云飞临时接到通知，必须第一时间赶回香港参加升职考试，这件事情无法拖延，她只能先回去完成考试再重新归队。

云飞走后，其他队员不想只是闲坐，唯恐虚度这段难得的休整时间。众人聚在一起略一合计，决定到营地旁的昆布冰川边缘地带去拍些纪念照。作为摄影爱好者，我责无旁贷担任这次活动的主力摄影师。

这是一个曾被克拉考尔形容为"天然剧场"的地方。晴日里，阳光毫不客气地直射下来，把营地烘烤地宛若初夏，各个登山队在这时都会安排一些好玩的活动，好像一台台大戏接连上演，好不热闹。即使太阳西落后气温骤然下降，依然不会感到太深的冷意，亮起的灯光把各色帐篷变成了一个个彩色的灯箱，整个剧场五彩斑斓。

21日正值晴天，远远望去万里无云，阳光毫无遮拦地投射向大地，照射着我们的皮肤。我既没有涂抹防晒霜，也没有采取其他遮阳措施，只顾跑前跑后忙着拍摄，直到裸露的皮肤产生灼烧感，才意识到紫外线那强烈的破坏力，但也只能涂抹一些晒后修复护肤品尽量弥补。

哈里斯已经恢复了正常，他携带两面大旗来到拍摄场地，看了旗子上的南开大学校名和LOGO，我们才知他是南开大学校友，而且是14岁就进大学的神童。

2019年适逢南开大学百年校庆，作为校友，他责无旁贷将母校旗帜带来，并且发誓要把大旗带到珠峰顶上展示拍照，以此为母校庆生。只是看到那两面硕大无比的旗帜时，大家都震惊了！我问他："这么大的旗帜，咋在峰顶展开和拍照？"他看着我疑惑的眼神，极其淡定、略显不解却又不那么自信地回答："应该可以吧？"看来他也并不确定。我被他这似问非答的样子逗笑了，赶快请队友上前协助，用石块压住旗帜底边两角，他则拉住旗帜一角，拍了两幅照片，然后对他说："万一到了顶峰无法按计划拍摄，至少还有这两幅照片可以供你选择使用。"

（事实倒也验证了我的判断。后来，哈里斯登顶后根本无法展开旗帜，我在冰川边缘给他拍摄的照片，也就成了他献给母校百年校庆的唯一珍贵礼物，与他的名字一起，被编入了南开大学百年校庆纪念册。）

拍完照再无其他训练任务，大家返回餐厅帐继续休整。"铁三角"战斗欲望不减，回帐后立刻组起战局，其他队友例行围观。根据小肋骨的提议，其他队友从"铁三角"中各自选择支持一人，一起玩类似真心话大冒险的游戏。如此一来，每个人都可以参与其中，这个提议得到了所有人的赞同。每一局输赢落定，赢方即时提一个问题，输了的两方及其支持者要逐个给出答案。

问题五花八门、天马行空，因为八卦居多，所以答案也是千奇百怪。不过，其中倒也不乏能让大家产生反思或共鸣的内容。在这个没有了城市喧嚣的大山一隅，一群人就这样玩得不亦乐乎。

生活不就是这样吗？不止有柴米油盐酱醋茶，也应有琴棋书画诗酒花，一起"半生苟且寓情中，半生远方白马行"，岂不乐哉？

煨桑仪式背后的神秘力量

很多时候，可以且能够睡到自然醒，是一件非常幸福的事情。这一天的我们即是如此，所有队员全部睡到自然醒后才开始早餐。允许睡到自然醒当然不会没有目的，养足精神是为了训练。

依然是晴日，队长穆萨和索纳督促大家穿戴整齐，带领我们进入昆布冰川边缘，开始攀登训练。训练内容包括雪坡行走步法，上升器和下降器使用技法与要领等。因为艾米和如丹等几个队友没有其他8000米级山峰攀登经验。不久前刚刚攀登完慕士塔格峰的她们非常熟悉踏雪板的行走技法，但对在冰塔林里训练陡坡缓降。

于当天所训练的这些内容却比较陌生。也有几位队友虽然已攀登过8000米级山峰,或有充分的攀冰、攀岩经验,但对训练内容的记忆却已不那么清晰,所以大家都对训练报以极大热情。

索纳和几位夏尔巴精心选择了一片冰塔林作为练习场地,地形看起来并不那么惊险,但对于训练而言已然足够。每个人都深知训练对于攀登的重要性,无论是在思想上还是行动上,都非常投入和认真。

我夜间偶有咳嗽,或许是疲劳导致,抑或是身体对高原的自然反应,当然也可能是冰川寒气侵袭的结果。咳嗽的真实原因不得而知,虽说对训练并无大碍,但也需引起重视。我们的营地搭建在冰川范围之内,帐篷下是冰碛碎石,碎石下则是仍未融化的冰川。

梯子被其他队伍全部借走,23日走梯训练计划被迫改变,穆萨决定带领大家去冰川边缘地带练习行走。

与总是站在外缘看冰川大不相同,进入冰川可以感受到前所未有的新

冰塔林一般只存在于中低纬度的大陆性冰川，太阳以近乎垂直的角度照射到冰川裂缝身处，在风刀与光剑作用下，将冰川劈刻出千奇百怪、晶莹剔透的冰塔林。

奇：风刀和光剑雕琢出一座座形态各异的冰塔，在光线照射下，塔身透射出一种深邃的幽蓝色彩，看上去晶莹剔透，宛若国人钟爱的青花瓷跃然眼前，有一种天生摄人心魄的诱惑力。

这一天与前两日不同，天空中积攒了不少云层，白雪皑皑，白云悠悠，远山褐色，冰塔幽蓝，像极了一幅着色极少却又拨动人心的泼墨山水图。

那一刻，我醉了……

美景纵然迷人，任务却还未结束，脚步当然不能停下。收起相机与大家一起继续前进，借助上升器到达了昆布冰瀑5450米处。云层已然散去，一轮五彩日晕完美呈现。它巨大无比，边缘与一巨型冰体相连，有如天地正在连线。语言在此刻甚是匮乏，根本不知该用什么词汇去描绘眼前的一切，索性不管不顾，一心沉醉其中。

午后约1:00回到大本营，行走训练时看到的一幅幅景象，依然在我的脑海中不时闪现。此生有缘得见此等盛景，强烈的震撼填满心间。

哈里斯已从高反中彻底走出，运动狂人的本色终于显露。用完午餐没多久，他换上了一身跑服站到了大家面前，自然、平静地向我们宣布："我现在去跑步，跑到村口再折返回来。"

大家瞪大眼睛诧异地望向他，他笃定自若、仿若无视。无论我们怎样劝他放弃这个念头，以避免跑步时发生运动损伤影响后续攀登，他依然主意坚定、初衷不改，而且还面带狡黠、不紧不慢地对我们说："这身子习惯了跑步，总是窝着不活动一下，会生锈的。"穆萨听后一时语塞，再看他那九头牛也拉不回来的坚定表情，只好简单叮嘱了些注意事项，任由他去了。

晚间时分，登山圈大神级人物刘永忠——大家尊称"忠哥"——携两位山友来访。伟哥吩咐厨师准备了火锅和啤酒，大家聚在一起边吃边聊。食材丰盛，火锅沸腾，水汽在帐篷中升腾弥漫，餐厅帐里热闹异常、温暖有加。大家你一言我一语与忠哥交流着。话题很多，不过主要集中在他二次攀登珠峰方面。作为国内仅有的四位全部完成十四座8000米级山峰攀登的大神之

队友们走向昆布冰川腹地开展适应训练。适应训练一方面可以使登山者适应高海拔环境，另一方面可以训练登山者的登山技术。

一，忠哥2009年便从北坡首次成功登顶珠峰，这次的南坡攀登已是他的第二次珠峰攀登之旅。大家显然更好奇他这次攀登的目的。对此，忠哥并没有太多解释，他轻描淡写地回答道："十周年之际再攀珠峰，只是想让自己的体验更加完整，没有什么其他目的。"

我静静聆听着他们的谈话，脑海中不停闪烁着"体验"二字。或许，在忠哥的生命里会有无数次抉择，攀登无疑是其中非常重要的一个。敢于直面攀登过程中的艰难困苦甚至生死诀别，让他得到了更多的生命体验，从而去平和应对生活中的一切宠辱波澜。对人生思索的深度和厚度，必然也因此得到拓展。

那一夜，不知是因狂风怒吼，还是由于交谈后心绪难平，队友基本都没能睡好，我也不例外。好不容易睡着，中途又被狂风大作中帐篷的哗哗响声吵醒，咳嗽了一阵，又迷迷糊糊睡着了。

24日清晨，天空湛蓝如洗，太阳肆意照射着大地，呈现出典型的"明信片"风光。这样的日子非常适合走梯训练，以便提前适应大本营到C2路段上的铝合金梯攀爬。

早餐后，队员们再一次穿戴好装备，行至营地旁的冰川边缘进行训练。

攀登马纳斯鲁时，我们也曾遭遇铝合金梯。走竖梯不是问题——双手抓梯即可轻松把控平衡，困难的是横梯行走。当穿戴着冰爪、登山靴等全套技术装备，仅靠两条松垮的辅绳，行走在可能深不见底的、宽达一至三梯的冰裂缝之上时，对身体平衡能力和自身胆识的要求之高可想而知，稍不留神就有可能跌倒在横梯上。马纳斯鲁横梯辅绳仅有一条，行走时稳定性较差，所以难度较高，但梯子数量极少，且长不过一梯，胆小者可直接伏身爬过。但在珠峰路线上，梯子数量据说增加到了二十多架，横梯数量也大幅增加，还有多梯组合，行走难度无疑大幅提高。针对性开展训练，有利于我们掌握横梯行走要领、克服畏惧心理。

索纳带领巴桑、扎西、丹吉等人在两个冰塔间架设起了横梯，横梯前后各有一个或几个夏尔巴负责协作指导。

所有队员都非常珍惜练习的机会，严格按照穆萨讲解的技术要领，小心走上横梯，挂好保护主锁，拉紧两根辅绳稳定住身体，然后屏气凝神迈开脚步，让冰爪落在临近两个踏杆之上，依次行进。一旦发现队员们行走过程中暴露出的问题，穆萨和夏尔巴们便会及时提醒，并悉心指导。

两个小时转瞬即逝，穆萨对训练效果很是满意，训练在一片欢笑声中结束。队员们重新回到营地，进入各自喜欢的节奏之中。

25日上午，一群国际面孔悄然到访，伟哥介绍说，他们是隔壁营地七峰公司国际队的队员。与老外初次相见，我常常都会脸盲，再加上本来就不好、现在似乎又下降的记忆力，尽管有相互介绍和交流，我依然没有彻底区分清楚他们的姓名和国籍。只有一人除外，他叫拉维（Ravi），一位28岁的印度小伙，个子不高但显得挺健壮，脸庞黝黑却让人感觉很健康。浓密的络腮胡从他的腮帮一直延伸到下巴，如果不细细审视皮肤，仅从外表看，会误以为其年龄与我相仿。他爱说更爱笑，有一种天然的亲切感。

登山期间，我们把这种来访叫做窜营。休整适应期间，很多登山队员都非常喜欢做这件事情，原因不外有三：一来可以看望老友，二来可以结交新知，三则可以了解其他队伍的一些信息。虽然因语言不通，交流会有一定障碍，但队里有哈里斯、魏必、云飞和艾米等英文高手，和他们交流倒也没有遇到什么障碍。

估计还想去别的营地走走，国际队队员们并没有在我们这里停留太久，告别之际，竟似有一些不舍。

昨晚便得到消息，十四座安纳普尔那登山队进展顺利，而且考虑到珠峰这边后续诸多事宜还需要伟哥亲自操持，所以他计划今日飞来珠峰大本营坐镇指挥。林子和十二完成了前期承担的所有工作任务后，也将于今天返回加都。

送走林子和十二没多久，就收到了他们被迫滞留卢卡拉的消息，原因是后续航程天气不良。我们正感叹两人运气不佳，伟哥便发来了他就要顺利抵达的消息，同行的还有七峰公司老板大扎西和完成升职考试返回大本营的云飞。天气变化就是这般无常，让同一时刻、同一条航线、不同航向旅客的遭遇完全相反。

还有一些特殊物品随伟哥同机来到大本营，最特殊的要算唐锋为队员们定制的华光陶瓷餐具和周村烧饼。

队友唐锋为每一位队员定制的餐具,餐具为青瓷制作。瓷器自诞生以来就在各种仪式中扮演着重要角色,带有纪念的意味。BBC纪录片《陶瓷》曾经这样概括:"陶土揭示了我们内心对美的渴望,并揭示了我们对记录与纪念的需求。它所包含的,是我们生活的时时刻刻。"

每位队员一套餐具,盘碟碗勺各一。除了勺子,其他每件餐具的显眼位置都印有队员的姓名以及"华光国瓷""攀登2019珠穆朗玛峰(8848)纪念""国士华青8848攀登者"等字样。餐具采用青瓷制作,式样典雅大方,精美异常,是唐锋和华光国瓷为队员们送上的一份珍贵礼物。我和几位队员都将其视为珍宝,根本不舍得使用,欣赏完便小心包裹收纳起来,要把它们带回家中珍藏。未来岁月里,这套餐具必将是一份美好记忆的载体。

周村烧饼在小吃界大名鼎鼎,是山东著名特产之一。身为山东人,我早闻其名,却从未曾品尝。可惜长途运送难免遭受颠簸或重压,本为圆形的烧饼从包装盒里取出时,大多已成碎片,仅个别能够保持住"形圆色金"的本色。只见它们薄如纸,形如饼,正面密布着芝麻,背面有很多小孔。唐锋即刻把烧饼分享给大家,到我跟前时还特别说:"这烧饼养胃、耐饥,萝卜哥你得多吃点。"说罢就把一袋烧饼塞入我的手里。抓一把碎片送入口中,轻轻一嚼，那酥脆的口感、香甜的味道便沁至心田。只是无论其外形、口感还是味道，周村烧饼都与我所熟知的"烧饼"大不相同，更像是酥脆的甜点。

伟哥到来后立即投入工作，首要事情是结对子，也就是为队员分配夏尔巴协作。前期适应和训练的完成，意味着拉练行将到来，大家已逐步进入正常状态。根据对队员和夏尔巴能力与状态的了解，在拉练前完成结对子，有利于双方加强交流、沟通和磨合，从而巩固和提升拉练效果，为其后的正式攀登奠定良好基础。

多年来的合作，让伟哥与夏尔巴们建立起了深厚的感情。我清晰地记得，他曾不止一次给我说："队员尊重夏尔巴，夏尔巴自然也会尊重队员，二者相互尊重、互相支持才可以达成我们的登山梦想。"作为一名业余登山者，我深以为然。在极端气候、极高风险并存的高山上，队员与夏尔巴就是一对生死相依、相辅相成、协作共进的搭档。

云雾开始弥漫，气温骤然下降。餐厅帐前的空地上，队员和夏尔巴们都穿着厚厚的羽绒服，等待伟哥给我们结对子。大家喜笑颜开，欢声笑语不绝于耳。

伟哥那黝黑的脸上堆满笑容，穿着连体羽绒服的他显得非常臃肿，看起来颇像吉祥物。他居中站立，队员和夏尔巴分居两侧。

说到他黝黑的脸，自然就想起了有人曾好奇地问他："你的脸为什么这么黑？"他不假思索回答道："因为我不想白活一辈子。"这个回答类似马洛里。彼时，因为不堪被记者一遍遍问起登山原因，马洛里不耐烦地回答说"因为山就在那里"。未曾想，这个回答却成了被无数登山者竞相传颂的名句。伟哥脸色黝黑的真正原因，当然与常年户外锻炼和组织高海拔登山相关。常年身处户外、高山，必定要时常面对紫外线的强烈作用，偏偏他又不注重防护，所以长年累月下来，他的脸色渐渐呈现为"高原红"，而红到一定程度时，也就因"红得发黑"而成了黝黑。

伟哥双手轻轻示意，人群即刻安静下来。他先是用英文发表了一席讲话，然后缓缓从手机中调出早已拟定好的结对子名单，开始逐个宣读。

首先被念到的名字是如丹和他的夏尔巴索纳。索纳是一个非常英俊且爱开玩笑的夏尔巴，也是我们2018年攀登马纳斯鲁时的夏尔巴队长，今年将在协助如丹的同时继续担此重任。

给艾米分配的是巴桑——我攀登马纳斯鲁时的协作。2018年的他还略显稚嫩，仅仅半年多的历练，现在已成为这个夏尔巴团队的中坚骨干，颇有"士别三日当刮目相看"的感觉。不过，现在的他变得调皮好动了很多，是夏尔巴中的开心果担当。

云飞分配到的是噶吉，夏尔巴中为数不多的抽烟者之一，只是他不善言谈，似乎藏有心事，又或是被生活的重担压迫，人很朴实。

唐锋与普瑞巴结对，我对这个夏尔巴比较陌生，仅仅知道他的名字。

德吉与一路陪伴我们走完EBC的丹吉结对，因两人名字中都有一个吉字，故被我们笑称为"吉吉"组合。

哈里斯分到的是声称想要退休的尼玛。做了多年协作的他已年仅五旬，他的儿子已经在登山队里负责后勤工作，或许不久的将来，他儿子将成长为新一代夏尔巴，从而接过支撑家庭的重担。尼玛想要退休也就不难理解。

葛玲、我和小肋骨三人因报名珠峰、洛子峰连登，所以给我们每人分配了两个夏尔巴。分别负责协作我们攀登珠峰的是边巴、扎西和去年攀登马纳斯鲁时张斌的协作，可惜我没有记住最后这位协作的名字。一说话脸上就带着羞怯、身体却非常强健的迪仁吉负责协助我攀登洛子峰。葛玲和小肋骨的洛子峰协作是谁，由于当时只顾着录像，我并没有注意。

穆萨是第二次攀登珠峰，他选择无氧无协作攀登，所以并没有给他分配夏尔巴。如果此次成功，他将创造中国民间登山界的一个崭新历史：成为第一位成功无氧攀登珠峰的中国民间登山者。

协作分配完毕，我内心有一个小小的遗憾，那就是把巴桑分配给了艾米。这意味着我必须和扎西重新磨合。但我又理解伟哥的初衷，之所以这样决定，他肯定是考虑到艾米没有8000米级山峰攀登经验，让体能突出的巴桑来协作她，无疑可以增加成功攀登的概率。当然，扎西为我协作也并不见得是一件难事，毕竟从卢卡拉开始徒步EBC以来，扎西就始终伴随我们左右，我们两人之间已经有了一定了解和磨合。坦率地讲，我还是比较认可他的。

晚饭后，夏尔巴厨师亲自制作并呈上欢迎蛋糕，与之配套的仪式本来应该在我们抵达大本营当天就举行，只是因为伟哥专注于安纳普尔那登山队的事情而迟迟未到，所以才会拖至今天。迟是迟了几天，仪式总归还有，仪式感也未缺失，加之蛋糕外观虽然拙朴，味道却还尚可，大家都非常开心地参与仪式，并分食了蛋糕。

从西安出发时，我错误估计了珠峰大本营的寒冷程度，用马纳斯鲁大本营时所穿的薄羽绒服作为营地服。亲自感受这里的寒冷后才意识到，我犯下了一个经验主义的错误。相比马纳斯鲁大本营，珠峰大本营海拔更高，平均温度显然低了不少，尤其是没有阳光的阴雪天或夜晚，更是寒气袭人，薄羽绒服根本难以应对。所幸林子及时伸出援手，把伟哥多余的一件厚羽绒服暂时借给我穿，才让我暂时度过了危机。后来趁着西安山友刀郎到尼泊尔参加珠峰135英里越野赛的时机，我请他把我的厚羽绒服捎到了加都，再由七峰公司的夏尔巴带到大本营。

伟哥来后告诉我，他那件多余的厚羽绒服早已答应借给云飞穿。只因这一天我的羽绒服还未捎到，所以在分配夏尔巴和欢迎仪式上，云飞不得已穿着连体羽绒服参加。几天后，刀郎捎来的羽绒服到了，我才将借穿的那件交给了云飞。

拉练行将到来，煨桑仪式提上日程。26日一早，我们个人的主要装备，如登山靴、安全帽、安全带、冲顶包等，已被夏尔巴摆放在了煨桑台周围。

煨桑台搭建在一处相对平整的地块上，位于我们与川藏队、七峰公司国际队营地之间，由七峰公司提供服务的所有登山队均可共享使用。它由石块垒砌而成，主体呈方形，中间高高耸立起一根足有三四米高的木质幡杆。幡杆和以幡杆为中心放射状拉出的长绳上，挂满了各色经幡。在煨桑台顶部，立有三块精心挑选的长条尖石，中间那块靠近幡杆，并在其底部缠绕了一条白色哈达。台体上部裹有一周类似华盖上常见的金色帷幔，正面挂有一幅绘有十位佛像的画像。台体底部是被蓝色绸布所覆盖的贡品台。两层贡品台上摆有各种贡品，包括米、油、苹果、糌粑以及其他一些我并未辨识出的物品，也有仪式后可供饮用的雪碧、啤酒，以及专门放置的一瓶威士忌。贡品台右侧摆放着一个不锈钢大盆，里面装满了油炸的面点；前方的石块上搁置了一件貌似香烛台的物品，里面插着一把状若毛扇的物件；左侧则是石块垒成的一个炉灶，名为桑炉，里面放有部分柏枝；下方的两层石台上，分别铺了一层泡沫垫，上层是主持煨桑的大喇嘛和他的辅助者盘坐诵经之处，下层则是队员们盘坐之处。在我国部分少数民族地区，经常可见这种固定设置的煨桑台，只是大多没有眼前的这个装饰得精美。

夏尔巴非常看重煨桑，在他们心中，这个庄重仪式的背后，似乎隐藏着一种神秘莫测的力量，正是这种力量让他们产生十足的信服感。他们认为，通过这个仪式，可以求得山神的佑护以及对攀登者侵扰神山行为的谅解。他们的精神也会从这个仪式中得到足够的振奋。所以，只有完成了煨桑，夏尔巴们才会同意上山，登山者们也才能被允许进入昆布冰瀑。而这一切，恰恰也就意味着正式攀登的大幕即将徐徐拉开。

煨桑开始前，夏尔巴协助队员们将携带来的手拉宝悬挂在长绳之上。

早上9点，温暖的阳光普照营地，煨桑仪式正式开始。喇嘛和众队员分别在各自位置盘腿而坐，只是场地有限，而登山者众，所以夏尔巴们只能围站在周围。

工作人员点燃桑炉中的柏枝，青烟袅袅而生，又即刻乘风而起。两位喇嘛齐齐念诵开来，经文悠扬，随风入耳，震荡心灵。一位喇嘛不时摇动或击打手中的鼓、钹，另一位则不时手持柏枝，轻点金壶里的清水，洒向煨桑台。鼓钹声悦，诵音绕耳，队员们或端坐聆听，或伏地祈祷。按照指令，夏尔巴将一些米粒分给每一位参与者，在喇嘛带领下分数次抛向空中。临近结束时，再将不锈钢大盆中的面点、水果以及贡品台上的啤酒和饮料分给大家食用、饮用，并为所有人送上生粉，任由其欢愉地涂抹在彼此的脸上、身上。在仪式最后，所有队员和夏尔巴排成一行，缓缓行至喇嘛跟前，亲自领受红绳和哈达，并将其递上的威士忌一饮而尽。

置身于仪式之中，我们深切感受着夏尔巴人对自然的敬畏和对那种神秘力量的信仰，或许也正是这种敬畏与信仰，让他们在面对生死时有不同于常人的超脱。

我们不知道，在那些即将映入眼帘的绝美风光之中，到底蕴藏着怎样的未知世界和风险。我们只知道，在那悠扬的诵经声和袅袅升腾的青烟之中，藏着我们的梦想，也藏着我们的信念。

这一晚大家都睡得非常沉稳。

第二天早上七点多，当第一缕阳光照射到营地餐厅帐时，就已经感觉十分温暖。倒一杯开水，搬一把椅子坐到餐厅帐外，任和煦的阳光温暖着周身，仔细端详着像乱石堆似的昆布冰川。不知为何，明天就是拉练出发的日子，此刻的我却没有任何的焦虑，反而感到无比踏实。

云飞缺席了之前所有的训练，有必要在拉练之前补上这重要一课，今天当然是唯一的机会。得知云飞要补课，艾米和葛玲两人提出要一起训练，我恰好闲来无事，索性和她们一起去往训练场。

训练的内容与之前无异，不同之处在于一天之内要完成所有训练内容。除了拍照，我没有一起训练的想法。或许是因为明天就要拉练，三个人的态度相当认真，一遍遍反复练习，不敢错过任何一个环节，我则东奔西跑，不停为她们拍照。在此期间，远处的普莫里山冰川处发生了雪崩，流雪所到之处，激升起巨大的雪雾，其声响仿佛欢迎的礼炮响彻山谷，场景十分壮观。

为了留下充足的准备装备时间，训练持续了约两个小时后就结束了，我们回到营地与其他队友一起用过午餐，纷纷回帐准备拉练所需装备。

高营睡袋、连体羽绒服、银搓防潮垫等需要放置在C2，相机包、三脚架、笔记本等到达C2后需要使用，我把这些统统打包交给夏尔巴。

路餐、营地零食、雪镜、充电宝、攀登中所需部分衣物等需要随身携带，都装入冲顶包中自己背负。相机挂在胸前亲身携带，只为留住拉练路上那些精彩的瞬间。

需要特别提及的是，我还准备了四瓶可乐。按照穆萨的经验，在冲顶过程中，可乐不但可以解渴，其含有的咖啡因成分具有提神醒脑的功效，富含的糖分则可以为我们提供一些必要的能量，是登山过程中的神器之一。因此，借拉练之机将其带上去藏在帐篷里，既可减少正式攀登时到C2路段的负重，又可满足冲顶时能量补充所需，可谓一举两得。唯一担心的，是过路的登山者往往会钻进帐篷，不经允许直接取用可乐。即使明明抱有这种担忧，我们却也只能如此为之，唯愿他们能过帐篷而不入。

夏尔巴除了背负我们的部分装备，还需要背负氧气瓶、自用装备和公用物资，每个人的负重都需称重记录。这样做，既能控制夏尔巴负重量，尽力保护夏尔巴安全，也可以使他们有足够的精力辅助我们攀登。

晚饭时的会议上，伟哥明确了时间要求：28日凌晨3:00起床，最迟4:15出发。鉴于昆布冰瀑是公认的南坡攀登路线最危险区域之一，出于对所有成员安全的考虑，队长穆萨进一步明确了几个要求：一是通过昆布冰瀑期间必须遵从夏尔巴的要求，行走中不得外放音乐，不可大声交流，尤其要尽量快速通过乱冰区；二是如果需要"方便"，必须在夏尔巴指定的区域及其监护下进行；三是拍照时务必注意安全。

会后各自回帐休息，养精蓄锐等待拉练时刻到来。

难得一见的昆布冰瀑绝美景色

定了28日凌晨3:00的闹钟，实际上未等闹铃响起，我就提前半小时醒来，或许是心事所致，也可能是因早起的夏尔巴们已然在忙碌。暗夜被营地灯照亮如白昼，餐厅和厨房帐里灯火通明，映衬着夏尔巴穿梭往来、匆忙奔走的身形。营地内渐渐热闹起来，这一切都点燃了我那颗激动和好奇的心。

穿好衣服来到帐外，凝望东方的昆布冰瀑，一条灯龙已然亮起。它贯穿上下，在依稀月光和满天星光的衬托中，闪亮夺目。在冰瀑顶部上方的空中，数团祥云盘旋，有如灯龙之白色龙头，正回望后方，呼喊着下方的登山者们奋力向前。

狂风忽起，帐篷在风中瑟瑟抖动。即便事实上没有想象中那么冷，但风声并着帐篷抖动声，依然会吹荡起萌发自心底的冷意。依次穿好排汗保暖内衣、抓绒裤子、排骨羽绒、抓绒上衣，戴好抓绒帽、安全帽，系上安全带，穿上登山靴，把冰爪和雪镜放在帐篷口易拿取处。同时放在门口的还有头灯和冲顶包，包内的东西早已打理完毕。转身来到餐厅帐，德吉和魏必正端坐于内，其他队员还没来。喝一杯热水，稍微稳定一下心情，准备迎接马上开启的五天拉练。

与其他队伍的两次甚至三次拉练不同，这是我们队正式冲顶前唯——次拉练。根据队员们的情况和自己的经验，伟哥没有因循守旧，而是按照"合理适应，保证体能"的原则，审时度势做出了只开展一次拉练的决策。计划在28日当天到达C1适应一晚，29日到达C2适应三晚，5月1日前进到海拔约

6700米的洛子壁下作简单适应,然后在5月2日早上结束拉练返回大本营。

四点一刻,所有人都已穿戴整齐,在穆萨一声呼喊之后,大家依次走向煨桑台。谁都没有说话,只有脚下的雪被踩得嘎吱作响,空气变得凝重起来,透着一丝紧张的气息。临近煨桑台时,正在努力燃烧的柏枝啪啦作响,升腾起阵阵烟雾,一股股香气扑鼻而来。头灯的光亮与煨桑炉口窜出的火苗,一起照亮了队友们虔诚而严肃的面孔。队员们走到煨桑台正面,躬身从供品台前的不锈钢盆里抓起一把米粒,双手合十祭拜,再将米粒分三次抛撒向煨桑台,然后顺时针行走一圈后依次出发。在魏必一声声"一路平安"的祝福声中,拉练的帷幕迅速拉开。

很快进入昆布冰川腹地,混杂的冰雪与冰碛石在高山靴的踩踏下发出"咯吱"的响声,我终于有机会亲身领略它的冷酷和峻美。冰塔林里凉风彻吹,比大本营的风更急、更冷。穿冰爪点就位于其中一块相对平整的狭长地块上。暗夜里,头灯闪烁出明亮的光芒,人影憧憧,包括我们在内的很多登山者正在这里加穿冰爪。

一群统一着装的印度登山者紧随我们其后,他们身穿红色觅乐(MILLET)连体羽绒服,脚穿觅乐登山靴。穆萨告诉我们,这就是印度军队或警察部队的受训人员,珠峰攀登是他们的一个军训项目。大本营休整时,穆萨就曾说这些印度登山者行进缓慢、步调统一,在一些艰难路段攀登时很难超越,只要有他们聚集的路线,就很容易出现拥堵。此时,与他们的不期而遇,意味着接下来遭遇拥堵的可能性大幅增加。

拉练队伍即将进入昆布冰瀑时穿戴冰爪。

正在昆布冰瀑竖梯上攀爬的印度登山队。

穿过这些临近大本营的冰塔林,不久就进入昆布冰瀑。这是一个巨大的乱冰区,无数因冰川运动形成的乱冰大如山峰、小如桌椅,凌乱而密集分布其中。行走其间,隐约可以听到低沉的轰鸣声,不知从何而来,感觉应该是风声在杂陈的乱冰中传播形成的声流效应。这些乱冰和深不见底的冰裂缝中,都透着一股幽蓝,看过去愈发感觉寒冷。一旦阳光照射,它们又会蓝得纯粹,似有一种摄人心魄的魔力。

行走的间隙,抬头远望,天色正在泛蓝,一牙弯月恰好悬挂在远方的巨大冰川顶部,像是一盏为我们指路的明灯。此情此景,我的内心瞬间回响起了《月亮走我也走》的美妙旋律。大自然真是灵巧的造物主,它把很多绝美的景色安排在这人迹罕至之处,只有付出了莫大努力的人,才能有幸得见。思及此处,我陡然间心生感激。

月色与头灯始终相伴,队员与各自的夏尔巴一起,小心翼翼地攀登在这些高低起伏、危险重重的乱冰之中。尼泊尔珠峰污染控制委员会(SPCC)派出的"冰川医生"已在其中布设好了路绳,沿着它,我们时而穿行在狭小的乱冰夹缝中,时而站立在巨大的乱冰之顶,时而攀爬于耸立的冰壁之上,有如在陡峭多变的迷宫中摸索行进。队友们节奏各不相同,开始时大家还能齐头并进,此时都已慢慢分散开来,在夜色弥漫下,相互之间大都不知其他队友身在何处。

陡峭高耸的冰壁前,往往竖立着"冰川医生"们搭设的竖梯,登山者们在其底部排起长队等待通行。每每此时,可以在队伍中发现自己的队友,"原来你也在这里"的歌声便会响彻脑海。

不知哪位故人曾说:有人的地方就有江湖。此刻的山野当然也不例外,必定不乏乱入者。在一些夏尔巴的带领下,部分登山者像极了乱入者,丝毫不顾保持秩序和他人的感受,自顾自地强行插队。

起初时我还忍着,到了第八架梯子跟前时,我再也忍耐不住了。

在通高十余米的冰壁前,并排架设有两部竖梯,分别由3架铝合金梯连接而成。因冰壁顶部形状差异,左侧梯子可直通顶部,右侧梯子上方还有约1米多的冰壁。更多的人择便而行,选择从攀爬难度相对较低的左侧梯子通过。我到达的时候,依冰川地形,队伍正从竖梯底部从前往后有序排列,达数十

一牙弯月立在冰塔之巅。

米之长。我和扎西担心队伍太长会拉长等待时间，仅在远处略作休息，就抓起路绳加入了排队的行列。

终于快要到达竖梯，此时路绳分成了两根，我紧随扎西排在了左侧队列之中。临近竖梯时，站稳身体，将左脚踏在一块面积不大的冰块顶部左边缘，与前面几人一起，不时向冰壁上观望，耐心等待空档出现，一旦与攀上竖梯的前者拉开足够距离，便准备挺身而上。

恰恰这时，两个身影竟从我的左侧强行前插过来，在其大力拉拽下，路绳猛然抖动，毫无准备的我立即随之摆动，摇摇欲坠，若不是精神集中紧紧抓住了路绳，在冰块上的我恐已被甩出。立稳身体，不由得怒目以对，但对方根本无视，逼迫我强压住了心中的怒火。

超越到我前面狭小空间后，两人挤在竖梯旁边等待机会强行上梯。纵然对他们的蛮横行径心生不满，我依然努力克制着自己。谁知后面还有人试图再次从我左侧强行前插，我无法继续容忍，迅速将左腿踩到冰壁最左侧，转身对着他们低沉怒吼一声："No！"毫不犹豫将其挡在了身后。

如果说人世间总有一些情感我们无法摆脱，那一定包括遗憾。攀爬中积累起的疲劳已让登山者们无力应对，所以面对这种无礼而危险的野蛮行径时，往往都会选择漠然无视，这愈发纵容了这些人的肆无忌惮。制止他们，可能出于维护秩序的需要，更是为了保护包括我在内的登山者的安全。

在这片直线距离仅约4公里的乱冰区里，总计有12架梯子或平或立，助我们通过冰裂缝和大型冰壁。通过了第8架梯子后，我们就基本已从危险的乱冰区走出，距离出发时间也已经过去了4个多小时。阳光终于跳出努子峰的遮挡，给我们带来一些暖洋洋的感觉。通过了冰川活动频繁的乱冰区，意味着昆布冰瀑潜在的危险初步解除，踏上大冰原后适时的休息适应，可以让我们重新去努力恢复几乎已消耗殆尽的体能。

的确过于疲劳，也源于有些放松，后续路段的行进速度比通过乱冰区慢了不少。直到正午时分，我和扎西才翻过了当天最后一个冰沟，艰难到达C1。葛玲、如丹、艾米和哈里斯已经先我到达，前三位还把防潮垫铺在帐篷前的雪地上，悠然躺下享受阳光浴。到达目的地总是让人振奋，我开心呼喊一声"我来了"就加快步伐来到他们跟前，在防潮垫空余的一角直接瘫坐下

队友与夏尔巴协作协力通过架设在冰裂缝上的横梯。

去。略微回神,点上一支烟,一边喝着营地工作人员送来的甜美红茶,一边看着前方努子峰山巅的云卷云舒。

除了德吉和云飞,其他队友都已先后抵达营地。这一天的暮色似乎也来得早了些,我们眼看着阳光渐渐被山体遮挡、天色逐步变黑,仍然没有等到她们两人的到来。索纳和穆萨不禁担心,通过手台频繁与她们的夏尔巴取得联络,后又派出几位夏尔巴返回接应支援。在大家焦急地等待和期盼中,傍晚5:00,德吉终于到达。从夜色走到黄昏,从清冷走到寒冷,一走就是13个小时。艰难行走导致的疲劳让德吉的身体看上去非常虚弱。穆萨和索纳简单协商后,决定事不宜迟立刻给她供氧,待情况稍有好转,就安排她入帐休息了。

云飞迟迟未到,大家的心依然悬着。此时,尚未完全进入暗夜,但太阳渐渐西沉,整个营地被笼罩在阴影之中,寒意愈发浓厚。其他队友都疲劳不已,已各自入睡,穆萨、唐锋、如丹和我四人始终放心不下,冒着寒风站立在营地边缘的雪坡上,继续等待云飞的到来。

借等待之机,我拿起相机在营地里走走看看,希望能够捕捉到些许亮丽的景色。西侧的天空中灰蒙蒙一片,不见一丝云霞,没有任何拍摄的机会。只有东南方向的洛子壁尚处于夕阳照射之下。洛子峰顶和山脊上依偎着一些夕阳金光照亮洛子峰山顶的白云，有如大火在熊熊燃烧。洛子峰海拔8516米，地处珠峰以南3公里处，在藏语中的意思为"南面的山峰"。其地形极其险峻，环境异常复杂，大小冰川密布，气候变化莫测。

絮状白云，一旦落日余晖照射，或有出现晚霞的可能。时间快速流逝，洛子壁上的阳光很快收拢到峰顶，絮状的白云开始变换起色彩。从洁白到淡黄，再过渡到橙红，就连洛子壁上方那片黑色岩石的凸起部分，也被染成了橙红色。那一刻的洛子峰，仿佛一堆在冰天雪地中熊熊燃烧的木炭。橙红的火焰跳动着，似乎要给已被寒意侵袭的我们送上尽可能的温暖。眼见此情此景，我在心里默默念叨着：燃烧吧，洛子！

C1营地一面是昆布冰瀑，另外三面则被努子峰、洛子峰和珠峰等高大雪山环绕。到晚上八点多，寒风渐疾，雾气开始向洛子峰方向笼罩开来，燃烧的洛子已然熄灭回归了往常。淡淡的月光更趋朦胧，尚未被雾气弥漫的西方暗夜中，群星愈发璀璨，密密麻麻布满了苍穹。我回到营地边缘，依然没有云飞到来的消息。

忽然，四盏头灯的光亮依稀跃入我们眼际，从远处渐渐逼近时，我们都屏住呼吸，目不转睛地盯着它们，我甚至能感受到自己正在加速的心跳。来人中的噶吉首先被我们确认，他背着云飞的背包走在最前面。随后缓缓出现在我们视线之中的便是云飞，纵然有两位夏尔巴的搀扶，此时她依然步履踉跄。当她越过最后一个冰沟，终于来到我们面前，我们四人齐步向前，从夏尔巴手中接过云飞，扶她坐到了帐篷口的凳子上。

她似乎在打着哆嗦，在头灯亮光中，嘴唇呈现出一种暗紫色。如丹赶紧为她披上厚羽绒服，穆萨为她戴好早已备好的氧气面罩。因为体力消耗过大，云飞瘫坐在凳子上，紧闭双眼，需要依靠着如丹才能坐稳。氧气阀门打开，周围的风声似乎已不再，钻入我们耳中的只有面罩中持续发出的咝咝声。

魏必不在场，除了吸氧和随后的休息，我们没有别的办法帮助她缓解此刻的极度疲劳。大家都紧张地望着云飞，等待她舒展开双眼。时间仿佛已凝滞，等待过程显得无比漫长。当云飞终于睁开眼睛，看到眼前一张张紧张的面孔，她立刻意识到了什么，努力收缩了一下身体，尽力挺直身板，再向我们抛出一个勉强的笑容，肯定是试图让我们知道，她一切尚好。几句简单的对话，确认她的思维和感觉没有大的问题后，如丹便把她扶进了帐篷。今晚的云飞，将在氧气的持续陪伴下度过。

至此，我们四人终于长舒了一口气，互道晚安，各自回帐篷。

西库姆冰斗仿佛是一个另类的存在

说好的8:00用早餐,但过了8:00我才醒来。醒后第一件事情是了解云飞的状态,得知并无异常,我才又安然窝在温暖的睡袋里。就好像除了大脑细胞以外,全身其他细胞依然在沉睡,着实不想起床。直到穆萨在营地大声通知9:00出发,我才伸伸懒腰、恋恋不舍地钻出睡袋。

经过一晚的充分休息,云飞此时已穿好连体服坐到了帐篷外的凳子上,状态虽然能看出有好转,但面色仍然苍白,眼神略显凝滞,行动能力也降低了很多。出于对其人身安全的考虑,两位队长与大本营进行了细致沟通后,决定安排她下撤休整。穆萨担心云飞一时无法接受这个决定,加之不知道怎样有效与她沟通,只好找到我,请我出面来说服云飞。思索片刻,我一口将这个任务应允下来,虽然自己心里也没谱。

先是简单询问了一下云飞自身的感觉,她告诉我身体还是有明显的疲劳感,我便对云飞说:"所谓知止而不殆,如果继续前行,很有可能会出现难以预测的后果。所以队里决定安排你先撤回加都,在那里调理好身体,待状态恢复再重新来过,我个人觉得这应该是你继续圆梦的最佳选择。"

云飞的反应出乎我们的意料,她不假思索地回答道:

"萝卜哥,你放心吧,我服从大本营的决定,请安排我下撤休整。"

德吉的状况比云飞明显要好。起床后,她一直围着营地帐篷不停走动,希望借此唤醒略显疲惫的身体,同时也让我们看到她恢复的进展。从面色、身体的灵活性等方面可以直观感受到,她已基本从昨日的阴影中走出。其间,德吉郑重向穆萨表达了继续跟队拉练的想法,慎重起见,穆萨并未第一时间答应她的请求,而是对她进行了全面评估,确认她的状态的确好转,并与大本营商讨取得一致意见后,才同意了她的意见。

帐篷前,冰冷的雪地上,夏尔巴正把一只水桶摆放于此。水桶里盛着半桶类似干拌的面条,最上面还可以看到几颗葱花,热气不断飘散而出,一股浓郁的方便面调料味道飘入我们的鼻腔中。在这茫茫雪原,早餐能吃上热腾腾的面条,即使是方便面味道,队员们也仿佛见到了大餐一般,纷纷盛上一碗吃了起来。

吃完早餐，收拾妥当，前方已有很多正在行进的其他队伍。除云飞留在营地等待救援直升机外，其他队员九点准时拔营向C2出发。

太阳跃出山峰，没有了阻挡，阳光可以肆意照射营地，只是没有想象中那么温暖。冰沟、冰壁落差形成的褶皱一般的地貌，远远看去好像层层梯田，纯白色的梯田，一层层铺陈过去。在珠峰和努子峰的夹峙围合下，左前方的洛子峰颇像一块盛放于纸盒中的蛋糕，遗憾的是无法下口。

或许还是担忧德吉的状态，穆萨这次没有冲到前面，而是选择和她相伴缓慢而行。就在我们离开营地后不久，一架直升机飞抵C1，直接将云飞接去了加都最好的医院。在那里，她将得到充分的调养和恢复，伺机再返回大本营。

直到C2营地前，后续梯子和路绳仍由"冰川医生"铺设。离开C1营地后要先越过两道大的冰沟。第13和第14道梯子分别横于两道冰沟底部的冰裂缝上，前方都是冰壁。13梯过后的冰壁上，自下而上已被凿出了一个逼仄的沟槽，刚好容下一人，不过冰壁较矮，单手拉拽路绳即可轻松通过。14梯后的冰壁则陡直高耸了很多，高十余米、宽数十米且近90度直立的冰面上，布有四条路绳，需要使用上升器拼尽全力攀爬而上，过程中颇费力气。巴桑、扎西等人第一批登上高耸冰壁后，便停留在顶部的路绳末端，协助需要帮助的队友顺利通过。远远望去，那些在后一个冰壁上攀爬的登山者看起来密密麻麻。

攀上宽大冰壁的顶端，就置身于了宽阔的雪原——西库姆冰斗（Western Cwm）。西库姆冰斗地处由努子峰山体、洛子壁和珠峰西南壁围合成的山谷，形如马蹄。据说这是地球上海拔最高的峡谷，由马洛里在1921年命名。

努力攀上冰壁的队长穆萨。

冰斗里厚厚的积雪漫坡般向洛子峰方向延伸而去，如果不是路上可见的登山者予以指引，根本分不清哪里是路，更看不到C2所在——即使我们知道它就位于洛子壁下不远处。

与寒冷的昆布冰瀑相比，西库姆冰斗是一个另类的存在。当太阳升起，阳光洒向周围的雪坡或冰壁，随即被它们反射回来，冰斗俨然就变成了一台功率巨大的太阳能炉子，迅速将这个空间内的温度提升至二三十摄氏度，毫不留情地炙烤着行走于其中的登山者。在漫长而持续缓升的雪坡中行走，已是一个严峻的考验，这种高温环境愈发加快了我们体能的消耗。那时我甚至非常期望天气能够转阴，或者天空中能多一些云彩，抑或刮起风，给我们营造一个较为凉爽的空间。可这终究只是奢望，即使我只穿了排汗内衣和抓绒衣裤，置身于其中，依然感觉酷热难耐。

前半程时，我尚能保持稳定的节奏，始终走在葛玲、穆萨等队友前面。可到了后半程，他们追上并超越了我，我的双腿开始变得沉重，口干舌燥、头昏脑涨，只好走走停停，不知不觉间便被他们远远甩在身后。好不容易来到C2村口（大家习惯把营地叫村），眼前却是一段冰川和冰碛碎石坡上行路

从C1远眺洛子峰，其中下部的冰壁清晰可见，这也是昆布冰川的源头。

登山者排队走过最后一道横梯，每一位行至此处的登山者都小心翼翼。

段，而我们营地又位于二村最末端的高营。一想到距离目的地还远，休息的频次就更加频繁，甚至有时走一分钟就要休息两三分钟，如此才能找回继续前行的体力。

　　这段行程中感觉最艰难的，当属即将到达营地前的一个碎石坡。坡底有一潭冰川融水，正午阳光照射到水面，闪耀出刺眼的光芒，水面周边冻结的冰层已渐渐融化。沿着必经的潭边小路——其实只是能够看到的被踩踏过的痕迹，从外向内，形成了一个月牙状的水域。目的地在望，内心的焦急渐缓，我在这里卸掉了冰爪。轻快了很多的双脚站立于潭边小路时，身体忽觉不稳，差点倒进潭水之中。惊魂不定间，身体像泄了劲一般，连忙瞅准旁边的一个稍大石块坐下去，大口大口喘起粗气来。

　　再也不敢大意，小心上到坡顶，几顶帐篷已在那扎就。几位夏尔巴正坐在帐篷旁的石块上聊天，另有一位立于道路右侧，正挥舞铁锹反复击打矗立的蓝冰，再把散落的冰块放入桶中。毫无疑问，这是厨房师傅在取冰，以便融水饮用和做饭。

　　经过这几顶帐篷，再穿过川藏队的营地，扎西已在我们餐厅帐旁等待我的到来。由于川藏队、十四座和Ravi所属国际队同属七峰公司客户，所以三个队的营地也比邻而居，我们的营地恰好位于中间。

　　前边曾经提到，各队在拉练的选择上各有不同，有的会选择攀登营地附近的罗波切峰，然后再拉练到C2；有的会在前面基础上多一次拉练，到达

C3；有的则会和我们一样，只拉练一次到C2。川藏队选择的是第一种，先行完成了罗波切峰攀登拉练后，又先我们一天到达了C2。所以我们到达这里时，他们已经完成本次拉练下撤回大本营，只留下了空荡荡的营帐。

从C1到C2这段路，距离不算长，路况也不算太复杂，我却花费了近5个小时才走完。看到扎西身旁餐厅帐的那一刻，身体所反馈的疲劳感深入骨髓。和队友们简单招呼了一声，就立即钻进帐篷休息。想睡又不能睡，只能强忍不断挑衅着大脑的困意，努力让自己保持清醒。

阳光把帐篷变成了蒸笼，燥热异常，实在熬不住走出来时，德吉已经到达。由于昨天攀登昆布冰瀑耗时过多，伟哥和大扎西其实已经商定了针对德吉的救援方案，我那时认定她会下撤休整，即使今晨她的状态有所提升，我仍在心里默默嘀咕：她可能无法坚持到C2。但这一刻，我的内心却有了另外一种感慨：德吉用实际行动证明了自己具备相应体能和顽强的意志力，也证明我们的担忧是多余的。或许这与她多年带队户外徒步有莫大的关系，但我更愿意相信，这一结果更多源于她内心的坚持。

今天已是29日，农历三月二十五，正是月光暗淡、星光璀璨的时节，也是非常适合拍摄银河的时间。从C1出发时我就祈祷晚上能有好天气，因为十二回加都之前给我说过，在C2营地有很多拍摄题材。洛子峰背对东方，日照金山自然难以实现，不过银心拍摄诱惑已经够大，我并不贪心，能在C2留下一张漂亮的银河照片足矣。未曾料想，天不遂人愿，晚上6:00，我们刚刚吃完晚饭，营地便被漫天大雾笼罩，还飘起雪花。虽说营地气候多变，完全存在转晴的可能，可这时变天显然不是好的征兆。

半个小时后，雪依然未停，但西方天空的云雾开始消退，夕阳余晖慢慢显现在天际，营地周边瞬间明亮了很多，洛子峰也从云雾中悄然浮现。面对如此转机，我坐在帐篷里，准备好相机、脚架，还有手机延时拍摄用具，静静等待，希望能够如愿以偿。

遗憾的是，一直等到近晚上9:00，东南方向天空中一层薄雾始终不散，竭力遮挡着众多星星。而东南方向恰是银心升起的方向，也是最佳构图方向，如此看来，拍摄银心的希望已极其渺茫。直到银心沉下时，雾气仍未消散。确定愿望难以达成，我的睡意也加速袭来，当即收拾器材返回帐篷。

雾气弥漫打乱银河拍摄计划

已是四月最后一天，刚刚过去的夜里，我应该是做了很多梦，醒来那一刻试图去追寻梦境，却根本无从记起，索性6:00起床。西边，努子峰群山已被阳光覆盖，可营地依然被高耸的洛子峰遮挡，处于一片阴冷之中。

球形帐里，三个人正端坐其中：穆萨在做着准备工作，他今天要独自前往C3适应，艾米和德吉正在喝茶聊天。除了穆萨，其他队员要继续在C2营地适应，没有任何训练和攀登任务。另有部分夏尔巴需要向高营运输部分公用物资，他们将与穆萨一起前往C3。

我的眼部有肿胀干涩感，高反的症状也开始呈现，总有想睡的念头。虽然坐下后一直喝水，试图不停排尿减轻高反，但睡意始终无法驱除。

9:00，穆萨与丹吉、嘎吉等夏尔巴同时出发，到达C3营地后他将留宿适应，同时将携带的可乐埋藏在C3营地旁的雪地中，夏尔巴们将物资运送到C3后不作停留立即返回。唐锋和哈里斯两人一如既往地闲不住，执意要去送穆萨。本来以为只是送送，谁知这一送，他们竟把穆萨送到了我们第二天拉练的地点——洛子壁下。

既然喝水亦无法驱走我愈发浓烈的睡意，我索性钻进帐篷睡了。

同一时刻帐外的雪地上，铺有一张垫子，葛玲、如丹、德吉和小肋骨四人没事找事，正互相按摩取乐。

唐锋二人回到营地已近午饭时间，我刚睡醒起来。

午后的天气一如既往地无常，云雾升腾，阳光忽隐忽现。营地的温度随着阳光隐现而高低起伏。我身穿连体服，懒洋洋地坐在球形帐门口，忍着没有完全消失的睡意不停喝水，同时观察着西方天空变幻的光影。在这期间，我不止一次望向头顶的天空，试图寻找斑头雁的影子，传说它们每年夏季都要从南向北飞越珠峰去往西藏。应该是季节未到，找寻当然无果。斑头雁未见，但在不远处，倒有几只红嘴乌鸦正在忙碌着，毫无顾忌地啄食晾晒在营地附近的剩余饭菜。除此之外，再看不到其他任何动物。

太阳刚刚沉至地平线下，璀璨的霞光打向营地旁的冰塔林。幽蓝的冰塔凸起边缘如同被镶上了一层金边。如果不是杂陈其中的、或多或少的破烂帐

落日余晖下的C2营地帐篷。

篷等固体垃圾，那该是一幅多么美丽的景象！

我没有了解这些垃圾遗留的原委。作为我们，能做的就是在努力收集自己生成的垃圾的同时，寄望未来的某一天，每一个相关的团队、相关的人员都能尽职尽责，消除掉自己产生的所有垃圾，让珠峰回归为原本非常洁净的天地。

霞光在与迷雾的斗争中胜出。借着霞光，先是给小易拍了照片，又为唐锋拍了几幅赞助商的产品照。随后，目送着霞光慢慢褪去，暗夜袭来。

坐在球形帐中，借助通风口观察天空中星野变幻，我思考着今晚如何拍摄银心。因为没有及时下载离线海拔数据，C2营地又无通信网络信号，巧摄中国APP当然"巧妇难为无米之炊"，在现实条件下无法做出翔实计划，导致无法判定银心何时会腾起于努子峰和洛子峰之间的山脊之上。只能简单知晓，银心预计从晚上10:27开始出现。

不到21:00，哈里斯已经入睡，其他队员也陆续回了帐篷。我把两只头灯分别挂到帐篷顶部和帽子上，身穿连体服躺进帐篷中，静静等待银心出现。深夜和寂静把等待变成了一种煎熬，睡意不断袭来，实在忍不住就眯上一会儿，忽然醒来看看时间尚早，就继续闭上眼睛，就这样反反复复挨到了22:15。起身，换好镜头，装上快门线，设定好所有参数，再拿出三脚架，将相机定置在三脚架上，抱着它缩身钻出帐篷。

星辉愈发璀璨，营地在暗夜里愈发沉寂，只有两处还在透射出亮光：一处是我的帐篷，另一处是七峰公司国际队的餐厅帐。我孑然一人走进雪地之中，面对银心出现的东南方，调整好脚架角度，试拍一张感觉构图效果尚可，便在旁边踱步观察着星野的变化。

22:50左右，银心即将升起，偏偏此时东南方弥漫起了大片雾气，此番遭遇让我心里不禁"咯噔"一下。赶紧先试拍了几张帐篷，然后设定好快门线时间，让相机自动间隔拍摄了10张。没有风，也没有冰崩流雪，只有登山靴踩在雪地上发出的咯吱声，以及偶尔传来的旁边帐篷里夏尔巴的咳嗽声，相机快门声显得非常清脆和清晰。成像一片模糊，雾气继续弥散，拍摄计划再一次搁浅。

眼前的一幕，让我根本无法判断雾气何时会消散，而明天还要从C2行进到洛子壁下，完成拉练的最后一次海拔适应。此时虽心存不舍，却也只能放弃拍摄回帐休息。

洛子壁舞动的彩色精灵

今天是五一劳动节假期开启的日子。仿佛是受到了节日的召唤，大脑在沉睡中被突然唤醒。醒来后的第一感觉是浑身不适，尤其脖子，落枕般难受，身子似乎蜷缩在一个极为狭小的角落里。懒得睁开眼睛，只是将手伸出睡袋，摸了一下防潮垫：身旁的哈里斯再一次侵占了它，并将我挤到了帐篷的边缘。没有了防潮垫的防护，帐篷下冰川透出的寒气侵袭进我的睡袋和身体，不适概由此引起。

用力推推他，大山般沉重，没有丝毫反应。只好拍拍他的睡袋，略显哀怨地对他说："哈哥，你是想挤死我哟，往那边挪挪吧。"他没有出声，但应该有所感知，挪了挪身体，还回了我本应拥有的空间。我借机调整一下躺姿，立刻感觉舒服了很多。

直升机发出巨大的轰鸣声开始在耳边响起，吵得我无法再次入睡。依然闭目养神，回想起一路以来那一幕幕经历。八点多时，阳光照进帐篷，帐内温度快速上升，可以感受到浓浓暖意，毕竟惦念着今天的拉练任务，这才起身。没阳光时出帐要穿连体服，此时出帐仅穿抓绒等衣物即可，少去了一次更换衣物的麻烦，还多躺了一段时间。想到这里，我暗自窃喜，身体和心理同时得到满足。

正和队友一起吃早餐时，二营营长出现在球形帐门口，他是七峰公司的派驻人员，通揽C1及以上各营地业务管理大权，但一般情况下最高也只会出现在C2。他先是探进头来询问我们是否安好，然后才步入帐中，详细聊起了直升机频繁飞行的原委。一大早就飞到C2，就是为了运送在这里严重高反的两位队员，分别来自中国一个登山队和七峰公司的国际队，顺便完成一些紧缺物资的运送工作。

早餐供应有面条和煮鸡蛋。由于仍然有表现各不相同的高反，除了哈里斯，大家胃口都不怎么好。比如我，逼着自己盛了一碗面条，取了一个煮鸡蛋。面条没吃几口便不想继续，但坚持吃完了煮鸡蛋。

早餐结束，哈里斯再次将他的特立独行展现得淋漓尽致。他竟然执意要尼玛陪同他前往C3。穆萨此刻尚未返回营地，再没有人能够阻拦他的这一想法。而且，哈里斯的登山费用是直接交给七峰公司，这意味着他原则上并不属于我们登山队，他的要求应由代表七峰公司的夏尔巴队长索纳来判断答应与否。索纳思虑一番，最终同意了哈里斯的要求。

待哈里斯出发后，索纳带领剩余队员沿着C2到C3路线向洛子壁下出发，完成拉练剩余计划。

阳光灿烂，甚至感觉到灼热，无须身着连体服，排汗内衣加软壳衣或抓绒衣足以应付。眼前基本都是舒缓的雪坡，仅有少数几个结冰后打滑的小段陡坡，安全带和冰爪完全可以放弃，稍加小心即可安全通过。天气这般良好，路况如此简单，队伍里见不到一丝的紧张气氛。大家都轻装上阵，走得很悠闲，心情很畅快。在行走中说说笑笑，充分感受着这片壮美的风光，这里不仅有林立的尖峰、幽兰的冰塔、晶莹的白雪……还有一群快乐且目标坚定的人。

恰至一片平坦雪地，洛子壁（Lhotse Face）底部已经出现在视线里。忽然间，耳畔飘来一阵美妙的尼泊尔民族音乐。那欢快轻松的节奏、婉转动听的乐音，沁人心脾，让人有一种想要舞动的欲望。索纳从人群中走出，高举着手中的手机，正是音乐的源头。他似乎也未能禁得住这乐音的诱惑，在那飘扬的乐声中，欢笑地扭动起腰肢，自我沉浸、陶醉于其中。其他夏尔巴看到队长兴起，也放下了矜持，纷纷舞动起来。

我们被眼前的景象惊呆了,一时不知所措。只有艾米见怪不怪,欢愉地加入了他们的行列。一曲刚终,德吉意犹未尽,接着把自己手机中的广场舞神曲播放出来,小肋骨、如丹、唐锋和我也先后加入其中。

洁白的雪地上,一群彩色精灵翩翩起舞。可惜我对跳舞一窍不通,很快便退出人群,独自坐在雪地上,投入地欣赏起这自然而然到来的精彩场景。

在此,有必要介绍一下洛子壁。洛子壁即洛子峰西侧山体,它的中下部基本被冰川覆盖,仅有部分岩石露出,看上去就像一个巨大的冰壁。从冰川中露出的岩石地带,就是所谓的黄带。洛子壁是昆布冰川的发源地,所有从南坡攀登珠峰和洛子峰的登山者,都必须攀过洛子壁方可到达各自的C4营地。

C3位于洛子壁中部偏下的冰川中。从大本营到C3总计设置了4个营地,由珠峰攀登者和洛子峰攀登者共用。从C4开始,两座高峰攀登路线出现不同,洛子峰C4位于洛子壁上方偏右的一片黄带之下,而珠峰C4位于洛子壁另外一侧的珠峰南坳。

此时的洛子壁,高高耸立,阳光照耀下,冰雪反射出无数光芒,好像一位傲慢的贵族,正不动声色地、傲娇地俯视着脚下的一切。

洛子壁下冰川上的五位女队友。据统计,截至2021年4月,全世界共有635位女性登顶珠峰,而女性在登山领域也创造着越来越多的奇迹和世界纪录。

到达目的地仅剩百余米，海拔再无提升，拉练目的已经达成。大家统一了意见，决定停止向前。余下的时间，可选择在冰川边缘安全地带拍照留念，或直接返回营帐休息。

拉练行将结束却突发眼疾

拉练最后一天，要从C2返回大本营。鉴于阳光暴晒可能加剧昆布冰瀑的冰川活动，进而加大通过乱冰区路线的难度，甚至可能阻断路线，所以在温度较低的清晨快速通过是最佳选择。

不知上天是在开玩笑，还是要深度考验我，这一天突发的一件事情，给我信誓旦旦的攀登之旅蒙上了一层阴影。

起床后忽然发现，视线所及之物均产生重影，左眼视线相当模糊，而且在左眼视野中出现了数个血色斑点。最初我想当然以为是眼镜的问题，数次擦拭、反复试戴后确认是眼睛的问题。对眼科医疗知识一无所知的我，一下变得无所适从，根本无从判断罹患何种眼疾、眼疾严重与否以及对我接下来的攀登会带来何种影响。那一刻，眼前的一切似乎都变成了灰色。

C2营地没有医生，更不要说眼科医生。所有这些疑问注定暂时无法找到答案。只好默默按在心中不表，最要紧的是保证回到大本营，先尝试咨询魏必，或通过网络咨询眼科专家再行判定。

大家把要留下的物品搁放在帐篷之中，集中吃完早餐，穿好个人装备，在穆萨的督促下，不到八点陆续开始下撤。约一小时二十分钟后到达C1，稍事休息，为水壶补水后继续下行。

再次来到乱冰区，走进暗夜中曾走过的这片区域。眼前这完整而清晰的景象，让心底不禁泛出丝丝冷意。无数大小不一、形状各异的蓝冰，如乱石般杂陈眼前、充斥着眼帘。放眼望去，受乱冰所阻，下撤的路线根本无从辨认。即使前方不远处能够偶尔看到人影，中间往往也间隔着众多高低不等的乱冰，只能跟随眼前的路绳和脚印一步步下行。

看不到流水的踪影，却有哗哗流水声不时钻入耳中。好奇心让我驻足辨寻，才发现声响源于周围的乱冰下，那里有融化形成的冰水在潺潺流动。

不禁想起了去程时发生的一幕。在一架竖梯下，一群印度登山者蜂拥而至，其中一人一脚踩下，未曾料到那是表面结了一层薄冰的融水，薄冰瞬间破裂，眼看那人就要向一侧倒去，幸亏他快速收脚，整个人才不致摔倒，却引发了附近队伍一片慌乱。

天气始终给力，空气清澈透亮，一定程度上抵消了视线模糊带来的不利影响，下撤之路非常顺利。

拉练的四天里，队友已较好适应了海拔，加上此时视野开阔，我们下撤的速度因此加速。艾米和哈里斯率先抵达大本营，唐锋、如丹、小肋骨、葛玲和我随之先后到达。德吉和始终陪伴着她的穆萨最后到来。此时，所有人的状态都很出色，最值得一说要算德吉。拉练中我们曾一度担忧她的体能，但随后的过程中，她却表现出了让我们刮目相看的韧劲和毅力，这次成功下撤也恰恰印证了这一点。

回到大本营，手机终于有了网络信号，心心念的眼疾问题也终于有机会找到病因。我第一时间向高宁描述了自己的遭遇，她是我好友爱萍的夫人，西安交通大学第一附属医院的眼科医生。了解清楚前因后果，高宁给出了初步判断。她认为，缺氧和血管痉挛都有可能导致视力下降，但是有的时候是一过性的，有时候则会造成不可逆的损害，所以建议我尽快到医院眼科门诊检查。由于缺乏可供参考分析的翔实病情资料，高宁没有办法当下便确定眼疾的成因，因而并没有排除需要手术治疗的可能。

与高宁的这番沟通让我意识到，眼睛的问题或许并不简单，内心的压力因此陡增。留在大本营调整等待窗口期的计划亦不得不作出改变。与伟哥进行一番交谈后，我当即决定返回加都检查，并做好了一旦需要手术，立即返回国内治疗的准备。

林子虽已离开大本营，仍始终关注着我的情况。得知我眼睛出现问题并决定去加都检查时，她第一时间远程联系好了大巴桑，并推荐了专业医院，安排好了陪伴我检查的人员。这些消息传来，我心里悬着的石头才算落下了一半。只要能准确诊断眼疾成因，预估眼疾的未来走向，至少就可以知道它对我的攀登计划到底会有何种影响。

放下负担，心情不再那般沉重。二十多天来，缺乏打理的头发已经长得很长,打着卷、泛着油、杂草般散布于脑袋上,看起来像一个流浪汉。趁着阳光尚好,请厨房烧了一桶热水,把头发彻底洗一回。知道我也决定返回加都,葛玲非常开心——毕竟有了抽烟的伴儿。她热心备好吹风机,待我洗毕甫一落座,立刻叼起手中的烟卷儿、面带笑容,一手持吹风机,另一手打理着我的湿发,开始帮我吹起头发来。我能做的就是闭上眼睛,静静感受并享受着队友间的这种关爱。然后,安心等待与5位队友一起返回加都的日子。

拉练中,出现问题的不只有我,艾米和小肋骨持续咳嗽,穆萨和葛玲的痔疮也开始发威。大家都希望在接下来的这个窗口等待期内,身上出现的种种问题都可以得到最大改善,至少是有所好转,只有这样才可能不影响后续攀登。

"法尼"气旋强势来袭

5月3日早晨,一场大雾不合时宜地出现,不时盘旋笼罩在大本营腹地和周围。大家普遍认为这种天气直升机根本无法飞行,返回加都暂时无望。大扎西通过手台确认,大本营中部的国际队医疗点有大夫正在值守。闻听此讯,我和魏必商量确定去往那里,请大夫对我的眼疾做力所能及的诊断。恰在此时,一架直升机竟然出乎预料飞越迷雾到达大本营,瞬间又点燃了我们返回加都的希望之火。考虑到往返医疗点需要一个多小时的时间,为防止错过直升机,还是放弃前往,继续留在营地等待天气转变和直升机的到来。

其间,魏必尝试使用了诸如按摩穴位、冰敷、按摩仪按摩眼睛等多种方法,希冀缓解我的眼疾,遗憾的是效果并不明显。这段时间里,我们又得到一些不好的消息:因2日晚间开始刮起的大风影响,修路队已经下撤回大本营待命;C2营地有多顶帐篷损坏;卢卡拉大雨滂沱……

坏消息接踵而至,反复刺激着我们的神经,既担心留置在C2的物品受损,又担心无法返回加都,大家都是一副忧心忡忡的样子。就连并无返回加都计划的穆萨,此刻也是满脸的忧郁。他担心亲手埋在C3雪地里的可乐会因此消失踪影。既有的南坡成功攀登经验,使他深知可乐在攀登中的作用,更何况这一次,他要进行的是无氧攀登。

俗话说:福无双至,祸不单行。这边大雾未散,那边大雨又至。卢卡拉到大本营段同样下起大雨，拦住了所有计划在这段路程飞行的直升机。云飞结束调养已经回到卢卡拉，也因这场大雨而被迫滞留在那里。计划前往加都的我们不得不继续固守大本营。眼疾仍没有明显改观，纵使内心十分焦急，我也不得不接受这个沉重的现实。

一直到下午六点，消息再无更新，直升机依然杳无音信，大本营的雾也愈发浓厚。当天前往加都的希望彻底破灭，只能转而期待明天。

大家聚集在餐厅帐中，"铁三角"继续打牌，其他人或看书，或交谈，或刷着微信，各自以最喜欢的方式打发着漫长的时间。晚上十点多时，帐篷顶上传来窸窸窣窣的雪打帐篷声。出帐一看，大片的雪花正漫天飞舞，天地一片苍茫。

蹲守大本营的我们并不知晓，正是3日这天，C2依然狂风不止，风速达到了约90公里/小时（风力属于十级），总计已有数十顶帐篷损坏或被大风吹走，直到下午3点多，大风才开始减弱。不过，根据七峰公司此后传送的消息，我们的帐篷不在受损之列，这算是不幸中的万幸。

伟哥也不解这个登山季的天气何以如此反常。依据他的经验，以往春季登山季南坡从未遇到过类似大雪。

上网查询后才知，异常天气的罪魁祸首是一个来自印度洋的热带气旋，名曰"法尼"。它的强势到来，给整个喜马拉雅山脉地区的天气都造成了深远影响，作为其中一部分，珠峰地区当然也不可能独善其身。只是身处高山的我们无法判断"法尼"的后续威力，以及给珠峰攀登带来什么样的破坏性影响。我们能做的只能是在心里默默祈祷，祈祷窗口期可以顺利到来，祈祷我们的攀登可以继续。

夜色愈发深沉，雪势丝毫不见减弱迹象。在餐厅帐里折腾了一整天，除了我和"铁三角"，队友大多感觉疲劳，先后返回帐篷休息，餐厅帐顿时冷清了很多。穿着厚厚的营服，我蜷缩于椅子中，想想这突变的天气和遭遇的眼疾，顿感前路迷茫，心情愈发沉闷。给塑料壶里灌满了热水，索性也起身回了帐篷，拉上前帘钻进睡袋。

塑料壶本是用来做尿壶的，只是到达大本营以来，它唯一的用途就是作为暖水袋。此时，它就静静地窝在我的脚下，透过塑料瓶体，热水散发出的热量迅速传递到我略显冰凉的双脚上。与城市的万家灯火、喧嚣热闹不同，躺在帐篷中，除了可以听到偶尔传来的冰裂或流雪的响声，以及不远处帐篷里不时传来的小肋骨和艾米的咳嗽声，这里的夜晚要静寂了很多。营地夜灯开始彻夜不熄，帐篷里并不黑，眼睛盯着帐顶，想要再次感受眼疾的发展。左眼视野中的斑点并没有明显变化，依然模糊着我的视线。在这寂静的夜里，大脑无法停止思考，各种可能面临的处境不停在脑海中浮现。无奈闭上眼睛，模糊虽然不再，可大脑混乱依旧，着枕即酣睡无异于奢望。就这样懵懂着，不知何时进入了梦乡。

睡梦中忽然被扑打帐篷的声音吵醒，看看手表刚刚深夜两点。循着帐篷拉链拉开的声音望去，扎西戴着头灯蹑手蹑脚钻进了我的帐篷，如此小心想必是怕吵醒我。我喊了一声他的名字，他才知道我已醒来，轻轻回应了我。从帐篷顶部开始，他用手杖不停托举起被大雪压低了的部分，双手拖住杖柄用力抖动，积雪从帐上滑落，似吹起的口哨声，响彻耳际。这个场景并不新奇，当雪下得足够大且帐篷上积压了过量的积雪时，为避免帐杆被积雪压折和保护队员们的安全，夏尔巴们往往会如此操作。

听到我再未出声，扎西处理完后选择默默退去，帐篷里重现沉寂。终于没有再次辗转反侧难以入眠，我很快进入酣睡状态。直至4日早上8:00，我起身拉开前帘走出帐外，纵然早有思想准备，还是被眼前的景色惊呆了：雪势已渐小，但积雪厚度超过了10厘米，营地变成了莽莽雪原，洁白的有如童话世界。单就温度而言，此刻的大本营相比昨夜初雪时要温暖了很多，只是心中的寒意却瞬间升腾，暗自叹息：今日返回加都的希望又一次变得渺茫了！

餐厅帐里，唐锋一改爱热闹又喜欢搞怪的常态，正端坐桌前用气炉煮茶，并把煮好的茶水不停分给队友们品尝。冰川融水煮茶，可以明显感受到水的甘冽和茶的清香，其美妙的味道，胜过以往喝过的任何茶水。在大家的啧啧称奇声中，唐锋竟然面呈害羞状，傻傻笑了起来。可转眼间，他便止住了笑容，冷不丁站起身来，不待大家反应，指着餐桌上杂乱放置的各种物品，郑重其事地宣布了一条要求：

"从今天开始，我们要建立值日制度。每天由两位队友负责整理餐桌，保证餐具、佐料等所有餐桌上的东西各就各位、规整摆放。"

我们齐刷刷抬起头，看向他。他那一脸严肃认真的样子让所有人都忍俊不禁，帐篷内一时间欢声笑语响成一片。唐锋却充耳不闻、处变不惊，根本无视我们的反应，继续端着官腔说道：

餐厅帐内餐桌上整齐的口杯。

"这不仅是为咱们自己营造一个好的生活环境，也是考虑到造访的国内外朋友很多，必须给他们留下好的印象。"

话不多，却很有分量，有理有据不容辩驳，让我们不得不随声附和，欢笑声变成了一片叫好声。观此场景，唐锋脸上掠过一丝狡黠、得意的笑容，趁机又给自己封了个官——队长。队长这官，可不能随意指定，当然是有要求、有技术含量的，而且早众望所归落到了穆萨身上。

小肋骨随口叫板："老唐，你这是想篡权哪！"

"我吧，不当攀登队长，而是当生活队长，无关攀登，仅在餐厅帐里履职，所以你们想多了。"唐锋绷着脸回答完，自个倒先哈哈大笑起来，帐篷里再一次哄笑声一片。笑声穿透帐篷，越过漫天飞雪，径直洒向茫茫苍穹，两天来因天气突变和不能下撤而形成的阴霾，终被一扫而尽。

下午时分，飞雪似乎察觉了我们的心思，终于放弃了挣扎，停歇了已渐显疲劳的脚步。四点左右开始，阳光在普莫里峰顶撒欢跳跃，蓝天在峰后慢悠悠地舒展开大美容颜。云开了，雾散了！昆布冰瀑、努子峰、洛子峰、罗拉峰不甘落后,争先恐后般拨开身前的雾帘,将壮实的身躯呈现在我们面前。只有南面山谷中的雾气依然不识时务,还在妄想负隅顽抗,但在铆足了劲儿的阳光面前,终究无力抗争。临近傍晚时分,雾气消失殆尽,大本营重新回归我们的视野,且一览无余。

两天多的休整,我的眼疾并没有明显改善,但也没有明显恶化。随着天气转好,返回加都检查眼睛的念头更加迫切。看着清朗如洗的大本营,我在内心不停问询:"明天,会让我的等待化为现实吗?"

小肋骨年轻、漂亮,说话很是温柔,自然而然吸引了大扎西的注意。此时她的咳嗽还未彻底好转,大扎西正好借机大献殷勤,显得比我们任何一位都要更加关心她的病情,又是送来药品让她吃,又是端来热水让她熏,跑前跑后精心服务。此外,他还专门联系了印度登山队的老军医,带小肋骨前去诊治,让大家好生羡慕。或许是怕我们认为他的关心另有所图,所以大扎西每次进到餐厅帐,总是会满脸含笑,先和其他人有一句没一句地搭个话,然后才走到小肋骨面前去表现各种关切。殊不知欲盖弥彰,如此一来,大家更觉得他实乃"此地无银三百两"。所以每每看到他的到来,队员们总会相互对视一笑,配合完他的搭话,各自悄悄观看他略显拙劣的"表演",仿佛一台奇妙的舞台剧,就在这荒芜的大本营、在我们的眼前精彩上演,也给我们增加了一些开心谈资。

葛玲、艾米、德吉和唐锋已经开始热烈讨论。先是讨论回加都后要吃什么:日料、拉面、烤肉、冒菜……凡是能想到的或自己想吃的,统统都计划在内。然后讨论做什么:要躺在酒店的软床上睡懒觉,要去按摩店"马杀鸡",也是不一而足。只有唐锋想法新奇,说要租辆摩托去加都的大街小巷游走,切身感受一下那里的风土人情。而我最惦念的,当然是能够早日拿到眼睛的检查结果。

每个人都在期盼,快些回到加都,快些实现各自心愿。

前路的茫然与感伤

雪后的夜晚,感觉比往日冷了很多,从睡袋表面和帐篷里产生的霜冰明显增多可见一斑。夜里不得不数次醒来收紧睡袋，甚至不得不把羽绒服盖在睡袋之上才不致感觉寒冷。就这样反复折腾，直到六点多被充实的便意憋醒。

天空湛蓝，没有一丝云彩。大本营风和日丽，周边山巅却是另一种景象，被风吹起的积雪如白云般紧贴着山脊快速飘荡。阳光快速挪移，转眼就普照营帐。与穆萨一起坐在帐口，喝水、聊天，感受着阳光带来的暖意。尤其是想到返回加都的计划或可今日落定，心情更是无比畅快。

久经"沙场"的夏尔巴们，个个耐冷抗冻。餐厅帐外，他们穿着单薄的衣服，有的甚至穿着拖鞋，聚集一起，集体享受着这难得又温暖的日光浴。

大扎西在旁边不停踱步，通过手台跟踪着直升机通航情况。等到九点半时，好消息终于传来，直升机将有序到来。他要求我们即刻前往营地附近的停机坪，在那里等待登机。六个人早已归心似箭，闻此要求后纷纷一跃而起，背上早已备好的背包，拔腿就赶往停机坪。抄最短距离前进，完全不顾脚下那崎岖坎坷的"道路"——本来也不是路，而是布满大小不一的冰碛石块的缓坡。仅仅几分钟后，我们就到达了停机坪，一起眼巴巴瞅向南方的山谷。

10:00刚过，第一架直升机到来。这架飞机同时承担运送装备任务，占用了部分起飞重量，所以只将德吉、小肋骨和艾米三人载离。

15分钟后，同样的原因，第二架直升机只将葛玲载走。

继续等待了20多分钟，我和唐锋终于坐上了第三架直升机。与我们同行的还有一位看起来身壮如牛的夏尔巴，是一名"冰川医生"导师，在他的培训和带领下，冰川医生们在危机重重的昆布冰瀑里穿梭往来，布设路绳、搭起钢梯，方才筑就了我们梦想的天路。

之所以一眼认出他，源于拉练前的一次邂逅。一天，我正在餐厅帐看书，大扎西带着一位夏尔巴到访，请求魏必帮助对其进行治疗。这位夏尔巴就是与我们同行的这位导师。大扎西介绍，因在冰瀑中修路时意外摔伤，夏尔巴的右臂暂时不能向后伸展。对于一般人而言，这种伤情或许并无大碍，休息数日即可康复，但对于冰川医生来说却大不相同，因为他们承担着整个攀登季的修路工作，手臂伤情必然会给他带来诸多不便。因此，当从大扎西处得知魏必精于康复之道后，他便请求介绍相识，并拜托魏必为他按摩治疗。感于他们冒着巨大危险为我们服务，魏必没有丝毫推辞，当即为他进行精心治疗。不过半个小时后，他的右臂竟然就可以自由舒展活动，且活动时不再疼痛。这让他大感神奇又尤为佩服，离开时不停对魏必表示感谢。

此时再见，导师的肩部又添新伤，一条白布环绕颈部固定住手臂，整个人的状态看上去很不好，一上飞机，他就倚靠在座椅上闭上了眼睛。

仅飞行了7分钟，直升机就降落在一片河谷中。我们被要求下机原地等待，直升机掉头飞回了大本营。

等待的时间里，站在这个非常平整的河谷中向前望去，正前方高高耸立的雪山正是阿玛达布朗姆峰（阿玛）。白云在它的腰际漂浮，周边诸峰略逊颜色，宛若小弟般拱卫着阿玛，让阿玛显得愈发高大和雄伟。唐锋趁机拍摄了我观望时的背影。虽然只是手机拍摄，可我还是很喜欢它所透出的那种感觉：背影传递出一种孤独与寂寥，似乎还有一种对前路茫然不知的无奈与感伤。大约半个小时后，直升机重又归来，上机飞行15分钟，抵达卢卡拉，与先行到达的四位队友胜利会合。

到达卢卡拉机场，有件想做的事，就是去看看那起撞机事故的现场。就在直升机场地与飞机跑道毗邻处，发生事故的小飞机和其中一架直升机依然留置原处，保持着事故发生后的样子。只是机身已被罩上一层油布，不能看清当下的模样，当然也就无法想象相撞时的惨烈。在心里默默哀悼，为不幸相撞的飞机，更为在此次事件中不幸逝去的三位乘客……

室外的空气异常湿润，湿气透过衣服直浸内心。在大本营习惯了干冷空气，

返回加都过程中我孤独的背影。（唐锋 摄）

猛然间置身这样的环境中，我全身顿觉不适，有一种欲驱不去的湿热感觉。

不知何时才能起飞，也不允许远离这个场地，我们只能就近来到毗邻的客栈喝茶等待。客栈内湿度倒是小了不少，但味道和EBC途中客栈内的几无差别，而且同样浓郁，持续刺激着鼻腔，没待多久便让人觉得憋闷。端上红茶走出门来，坐在门口的石墙上，一边喝茶，一边端望机场里起起落落的直升机。事故并没有改变这里的繁忙景象。

下午一点，飞机开始加油，调度挥手示意，要求我们尽快登机。除了原有三人，机舱里新增了两位欧美乘客。加油完毕，直升机开始发动，伴随着巨大的轰鸣声渐渐拉升、向前，直至飞越了众山之巅。

我坐在窗边正看着下方的景色，那位导师呕吐的声音突然传来，典型的晕机反应，幸好机上备有不少塑料袋，而且开着的舷窗让空气快速流通，倒也少了一些尴尬。

下午两点零五分，飞机降落在加都机场。苏玛早已等候在出口处，他是德吉带队EBC徒步时认识的当地朋友，也是我们入住客栈的老板的弟弟。苏玛长相英俊，曾经游历过昆明、广州等很多中国城市，能讲一口流利的中文。在尼泊尔，有他这般眼界的青年应该不多。更让人佩服的是，他还可以用日语进行日常交流。能这般用心学习，服务又非常诚恳到位，他的人缘和生意自然不差。

虽然差不多同时和我们登机，德吉四人却比我们晚一个小时才到。人员到齐，我们一起钻进苏玛带来的商务面包车，接近下午四点到达住处——位于泰米尔的詹姆帕（Jampa）酒店。

刚刚办完入住，明达西的微信就及时到达。原来大巴桑安排的是由他陪我前往医院。作为加都地块上我最熟悉的当地朋友，他会说一些简单的汉语，且彬彬有礼。有他的陪伴，沟通不再是问题。明达西告诉我，他15分钟前就已经到达酒店，为避免让他等待过久，我匆忙洗漱一下，便跑到大堂与其会合，然后乘坐他的摩托车赶往医院。事不凑巧，刚到医院即被告知医生们已经下班，只能明日再来。

校友医生建议我停止攀登

第二天9点多,我们再次前往蒂尔甘加眼科研究所(Tilganga Institute of Ophthalmology),这是一家以便民为主的尼泊尔公立眼科研究所医院。医院地处加都机场附近,区域人口密集,就诊患者众多。明达西说,由于地处高原,强烈的紫外线、较低的气压、落后的经济发展以及百姓疏于防护,尼泊尔很多百姓罹患眼疾,而公立医院费用低廉,吸引众多患者来这里诊治。

挂号费100尼币,挂号单上清晰地印着诊室号码和挂号号码,患者可根据这些信息顺利找到诊室。明达西陪我来到诊室外等待叫号。此时的医院里,每个诊室门口都排着长长的候诊队伍,我前面大约就排有三四十个患者,一个多小时后我才得以进入。

先是做了眼科镜检查,看到结果后,医生说仍然无法判定成因,建议我前往专家诊室做进一步详细检查。

让人欣喜的事情此时悄然发生:在异国他乡的加都,我竟然遇到了西安交通大学校友,而且还是尼泊尔籍的校友!

专家诊室里,一位看上去有四十多岁的女大夫接待了我。简单看完病例和眼科镜检查结果,她用一口比较流利的汉语,和善地笑着问道:"你是中国人吗?"惊讶于她熟练的汉语表达的同时,我给出了肯定的回答。

"你来自中国哪里?"她接着追问。

"陕西西安。"

我明显看到,听到这个答案,她的表情显出些许惊讶。我脑海中瞬间闪过一个念头:难道她了解西安?

或许是觉察到稍有失态,又或许已觉察到我内心的疑问,女大夫快速恢复平静,未等我开口问询,就微笑着对我说:

"十几年前我曾经在西安交大医学院进修。这段经历,让我学会了中文,深深记住并爱上了西安。"

原来如此!听完她的解释,我恍然大悟。她的惊讶源于得知我来自西安,且又同样毕业于西安交大,因此才会感觉不可思议,且一时难掩心中的激动。其实我也和她一样,不曾想到,在异国他乡的加都能偶遇尼泊尔籍校友,而且是在自己亟需帮助的时刻。

有校友加持,加上家人般的关爱,诊疗过程当然也无比舒心。她细细询问、全面了解我眼疾发生的全过程。

她的和善和笑容带给我不尽的温暖。为了进一步确认病情,按照安排,我进一步做了黄斑区OCT成像和眼底照相,总共花费不到3000尼币。做完检测正值午餐时间,医生们已经停止工作进入午休,只能下午上班后再请她查看影像。接下来的两个多小时,若返回酒店,路途较远不说,还担心耽误就诊,所以我和明达西就近找了一家可提供西餐的餐厅,简单吃了些汉堡、薯条和果盘,又稍作休息,赶在下午医生上班前就回去了。

看完OCT成像和眼底照相的片子,她很平静地说道:

"从现在的检查结果可以明确,你的眼疾属于双眼视网膜表层出血,片子里的所有斑点都是出血点。左眼位于黄斑区的这个颜色最深的斑点,直接导致你视物模糊,因为它总会遮挡你的视野中心。

"现在看,这病无须手术治疗,只需等待眼睛自行吸收出血,一旦吸收完毕,眼睛也就康复了。不过很遗憾,由于每个人的身体机能各不相同,所以我们无法判定吸收的过程需要多久。"她看了我一眼,继续说道。

也许是担心自己的判定出现偏差,她又叫来一位男大夫一起会诊。两人商量了一会儿,给出了最终结论:如果能够进一步排除血糖原因,那就完全可以判定眼疾与高海拔低氧低气压环境相关,建议应审慎考虑是否继续攀登。假如重上高海拔,出血程度存在加剧可能,严重的话会直接导致视网膜

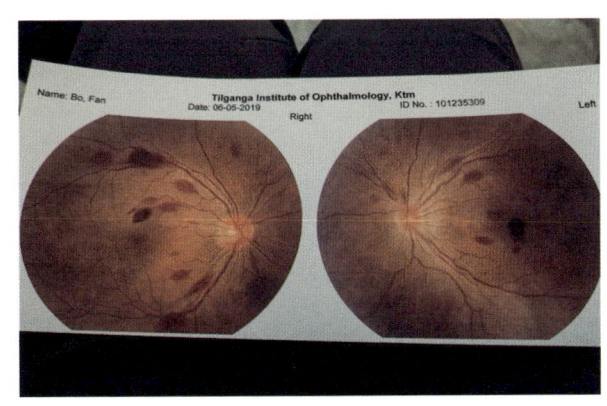

在眼科研究所医院拍摄的眼底照相片子,从中可以清晰看到双眼分布有很多斑点,这些斑点就是出血点。

中央静脉阻塞,这个词的直观解释就是失明。

也就是说,一旦恶化,就有可能会瞎眼。这一结论与高宁随后看到片子所给出的意见并无不同。

失明!我被脑海中跳出的这样两个字眼吓住了。之前,曾揣摩过眼疾的各种可能后果,有自然恢复,有吃药恢复,有手术治疗……唯独没有想到过无可挽回的失明,真得知有这个可能时,我的内心一片茫然:到底该如何选择?

校友给我开了些激素药、胃药和眼药水。激素药会导致食欲下降,所以要配合胃药使用,同时开了验血单查验血糖水平,并嘱我一定要放下一切顾虑,在加都安心休养恢复,一周后回院复查。

抽血后已是下班时刻,当天无望取得检验结果。得知再无其他检查事项,明扎西建议第二天由他一个人来取检验单,请大夫查看后告知我最终结果。能够乐得他的相助,我当然毫无异议。

在加都无忧休整

7日下午,明达西去往医院取到检验单并给我发来结果:血糖正常。若是平日,我肯定乐得接受这个结果。可此刻不然,因为它不但明确排除了血糖过高这一致病因素,同时也确认了出血仅与高海拔低气压低氧环境相关。"失明"两字再次闪现在我的脑海,那一刻,不但平添了很多担心,甚至眼前还出现了一种幻象:我正左眼戴着眼罩,右眼瞪圆,行走在西安的街道上……要只是个"独眼龙"倒也罢了,就怕两只眼睛都出现中央静脉阻塞。如果都瞎了,此行目标无法实现是小,今后的生活该如何维系?

校友谆谆叮嘱此刻响彻耳边:"加都海拔低,有利于出血点吸收,放弃其他念头,在加都好好休息,耐心等待所有出血被自然吸收。"

休整的这段时间,其他5位队友没有任何压力,彻底休息和放松是他们唯一的主题,也是他们此行的最主要任务。既然我也需要在此充分休息才能缓解眼疾,索性放下一切负担,吃好、睡好、玩好。

白天,我们穿行在加都最繁华的泰米尔街区。唐人食府的猪肚煲鸡汤,潇湘饭店的冒菜,中华面馆的牛排面和卤鸡爪,日本料理,韩国烤肉,999花园中餐厅的水煮鱼,再到珠峰牛排……各式各样餐食我们一一享用,首要满足了胃肠之需。

其中最有意思的当属中华面馆。多年前,店主便制定了一项优惠措施:凡是成功登顶珠峰者,均可在店内免费享用大份牛排面一份,并有资格在其店内墙壁上题字留念。一进入店中,那面题满了文字的墙壁就可一览无余,文字以"某某人某年某月某日登顶珠峰"为主,也有部分抒怀内容。这面墙壁和其特色牛排面为中华面馆增添了很多人气。去年攀登马纳斯鲁峰前,我曾不止一次光顾该店,那时还曾想过:什么时候能将我的名字留在这里呢?如今再来,虽然已是珠峰登山队的一员,可在罹患眼疾的情况下,前路尚不可知,遑论留名之念!

泰米尔街区珠峰牛排店的珠峰牛排,也是这里非常著名的一道名菜。因为大多人信奉印度教的缘故,尼泊尔只食用水牛肉和犁牛肉,肉质较韧。火候也只有全熟和不熟之分,没有几成之说。

夜晚,洗上一个畅快的热水澡,再独睡于柔软舒适的大床之上,大本营帐篷里那高低不平的帐底、每天都会潮湿的睡垫,统统都被抛却脑后,在这里总是一夜沉睡、安然醒来。

几位女队员精心挑选了一家按摩店,就在离我们不远的一家酒店一楼,我们偶尔一起相约前去。店面不大,环境却优雅安静,技师手法非常娴熟到位,那种按摩完毕后身心放松的体验让人流连忘返。

唐锋心愿尚未得偿,心心念要去骑摩托车。一个下午,他还真就在酒店不远处寻找到了一家租车行。约我同去租了一辆摩托车,一起自由穿梭于加都的大街小巷。没有目的地,也没有导航,去往哪里全凭感觉和意愿。初次在加都驾驶机动车，他竟娴熟无比，根本不像第一次感受靠左行驶的人。车内自带的一格汽油很快烧完，我们找到一家加油站，先填表，再按照填写的加油数量交费，接着跟在长长的摩托车队伍后面排队等待加油。

明达西曾介绍过，尼泊尔大街上常见的是印度塔塔公司和日本出产的小型汽车，其价格非常昂贵，一般百姓根本无法承受，所以这里的有车一族非富即贵。在中国售价不过四五万元的小汽车，在这里能卖到约合人民币十四五万元。汽车售价高昂变相催生了摩托车市场的繁荣。一辆摩托车的售价也会达到一万元人民币，但相比汽车还是便宜了不少。在加都路况不佳、路面狭窄的现实情况下，摩托车的通过性显然更好，实用性也更强，其市场繁荣也合情合理。

加油不用太多，确保还车时油箱里还能有一格油即可。加完油，我们继续漫无目的地游荡，阳光很炽热，但摩托车快速行驶兜起的持续凉风让我们感到凉爽。

闲逸的生活总是让人生发出乐不思蜀的感觉。休整几天以来，黄斑区斑点变化让我欣喜不已。斑点在慢慢变小，即使没有完全消失，却也表明出血吸收正日见成效，心里的担忧也因此减少了很多。

是否要等待复查呢？眼看休整时间即将到期，我这样问自己。迷茫再次袭来，脑海中似乎有种声音在对我说："还记得自己的梦想吗？"

伟哥曾说，拉练后的休整，在低海拔地区的时间最好不要超过5天，以免强化起的身体对高海拔的记忆被完全消磨，从而给后面的正式攀登带来麻烦。

至于眼疾，从当前情况看正处于向好态势，即使去复查也不会再有其他更好的解决方案，反倒不如回到大本营，利用等待窗口期那段时间继续观察，然后根据斑点变化情况作出选择。选择无非有二，要么继续攀登，要么立刻止步。

思考至此，我随即做出决定：放弃复查，10日和队友一起返回大本营。

在詹姆帕酒店，我们偶遇登山达人"三条鱼"（詹乔愉），她是德吉攀登慕士塔格峰时的队友，也是当前台湾地区很有人气的登山家。在今年的这个登山季，她已经完成了同样位于中尼边界的世界第五高峰马卡鲁峰的攀登，计划继续完成珠峰攀登。她那略显娇小的体格竟然蕴藏着如此强大的源动力，让我由衷叹服。这次能在酒店偶遇，是因她身体略感小恙需回加都休整，孰料，我们竟然入住了同一所酒店。

虽然身体尚未彻底好转，9日一早，"三条鱼"仍然决定返回大本营，哪知到达卢卡拉后竟遭遇了恶劣天气而无奈滞留。我们的行程则是10日6:00从酒店出发，乘坐早班直升机经卢卡拉赶回大本营。如此算来，我们或许在卢卡拉有再次相遇的可能。

休整的这几天，我基本没有写日记，也很少看手机。一是需要让眼睛得到充分的休息，从而更好更快恢复；二是这几天过得非常随性，没有太多可记录之处。

不过有一件事情值得一书。返回大本营前，我们在999花园中餐厅用了在加都的最后一顿正餐。

餐厅老板是一位老大哥，年约五十，不久前才从重庆来到加都盘下了这家餐馆，把生意经营得红红火火。几天前我和唐锋偶然发现了餐馆，品尝后感觉菜品味道还算纯正，便征得大家同意，把离开加都前最后一顿正餐定在了这里。得知我们是去攀登珠峰且即将返回大本营，老大哥认为牛肉干可作为攀登中的食物，执意把自己亲手制作的牛肉干免费送给我们。其实，他并不清楚在高海拔、低气压环境下，人的胃肠蠕动会变慢，消化能力随之下降，并不适合食用肉类。盛情着实难却，感激之余，我和唐锋决定收下一半。

重返大本营

或许是被即将返回大本营的激动驱使，第二天清晨，所有人都早早聚集在大堂，苏玛清楚酒店尚未供应早餐，特意为我们准备了一些便当。大家就地简单食用完，尽快赶往特里布万国际机场。

自从去年马纳斯鲁攀登季出现了直升机事故，直升机核准载客量就从每架6人缩减为5人。如此一来，必须有一人与其他乘机者同行。我主动要求垫后，5位队友同机先我出发。

眼睛恢复得相当不错，与刚下山时相比已经有了非常明显改善。只是没有按照校友要求去医院复查，必然辜负了她的关切，内心感到深深愧疚，但也只能把这番心思告诉明达西，请他抽空前往医院代我向其表示歉意和感谢。明达西很是理解，当即应允，然后和我相视一笑。我明白这笑容中的含义，他知道我的心在山上，当然非常能理解我此刻的内心感受和选择。

机场里，人群依旧熙熙攘攘。大扎西的哥哥安排我在他们办公室里等待。其他人都在忙碌，待在其间总感觉坐立不安，打了个招呼走到楼下过道，独自一人坐到了楼梯口的椅子上。那一刻，自己忽然变得难以名状的脆弱。把背包抱在怀中，下巴压在背包上，脑海中开始浮现一路走来的点点滴滴，不由得竟泪眼婆娑。过往工作人员见状不知何故，纷纷向我投来诧异的眼神，这才把我从思绪里拉了回来。意识到自己的失态，我赶紧用面巾纸拭去脸上的泪水，然后掏出手机，写完昨天已经编辑了一部分的文字，发了朋友圈。那是自罹患眼疾以来我的心理历程的概括性总结，也可以说是发自肺腑的心声。文字如下：

"一次拉练期间偶然遭遇的眼疾，让我自己、家人、队友以及很多兄弟姐妹都对我人生中的最后一次攀登充满了忧虑和担心。其实就我本人而言，我现在很释然。这次攀登的确花费了很多的时间、精力和金钱，这其中还有三个兄弟公司的赞助，所以大家都认为我可能玩命也要冲顶。但我已然决定，如果眼睛恢复不到我期望的程度，我是不会冒着失明的危险去冲的，这是为了自己和家人，也是为了我的夏尔巴，我不能因为自己的任性而不顾他们的感受和安危。人这一辈子，有很多的'攀登'目标，珠峰只是其中的一个，能放下一切走向她的怀抱，并全力以赴向着梦想走了那么久，我已经非常欣慰，如果她能敞开怀抱接纳我，我荣幸之至；如果因眼疾最终只能远远观望，也是冥冥之中的一种缘分，我同样会心怀感恩、毫无负担地走向我人生的其他目标。曾经看到很多人没有看到过的风景，曾经走过很多人没有走过的路，曾经遇到很多一同经历生死考验的兄弟姐妹，这一切对我而言已然足够了。今天是与五位队友结束检查和休整返回大本营的日子，希望伟大的珠峰接纳我和我的队友，接纳我们这些虔诚的朝拜者！心怀感恩，为爱攀登，执爱前行！纳玛司代！"

我当然知道，假如因为眼疾不能继续攀登，我一定心有不甘。可是作为一个守信之人，承诺必须掷地有声。所以，无论面对怎样的结果，我都必然去坦然接受。在最美好的时节，能有这样一份刻骨铭心的经历和体验，已经是我人生最好的安排之一了。

心绪尚未平静，工作人员来到面前，提醒我此刻应该去登机。我立刻停止思考站起身来，与不知何时来到我身旁的另外三位乘客一起，跟随工作人员上了摆渡中巴，很快到达直升机跟前。这时的四周，颇像西安的雾霾天，看起来灰蒙蒙的，低空中则有雾气在慢慢聚集。

我选择了前舱唯一的乘客座椅——相当于汽车的副驾驶位，一个视野极佳、可尽览航线沿途景色，并能清晰观察飞行员及其驾驶动作的位置。飞行员端坐于驾驶位上，侧身送上礼貌性微笑，算是欢迎我们登机。我这才发现，飞行员竟是一位美丽的尼泊尔女郎！外出旅游、登山以来，我第一次见到女性直升机飞行员：她身着蓝色飞行员服装，头戴蓝色太阳帽，扎起的马尾从帽后穿出挽成发髻，扮相简单又不乏干练；帽檐下是两道精心打理过的柳叶弯眉，长长的眼睫毛下，一双大眼睛炯炯有神，高高的鼻梁优雅挺立，鼻翼上镶嵌着的一枚银钉夺人眼目，双唇不时作吹口哨状，下巴那优美的线条直连脖颈，小麦色的皮肤养眼又健康，五官靓丽却不失硬朗。在她的身上，能够看到漂亮女孩一般具有的美貌，也能看到她们一般不具有的坚毅。这是一位让人看上一眼就会怦然心动的飞行员。

飞机启动，发动机一阵轰鸣，螺旋桨开始转动，桨叶前端在前风挡玻璃上方依次扫过。她对着耳麦一番交流，直升机开始起飞，我赶紧用手机录制下她此刻的英姿。然后转而看向前方，随着飞机跃升，空中的雾气快速变得浓密，前方一片迷茫，透过舱窗向下望去，只能隐约看到地面上的阡陌道路和连绵山脊。我不免有些担心，女飞行员却没有丝毫紧张。她继续吹着口哨，专注凝视前方，熟练操控着挡杆。飞行非常平稳，平稳到我根本无须再去关心浓雾，而是选择酣然入睡，一觉醒来，飞机已经停靠在停机坪上。此时刚过十点，卢卡拉到了。

所有乘客按要求下机，女飞行员并未如此，待工作人员协助加完油后，又驾机飞返加都。工作人员告诉我，要在这里等待并换乘飞往大本营的另一班直升机。

等待时间并不长，半个多小时后再次登机，直升机里只有我和飞行员两个人，相当于专机。能够享受一次专机旅行，不免有一些小兴奋。

后面航程，天气出奇的好，十几分钟后飞抵大本营附近。与前半程的迷雾遮眼完全不同，此时眼前透彻清晰。从高处俯瞰大本营，仿佛是一幅山清冰秀、缓缓延展的画卷，愈看愈迷，如痴如醉。可惜飞行时间太过短暂，刚刚想要在这美景中醉去，直升机已然开始降落。

大本营周边，阳光灿烂，白云不时快速积卷而过。普莫里峰、努子峰以及其他山峰，在眼前时而白雪皑皑，时而云影掠过，若在仙境，又复人间。景色转换，美轮美奂，醉了心田，舒了笑颜。

看到我们顺利归来，一直留在大本营的伟哥等人喜笑颜开。如丹开心的是女队友纷纷回归，她不再孤单；魏必高兴的是看到烟友神清气爽，想必眼疾不会过于严重，只是简单问了我检查和恢复情况；伟哥和穆萨则是看到我们神采奕奕按时归来，满意于休整的良好效果；哈里斯又乐得可以和唐锋一起去各个登山队营地窜营，打探各种消息。只是始终不见云飞的踪影，打探方知，她正在第二次拉练途中。

哈里斯和我们说起了五天来发生的事情，重点说了珠峰135英里越野赛的见闻。闻知赛事已经结束，我倍感遗憾，因为错过了与刀郎相见的机会。正是他帮我从国内捎来了羽绒服，才解除了我在大本营期间的着衣困局。但得知他已顺利完赛，又打心底里为他高兴。

穆萨兴致勃勃地给我们展示努子峰雪崩视频。视频中可以明显看到，伴随数声隆隆巨响，雪崩激起一大片纷飞的雪雾，飞速向我们营地袭来，眼看就要冲击到跟前时，才变成了强弩之末，迅速偃旗息鼓。虽然并未对我们营地造成不良影响，看起来依然让人心惊胆战，大自然的威力再一次让我们感到震撼。

欢声笑语中，时间飞逝，转眼间暮色降临。原定8日拍摄的银河，因我返回加都检查医治眼睛和休整无奈错过，今天又是一个拍摄的好时机。吸取了拉练时的教训，提前在加都下载好了地形数据，所以我先用巧摄中国APP（一款专业的摄影摄像软件）确定了银心升起的时间和构图，然后在傍晚时分支起脚架先拍摄了前景，接下来就安静坐在餐厅帐等待凌晨一点半的到来。在这个时间，会有我最满意的构图：整个银心刚好越过努子峰顶，跨过昆布冰瀑,挂在罗拉峰(Lhola)上空,有如一条绚丽多彩的锦带,将两座山峰连接起来。

晚上九点半,欢愉了多半天的大家都累了睡了。只剩我独坐餐厅帐中,听着风吹帐链,写着日记,等待着拍摄时刻的到来。

那一刻,时间过得好慢,黑夜尤其漫长。餐厅帐里愈发寒冷,起身回到帐篷,决定先睡一觉,把精神养足。定好第二天凌晨1:25的闹铃后,我钻进了睡袋。

闹铃声响起,快速起身走出帐外。风依然在呼呼号叫,出现在我眼前的画面与巧摄中国APP计划呈现的一样。弯月不见了踪影,一道银拱斜跨过努子峰顶,越过昆布冰瀑与罗拉峰相连。第一次看到珠峰南坡大本营的银河,内心的激动无以言表,我疾步走到早已支起的相机跟前,在快门线上设定好参数,10张连拍,记录下这平常难得一见的盛景。

不停地拍,换角度,换构图,就在帐篷前这狭小的空间,一待就是一个

斜跨努子峰、罗拉峰的银河与队友帐篷。拍摄银河需要长时间曝光,所以在拍摄时必须用三脚架和遥控快门来保持相机的稳定,同时在单幅拍摄时,应尽量选用广角大光圈镜头,以确保足够的视野和进光量。

半小时，当我心满意足收起相机时，时间已是凌晨三点。

昆布冰瀑里，头灯亮光正频频闪现，应该是运输正式攀登所需物资的夏尔巴们正在赶路。遥望头灯闪亮的方向，默默为他们祈福，然后带着满心的欢喜再次钻进睡袋。风声变得不再那么聒噪，更像是催眠曲。那就入梦吧，以倍儿棒的面貌迎接新一天的到来。

等待窗口期

迷迷瞪瞪中，直升机轰响频繁传来，还有队友们、夏尔巴们说话的声音。睁开惺忪睡眼一看，已是早上七点多。起还是不起，两个念头在脑海里不停碰撞，最终后者战胜了前者，又闭上眼睛试图去睡。孰知前帐的光亮刺激着眼睛，再想睡已是枉然，只好起床。

早餐是皮蛋瘦肉粥。我其实是拒绝这种粥的，因为总感觉有一种浓浓的蛋腥味，但出于储备能量和恢复眼睛的需要，还是努力吃了一碗。

已经是5月11日，云飞结束第二次拉练回到大本营的日子。在5月8日开始的这一次拉练中，她在C1和C2共计停留了3晚。据魏必说，无论是体能恢复还是各段用时，这次拉练中云飞的表现有了非常明显的好转。大家因此都为她开心，之前我们曾说过，在追逐梦想的道路上，我们不愿看到任何一个队友掉队。

夏尔巴们基本都去了高营，在运输物资的同时，还要尽快修复被大风损伤的帐篷。人少了，营地的热闹气氛较往日逊色了很多。队友们都放下一切负担，或聊天，或打牌，或读书写字，以此来努力放松着自己的心情。《鲁中晨报》副主编一飞（王晓明）和图片总监王兵于昨天来到营地，他们是跟踪采访唐锋而来。两人在大本营的多个营地中来回穿梭，切身体验着我们攀登生活的同时，积极收集一切素材编写稿件。我还趁机请王兵给我拍摄了一些照片。

2019年恰逢《鲁中晨报》创办20周年，两人盛情邀请我们为其送上生日祝福。大家欣然应允，纷纷提笔写下各自祝福。我也没有例外，思索片刻，在一飞递来的笔记本上，郑重写下这样一句话：

"祝《鲁中晨报》：

廿年寿诞百尺竿头再发展，

愿家乡父老幸福安康多欢颜。"

作为一名山东游子，这是对《鲁中晨报》，也是对家乡父老发自内心的、最诚挚的祈愿。

义全今天下午也抵达了营地，这已是他的第三次珠峰南坡攀登之旅。前两次他都顺利完成了攀登，这一次计划要在峰顶展示一些自己的当代艺术实物作品。虽然并不知道他的具体计划，但一样祝愿他的愿望可以如期达成。

近晚上7:00时，云飞终于归来。下撤用时是稍长了些，不过她呈现出的状态相当不错，来到营地时基本看不出任何疲态，反而一直在绽放着轻松的笑容。

当晚本来计划再次拍摄银河，并且已经重新选定了一个较为合适的机位。谁知快到10:00时，云雾始现，并开始渐渐遮掩空中的繁星，已是盈凸月月相的月亮似乎也被蒙上了一层薄纱，只露出朦胧的光影。不知道到达计划拍摄的时间凌晨一点时，这种状况会不会有所改变。

晚上11:00点，我再一次独自站在营地中央，唐锋支援的太阳能发蓄电装置电力充足，整个营地大部分都被灯光照亮，只有位于营地边角处的厕所帐附近稍显黑暗。我不时走到那里，眺望空中云层弥散的情况，默默祈祷银心能够准时如愿升起。

头顶云雾涌动，如同柔光板般的云层柔化了月光。被柔化的月光漫射开

唐锋在修缮自己捐赠的太阳能发电装置。相比于南坡要各登山队自谋发电，位于西藏的北坡大本营于2008年3月便建成了功率达到10千瓦、每天可以产生60多度电的光伏电站。

来，月色溶溶，给营地镀上了一层水一般的光芒，昨日繁星一片的光景消失了踪影。一小块天空忽然从云层探出头来。就在这块小小的天空里，数颗星星正在闪烁光芒。

没过多久，月亮全部隐身到普莫里峰身后，营地四周顿时陷于一片沉寂与黑暗之中。凌晨0:30时，努子峰方向已是暗黑一片，星光全然消失，自觉银心拍摄无望，我无奈回到帐篷钻进睡袋。

12日清晨，刚刚起床便得知一个让人吃惊的消息。C4通往顶峰的路还未修通，且在不知何时能够修通的情况下，川藏队与同属七峰公司的国际队等几支队伍已于当天凌晨离开大本营，毅然决然开始了正式攀登。

天气预报显示，这个登山季第一个窗口期是14日到16日，他们显然选择在这个窗口期冲顶。问题是，这一窗口期内，山上将始终刮着大风，路绳也有可能无法铺设完成。如此情况下上山，虽必然可以避开拥堵，但也将面临需要自行铺设路绳冲顶或者无功而返的结局，大风和严寒极有可能对队员造成伤害。不管是对冲顶的登山者，还是对协作的夏尔巴而言，这都是一个相当严峻的考验。这个决定有多么冒险，由此可见一斑。

我认真揣摩着苏拉王平的这个决定，试图寻找到他如此选择的理由。

自川藏队组建以来，这支队伍是他们组织的第一支珠峰商业登山队，承载着他们拓展8000米级山峰的无限期望，是一次只能成功、不能失败且不能有任何闪失的攀登。为了稳妥起见，除为每位队员配备一位夏尔巴协作以外，苏拉王平还专门带上了自己公司的几位藏族协作，并花费巨资办理了航拍许可，以此来保证这次攀登的成绩，同时希望拍摄一部川藏队自己的登山纪录片。

他一定知道，这个决定相当冒险，但那些困难也并非无法克服。天气因素通过加强保障和自我认知应该可以抵御；道路未通，可以带上路绳等修路装备，由藏族协作自行完成修路工作。这无疑是一种巨大的压力，此时却演变成了莫大的动力。况且，这个窗口期冲顶的队伍几乎没有，这意味着他们在开路时会遇到很大困难，但同时也意味着在昆布冰瀑、洛子壁和希拉里台阶不会拥堵。

很多时候就是这样，生活中总是会遇到各种各样的困难，困难越大，其背后的机遇也会愈发明显,所以要想享受最好的,就应该敢于承受最坏的。如果因困难而故步自封、不敢向前,那常常也就意味着与机遇之间的距离渐行渐远。如何选择,只能看自己对当时形势的把握与判断,以及是否有一颗果断和勇敢的心。

苏拉王平肯定是在认真思考和权衡之后,才说服了大扎西,从而做出了这个决定。但我们队不能与他们同步,毕竟有几位队友没有8000米级山峰攀登经验。对于我们而言,相对于最终的成绩,队员的安全才是第一位的。作为山友,唯有祝福川藏队的冲顶之途一切顺利!

作者与川藏队创始人苏拉王平在帐篷前合影。

太多的未知,让等待窗口期的过程变得尤为漫长。其实在川藏队尚未出发时,看似平静如初的大本营就已经开始暗流涌动:各队领队时刻关注着天气预报和修路情况,认真做好高营物资输送、队员及夏尔巴状态调整等基础工作,同时策划着自己队伍的行程,也关注着其他队伍的进展;队员们抓紧时间调整着自己的身心,不停利用窜营机会打探其他队伍情况,并渴望实时了解自己队伍的计划。客观讲,这是一个彰显登山队领队带队经验、攀登智慧和与队员沟通能力的过程。尤其是与队员的沟通,稍有不慎,就可能燃起他们的焦躁与不安之火。

按原计划,我们的夏尔巴本应于今天完成物资输送和营地建设任务返回大本营休整。但实际上我只看到了巴桑的归来,并未见到包括扎西在内的其他夏尔巴,或许他们的工作任务还没有完成。当然这仅仅是猜测,我并未核实。

月光下的银河与未融化的冰塔。由于光污染，星空正从城里人的视野中渐渐"消失"。

云飞昨天回来后就喊着要吃火锅，伟哥并没有当即应允，主要是准备食材需要时间。今晚则不同，恰逢忠哥和2009年伟哥攀登珠峰时的队友杨雪松结伴来访，大家趁机凑在一起，热热闹闹吃了一回火锅，同时也满足了云飞的愿望。

晚饭后看了看巧摄中国APP，今晚可能是正式攀登前最后一个适合拍摄银河的夜晚了。抬头看看天空，即使不时有流云飘过，依然算是一个好的拍摄天气。提前准备好装备，来来回回几次查看，最终选定了帐篷南侧有几块余冰、灯光没有覆盖的一个缓坡机位，把相机立在那里，等待深夜到来。

晚上十一点多，我正在选定机位附近观察努子峰上方的银河，一阵沉闷却又非常有穿透力的雪崩声响忽然从左前方传来。盈凸月本已较明亮，此时恰被一片流云遮挡，光线暗淡了很多，向着雪崩方向望去，只能隐约看到泛白的雪层和冰川，在轰隆隆声响中，一团雪雾逐渐扩大并快速下沉，团雾的边缘看起来好像就要触及义全的帐篷。

凌晨零点半，月亮隐到了努子峰后，两座峰顶被月光打亮，银心终于呈现，只是在明亮的月光下，看起来隐隐约约，并不十分清晰。

月朗星稀对于长曝拍摄不是问题，20多秒的曝光已经基本可以把将其锁定并清晰呈现。拿起快门线，试拍一张。回看成像，中部略显朦胧，检查镜头才知镜片中部已经结了一层薄冰，当是水汽充足、天气变冷的"功劳"。

小心翼翼用镜头布除去薄冰，镜头才真正与环境融为一体。按照拍摄计划持续拍摄了一个多小时，直到银心慢慢直立在空中，然后消失在山峰背后才打道回帐。此时，脚架和相机上都已覆盖了一层亮晶晶的冰霜。

回到餐厅帐检视片子，看着背屏上的照片，回想起等待拍摄时我在朋友圈发的动态：有时等待，并不是一种煎熬，因为你心怀美好期许。

照片呈现出这样一番景象：在营地灯光照射下，前景中几块尚未融化的残冰兀自静立，冰体透射出一种神秘的蓝；中景处两座山峰耸立，顶部被月光照亮，呈现出一种金色霞光质感；远景银心横亘，虽没有前几日那么清晰，却依然明显呈现且色彩斑斓。看着照片，我激动不已。这是一段时间以来我最满意的一幅银河照片，成像的效果不枉我长时间的找寻和等待。此刻，因为这些期待和如愿以偿呈现的美好，过往的等待都变成了一种充盈内心的幸福。

迫不及待从中选择出一幅，连夜进行简单修饰，然后发了朋友圈，希望朋友们可以在清晨醒来的第一时间看到它，并与我一起感受这大自然的精彩赐予。

在休整等待的日子里，我养成了一种奇怪的生物钟。无论何时入睡，总会在早晨7点多准时醒来，5月13日也不例外。

餐厅帐外已经集结了不少人，他们在畅聊，这是大本营生活最重要的内容之一。匆忙洗漱完毕，我也加入了这个队伍。义全一句不经意的话给了我莫大启发，他说："那些风景，谁都可以拍，但大本营的生活，却是很多人无法拍摄的。"

把镜头对准大本营生活的点点滴滴，让外人通过照片可以直观了解登山人的些许生活状态。这的确是一个非常中肯的建议，应该择机付诸行动。

就在我们聊天的时候，迪仁吉和扎西等夏尔巴风尘仆仆回到营地。完成了高营物资输送任务，他们的步伐尤为沉重，可以感受到那满满的疲惫。我们也看到了即将到来的攀登之旅的艰辛。给他们每人送上一个结实的拥抱后，目送他们回帐休息。就在这时，天空飘起了雪花。雪片不大，但下得很急，寒意突至。

紧接着收到何静发来的消息。他们于昨天完成了洛子峰南壁攀登的第二次拉练，今日回到大本营，与我们一样开始等窗口期。她介绍说，这次拉练，并未安排夏尔巴协助同行，前半段还算顺利，但在下撤过程中不慎丢失了下降器，克服了诸多困难才艰难完成下撤，可谓有惊无险。她还说道，近年来虽多次组织了洛子峰南壁攀登，其实至今都无人完成，这让她深深意识到，接下来自己可能还会遭遇更多更大的苦难。只是已经做出选择，此刻也只能继续前行，至于结果，由它去吧。

时间加速流逝，转眼已经用过了午饭。连续几天的深夜拍摄，大大缩短了我的睡眠时间，睡意猛然来袭，在大本营适应和休整以来，第一次午后钻进帐篷，只是把睡袋搭在身上，便酣然入睡了。

魏必的喊声把我从睡梦中叫醒时，已是晚饭时间。数日来只吃不动，食欲降低了不少，简单喝了些汤，算是应付了晚饭。

饭后泡脚时，几位队友聊起了几点从C4出发冲顶。面对这一话题，我静静聆听，只言未发，陷入自己的思考之中。对我而言，重中之重是在这个等待期厘清思路、调整好状态，至于从C4出发冲顶的时间，我只会遵循队长的安排而行。风哥适时发来微信询问我的情况，虽然他这次不在队中，但是我们的攀登观点依然一致：力争在关门时间之内，按照自己的节奏走完，不争不抢！登顶后快速下撤，确保安全。

按照行程推算，先行冲顶的川藏队此刻应该已经到达了C3营地，我在心底默默为他们加油，并祈祷他们一切顺利！

义全今天返回加都办事，要到后天才能归来。由此推算，我们的冲顶日期最早也只能是5月16日了。

当晚没有拍摄计划，睡眠质量明显提升，14日清晨醒来有神清气爽之感。

早餐又是皮蛋瘦肉粥，佐以昨天新送上来的咸鸭蛋。早餐后的天气非常好，是个大晴天，阳光分外温暖。坐在餐厅帐外，晒着太阳，感受着异样的平静——平静中隐藏着的波澜。从公众号中得知，明玛G（Mingma Gyalie Sherpa，公司创建人）的"想象尼泊尔"探险公司十二人团队已于今晨全部登顶洛子峰，队员中包括河南高立在内的两位中国登山者。另一消息显示，珠峰修路队昨天已到达8400米的阳台（Balcony，攀登路线上珠峰东南山脊的起点），预计今天傍晚就可以全程修通。估计川藏队、七峰国际队等队伍已经在前往C4途中。

下午得到最新消息，修路队已于下午1:45成功铺设到达顶峰的路绳，8名夏尔巴组成的修路队在这个登山季首批登顶珠峰。

这些好消息不断传来，意味着我们的正式攀登行将提上议事日程。

此时的我，坐在大本营的椅子上，耳边再次回响起义全的话。大本营的风光固然旖旎，生活中的那些影像才更真实反映我们的攀登生活，这不是那些在大本营短暂路过的人所能及时捕捉到的。从这一刻起，我就应该把镜头对准生活，对准队员。想到这里，我开始去观察队友，观察夏尔巴们，并在他们不留意间捕捉下一个个珍贵的镜头。

中午时分，我把初步完成的21幅图片发到朋友圈，果然吸引了众多朋友的关注和支持。透过图片，他们看到了用文字无法或很难说清的生活细节，对我们的大本营生活有了崭新而清晰的认知。

的确，如果一个人总是沉浸或固执于自己的一些设定或成见之中，是很难突破藩篱的。不妨放下执念，去倾听别人的意见，唯有善于听从好的意见和建议，并敢于突破自己，才可能有更新更大的收获。

等待窗口期的队友云飞。

就在我不停思考之际，大本营的天气也在时刻变换。原本的艳阳高照，变成了时而阴云密布、时而雪花纷飞的景象。到了吃晚饭时间，雪停了，月亮复悬空中。

我取出何静送我的小鱼，请厨房师傅油炸加工后与队友们分享。炸鱼的香气尚在帐篷中飘荡，盘子里的小鱼已被一扫而光。

晚上9点多，浓雾席卷大本营，大家洗漱完毕纷纷回到自己的帐篷中，钻进睡袋与世界说晚安。每一个人都清楚，冲顶的日子愈发临近，早睡早起养好身体才是不二选择。

近几天，大本营的天气总是非常相似，早上艳阳高照，下午或傍晚就会变天，要么阴云密布，要么雪花飘飘，要么就是浓雾弥漫。

15日起床后，大家大都急切希望了解前面几个队伍的进展情况。颇感遗憾的是，截至昨天下午通往顶峰的道路修通，也一直没有中国队伍登顶的消息。山上目前到底是什么情况，众人皆是茫然不知。

唯一一个好消息，来自七峰公司雇员卡米瑞塔夏尔巴。他带领一支印度军方登山队于今天上午7:50成功登顶，这是他第23次登顶珠峰，并再次打破了自己保持的世界纪录。卡米是一位非常随和的夏尔巴，今年49岁，因为是七峰公司的员工，所以他经常会出现在我们的营地。从1994年25岁第一次登顶珠峰起，他已经总计34次先后登顶珠峰、卓奥友峰、洛子峰、乔戈里峰和马纳斯鲁峰。

中午时分，伟哥发布最新消息："最新的天气预报将于16日下午送达，可据此分析出下一个窗口期，进而确定我们的出发日期。"

这意味着今后的两到三天内，我们就将正式出发冲顶。

与我们通常认知一样，大战前夕的气氛总会显得非常平静。当然，如前所述，这平静下也隐藏着无尽的旋涡。

葛玲的夏尔巴边巴本来计划前天到达大本营，可时至今天依然没有现身，据说是生病了。得知此讯，葛玲不禁担忧起边巴的归期和状态，加之她自己近期也屡受痔疮困扰，对接下来的攀登她产生了极大忧虑。受此影响，葛玲的情绪出现了较大波动，往日的笑容和开朗渐渐被愁容替代。我和魏必看在眼里，想劝说，却无能为力，只好时不时喊她一起抽烟，寄望此举可以适度缓解她内心的不安。

德吉也开始有了心事。她很想进一步完整了解攀登的路线，知道攀登过程中详尽的注意事项。这些内容，现在都还不是那么清晰。

我虽然表现得很镇定，看上去似乎并不怎么在意这些细枝末节，其实内心也焦灼不安：眼睛是在逐渐恢复，可是否适合继续攀登，正式攀登后又会遭遇什么情况，无从判断。

唐锋还是会喊上哈里斯一起去其他营地探听各种消息。

穆萨依然在摆弄他的手冲咖啡、烟斗等诸如此类物件，看上去最淡定。

只有艾米和哈里斯看起来成竹在胸，乐观地讨论着可能从C4冲顶的出发时间。

伟哥则窝在帐篷里睡觉，似乎外面的一切他都不想关心和过问。但我知道，他此刻或许比我们更加着急，既要尽己所能帮助队员圆梦，又要考虑攀登的安全，没有十足把握，他不能贸然做出相应决策。

队友们与卡米瑞塔夏尔巴（第二排中间穿黄色羽绒服者）合影，庆祝他完成第23次登顶珠峰。

所有这一切，都在潜移默化影响着大家的心态，同时也影响着营地内的氛围。

下午，终于有川藏队消息传来，他们已于昨晚开始冲顶。之前之所以始终没有消息，可能是登顶情况并不乐观或者过程中有突发状况。至于到底是何种情况，目前没有人能够说清楚。

此时，我唯一能做的是调整自己的心态。比如对即将到来的冲顶过程，我现在只考虑要努力安全抵达C2。其后如何安排，毕竟车到山前必有路，届时再去考虑也不迟。

晚上九点多，大本营再次沉陷于迷雾之中，很适合休息的夜晚，但这并不意味着每个人都能够顺利进入休息状态。自从第一个窗口期开始，尤其是昨天得知路绳已成功铺设至顶峰以来，大扎西的对讲机就没消停过，哪怕时至深夜，仍然有火急火燎的对话声不时传来，也从侧面印证着川藏队冲顶过程中的确遇到了一些麻烦。不过，在面对我们时，他总是守口如瓶，对相关问询避而不谈或顾左右而言他。想从他这里了解事实的真相，必是枉然。可以肯定的是，大扎西反常且神秘的做法，正不断升温着营地中本已紧张的氛围。

不知道别的队友如何度过了这一夜，我自己是辗转反侧，费尽周折才得以入眠的。

16日早上，不到六点，直升机的轰鸣声开始频繁传来，直接赶走了我所有睡意，我只好起床。阳光还没有照进营地，正是清冷时段，走出帐篷的一瞬间，刺骨的凉意就扑面而来。

放在餐厅帐里的牙膏已经被冻成硬块，只能用热水把它烫软。洗漱完后又喝了两杯水，等太阳高高升起，才搬一把椅子坐到餐厅帐外晒起太阳。

随着川藏队抢在第一个窗口期冲顶以及第二个窗口期日渐临近，营地气氛越发微妙。他们率先行动，在拉长等待时间的同时，也把很多人内心的焦虑推向高峰。一些队友因领队迟迟没有讲授攀登各阶段的注意事项而耿耿于怀，甚至怒由心生，各种埋怨纷至沓来。这就是我所说的看似平静气氛下隐藏的那些旋涡。

没法说什么，也不知道该说什么，只好背上相机，与准备去村口的唐锋和哈里斯一起。

自4月19日到达大本营以来，除了去临近的川藏队营地看望泽勇和苏拉王平，我再没有离开过我们的营地。今天的天气不错，索性去转一转，先尝试了解一下其他队的情况，再到卡拉帕塔走一走，看能不能有幸一睹珠峰尊容。

犹记来时，顺着冰川融河、踩着冰碛碎石走了很久才到达营地。可今天逆行一遍才知，我们营地距离村口实际上并没有想象中那般遥远，正常行走下来，用时也就三十多分钟。

首先去往宋玉江团队营地，问询他们是否知道川藏队的冲顶详情。很遗憾，他们也没有确切消息。不过，他们隐约听说，一位川藏队队员在8400米处阳台附近氧气耗尽，不得不请求七峰公司的氧气支持。至于后续如何，他们也不知情。作为与我们同属七峰公司协作的川藏队，我们对该队消息一无所知，当然不太正常，毕竟大扎西每天就待在我们营地。转念想想最近大扎西那些反常的表现，或许这消息并非空穴来风。

离开宋玉江团队营地，我们决定先去卡拉帕塔。原以为要到达卡拉帕塔顶部才能看到珠峰，实际上出村口二十多分钟，仅仅到达一个山坡后，珠峰的部分容颜就展现在了我们眼前。远远望去,在罗拉峰和努子峰双峰夹峙间,此刻的珠峰丝毫没有世界之巅那舍我其谁的气势,反而悄然依附在罗拉峰身后,宛若小鸟依人。不知者根本不会想到那是珠峰。

返回营地途中,我们顺道去小芸豆处探访。近几日来,唐锋反复提及这位美女,说小芸豆不但人长得漂亮,而且擅长水下摄影,上山下海,无不极尽其能,据说还曾因此登上了《国家地理》杂志的封面,并在微博上成了极富人气的网红,这一切让我很好奇。

刚到小芸豆队伍的营地,哈里斯便鼓足嗓门大呼其名。

"等一下,马上就好了!"旁边帐篷里传来女声的应答。

顺着声音来源看去,小芸豆的帐帘上挂着一面白底黑字旗,上书"理发、采耳、咖啡"字样,外帐上还贴着几幅类似卡通的布贴,给人一种古灵精怪的感觉。

初看这些文字,我以为她真的在大本营开展这些服务项目。后来询问方知,这不过是她在逗乐搞怪、自我调侃的一种方式。想想也是,这片荒野,远离了城市的喧嚣,能有这样一个人,在愈发紧张的时刻,以这样一种搞怪的方式引起大家会心一笑,也确有必要。

她的队友闻听有人来访,第一时间迎出餐厅帐,并引我们进入喝茶聊天。刚聊到队伍构成,小芸豆便带着一堆摄像器材风风火火走了进来,跟着她的还有一位打扮时髦的年轻男孩。

小芸豆一边走进来,一边给唐锋和哈里斯打着招呼,看上去十分熟络。出现在我们眼前的她,身形苗条、面容精致,着一身宽松运动装,形象上的确具备成为网红的条件。这次登山,她还专门请来了一个摄影团队,与她同来的男孩就是这个团队中的一员。

进帐坐下,小芸豆将器材摆放在桌子上,带着歉意告知我们,自己要先忙一会儿。说罢就摆弄起运动相机和单反相机,将已经拍摄好的素材从存储卡转存至电脑中,暂时无暇和我们多聊。

她的队友显然习惯了她的忙碌,坦然一笑,接着我们刚才的话题聊了下去。交谈时间并不长,但信息量不少。遗憾的是,对于第一窗口期登顶队伍的情况,他同样一无所知。等小芸豆忙完,我们的话题自然转到了她所钟爱和擅长的潜水、摄影上。其实她和义全一样，要拍摄自己的登山纪录片，摄影团队就是为此而来。

聊得正在兴头上，小芸豆所在登山队负责人边巴和其中国籍夫人也来到帐内。没想到，此二人竟然都是穆萨的老友，而他们团队的另外一个成员杰基又是伟哥的老友。老友相逢，定胜却人间无数，这话着实有理。热心的唐锋趁机提出邀请，力邀他们队5人一起到我们营地走访小聚，他们欣然应允。

经过一个多月的消耗，即使中间曾补充了不少给养，此时营地所剩的食材已不多。午餐突然增加5个人，义全也已回归，以现有条件，做出一顿能够满足所有人需求，又可以充分体现我们伙食水平的午餐，当然不是一件简单的事情。巧妇难为无米之炊，厨房工作人员为此感到了前所未有的压力。但在困难面前，退缩绝不是解决问题的最佳方案，仔细盘点剩余食材品类后，他们想方设法、极尽所能，竟然就真的做出了一桌子丰盛的饭菜。

只是人数增加，餐厅帐内椅子数量却有限，必须有人另行觅食，否则根本不能同时坐下那么多人。说来也巧，我此时很是想念方便面的味道，便申请主动离席，得到伟哥同意后，跑到厨房里自己煮了一碗方便面，就在厨房里美滋滋地解决了午饭问题。

餐厅帐里热闹非常，队友们终于见到唐锋和哈里斯心心念的小芸豆，免不了都要多看她一眼，仿佛要从她的身上看出什么似的。

葛玲的夏尔巴边巴已与义全一起回归。他的到来暂时卸去了葛玲内心的担忧，葛玲的情绪也因此有了明显好转。

下午3:15，伟哥临时召集会议。所有队员聚集在餐厅帐内，伟哥先是宣读了刚刚接收到的最新天气预报，然后讲解了正式攀登安排，同时对各个阶段攀登的注意事项进行了翔实说明。

天气预报显示，我们要抓的这个窗口期是21日到23日，其中22日的温度最高（气象温度约零下29摄氏度），风速最小（小于等于40公里/小时），是该窗口期内最适合登顶的日子，也是我们队的计划登顶日。

随后，伟哥把大扎西和全体夏尔巴叫到帐中。大扎西介绍了各阶段的关门时间：大本营到C2段关门时间（从起点到终点，所用时间不得大于规定时间）10小时，考虑拍照，最多延长1小时；C2到C3段关门时间5小时，同样考虑拍照，最多延长1小时；C3到C4段关门时间9小时，无延长时间；C4冲顶关门时间为第二天10点，一旦到了10点，无论距顶峰多远都必须掉头返回。

关门时间，事关所有队员梦想能否达成，更关乎队员和夏尔巴的生命安全，是不可逾越的红线。一旦有队员在任何阶段超时，都将失去继续进入下一阶段的资格，将被强制要求结束攀登、返回大本营。

伟哥和穆萨最后强调，这个攀登季遭遇了太多复杂的不可控因素，包括发放许可人数达到382人，创历年新高；受"法尼"热带气旋影响，气候反常，窗口期相对往年较为分散；第一个窗口期冲顶队伍太少，后续窗口期不好判定且临近登山季尾声，持续时间较短的第二个窗口期以及气象条件最好的22日，必将成为包括我们在内的众多队伍的唯一冲顶选择。这些因素交织作用，让我们现在即可预判，途中各危险路段拥堵程度势必比往年更加糟糕，要求每一位队员都必须做好在昆布冰川、洛子壁和希拉里台阶等常规拥堵点遭遇严重"堵车"的一切心理准备和体能准备。

首批登顶者归来

5月17日，正式攀登前的最后一天。一个多月的休整、拉练适应之后，我们将在这一天完成最后的准备工作，以最佳精神状态迎接即将到来的正式攀登。

只是谁也没料到，当天一大早，一个心痛不已的消息从山上传来：拉维走了，在C4营地的帐篷内被发现时，他已经没有了呼吸。死因不详，传闻16日登顶珠峰返回到C4营地后，疲劳不已的他进入帐篷中睡觉，因氧气耗完，他在不知不觉中走完了生命的最后一程。

拉维还只有28岁，一个非常年轻的生命，在人生最美的年华中，就这样悄无声息地倒在了追逐梦想的路上。听到这个消息的一刹那，我愣住了！如果早就料到会是这样一种结局，他还会如此义无反顾吗？

紧随这个噩耗传来的，还有另外一则让人痛心的消息。39岁的爱尔兰登山者、大学助理教授西默斯·劳尔斯（Senmus Lawless）和其他四位队友与拉维同一天登顶，但下撤至阳台区域时，西默斯滑落失踪，至今搜寻无果，目前看来，估计也是凶多吉少。

出发在即，坏消息接踵而至，加速着我的思考。我想到了曾经读到过的一句话：活着，是一回事，但要活得有意义，则是另一回事。

毫无疑问，这话事关人生哲学，个中深意让人深思。我想，如果把句中的"活着"和"活"换成另外两个词"死亡"和"死"，是否同样也是一种人生哲学，同样值得我们去思考呢？

实际上，对于自己这个疑问，直到离开珠峰我都没有找到答案。人的生命本就脆弱，更何况是在巅峰之上、死亡地带，这本就是与死神拼争乃至共舞的一个过程。在这个过程中，生与死，或许只有一瞬间、一刹那的间隔，他们应该早已做好了永世留在这片冰雪圣地的准备了吧？诚如尼采所言：一个人知道自己为了什么而活，他就能够忍受任何一种生活。此时此刻，我想在句末加上一句：包括走向死亡。

由此，我还想到了自己将要直面的一切，同样的艰辛，同样地无法预知结果。

想到此处，我突然放松了下来。既然一切都是未知，索性放弃思考，转而为团队的每一位成员祈祷，祈祷大家在深刻体验这个过程的滋味后，都能平安回到家中。至于结果，是好的还是坏的，已经不再那么重要了。

时间飞逝，当下及往日所有的忧郁都被即将冲顶的紧迫感驱散和替代，我们重新回归到紧张的准备工作中来。

义全请我帮他拍些照片，主要是他在大本营生活的一些场景。由于错过了煨桑，今天他要补上这个仪式，我跟随拍摄。煨桑台前，青枝燃起，烟雾飘散，柏香浓郁。站在一侧，借机在心中默默再送拉维一程。透过缭绕的烟雾，穿过洁白的浮云，在那悠扬的诵经声中，我仿佛看到他正身在天堂，正站立于云端，再次向我们展现出他那憨憨的笑容。只是，他很快就不见了踪影。

川藏队部分队员陆续撤回大本营，一飞从他们口中得到了川藏队确切的冲顶消息，并迅速在大本营传播开来。消息内容很简单，川藏队15名队员已于15日全部登顶，最晚登顶者的登顶时间约为当天下午2点，其他细节不详。但正是这个消息，确认了川藏队成为这个登山季第一支登顶珠峰的商业登山队。

煨桑仪式结束，我正在煨桑台前徘徊，恰好遇见一位下撤到这里的川藏队队员，从他疲惫的面孔上看不出丝毫的喜悦。只见他迈着沉重的步伐，缓步走到煨桑台前，扶住煨桑台慢慢跪伏在地，双手合十，虔诚地举过头顶。他就这样默默地待着，没有任何言语，仿佛是在还愿，又像是在回味，就这样沉浸其中。

登顶后返回营地的川藏队员在煨桑台前膜拜。

经历了一段刻骨铭心的历程之后，此刻他的内心应该已经归于平静了吧？可冲顶期间，川藏队到底发生了什么，成功登顶后为何不尽快发布全员登顶的消息，心中太多的疑惑驱使我探身向他走去，可一转念间，我又停住了脚步：此刻不应该去打扰他，他需要这样一个空间，也需要这样一段时间，去静静回味，去深深感怀。

就这样放弃询问的念想，我只是静立原地，安静地陪着他，直到他终于起身，然后目送他蹒跚地返回了营地。

纵然早已对即将到来的艰辛做好了充分准备，但看着他疲乏的身影时，我的心里还是咯噔了一下。不可否认，从他的身形中，我看到了比预想更艰苦的历程。也是那时，阳光正毒辣地照射着营地，各色经幡似乎想要努力挣脱长绳的困禁，终归无力摆脱，只能无奈地随风挣扎，呼啦啦不停作响。

午饭后抽空回到帐篷里，把行囊先行打理了一番。分清哪些要由自己背负，哪些需要交给夏尔巴背负，然后分类整理和归置好。

走出帐来，和王兵一起来到冰川边上，请他帮我拍摄了几张照片。由于高反程度不同，只有一飞能每天坚持来营地报到，王兵大多待在旅馆里，偶尔才会来营地一次。每每此时，我总会抓住机会，请他帮我拍几幅照片，这些照片都被我视为珍藏品。事实上，王兵这一天依然有比较严重的高反症状，寝不能寐，食不得安，但在得知我们将于明天凌晨正式出发后，职业的素养让他宁肯选择承受高反的折磨，也要毫不犹豫地来到大本营，并在这里留宿，准备与一飞、伟哥、魏必等一起，共同见证我们迈向未知的开始时刻。

不远处的厕所帐旁，两位夏尔巴正在忙碌着。身着黄绿色马甲的夏尔巴从厕所帐后将蓝色的便桶取出，另一位则将空桶放入其中。然后两人合力，把编织袋套在便桶上，由身着黄绿色马甲的夏尔巴背出帐篷区。再给编织袋外包裹上蓝色塑料袋，装入竹编背篓，缠上固定便桶的绳索，用黄色的宽布做成背带挂在额头上，艰难起身背起背篓，沿着冰川下行的西南方蹒跚而去。与他同向而行的，还有不少背负着其他各种垃圾袋的夏尔巴们。他们的身旁，那些泛出幽蓝色彩的冰锥兀自耸立，不停反射出刺眼的光线。

不久后的某一天，当登山季结束时，眼前的一切都将暂时消失，这里也将重新回归到它荒凉而毫无生机的常态，直到下一个登山季的重启。

出发在即，营地没有了往日的欢声笑语。没有人顾得上交流和继续思考，帐篷内外都是各自忙碌的身影。就连经常被我们仰望的天空，也不见了往日的注目者。之前的那些暗流涌动，早已被准备出发前的紧张与忙碌所替代。营地气氛严肃了很多，甚至透出一股莫名的压抑。

傍晚时分，浓雾又一次弥漫昆布冰瀑。六点刚过，仅有洛子峰的峰顶偶尔会从浓雾的裂隙中露出朦胧的面容。随着一阵轰鸣，很少在这个时间段出现的直升机划破长空飞临大本营。只在我们营地旁的停机坪稍作停留，便又急速升空、穿越迷雾冒险向C2飞去。没有紧急救援任务，直升机绝不会在这个时间、这种天气冒险飞行。随着又一个冲顶窗口的开启，攀登者开始密集攀登，由此引发的各种各样的事件也接踵而至。这一次直升机冒险飞行，就是为了紧急救援一位加拿大雪盲症攀登者。

不久后，浓雾慢慢消散，昆布冰瀑重回我们视野。随之而来的一幕，是另外一个雪盲症患者的下撤。与前一个不同，他是在六个夏尔巴的协助下从昆布冰瀑缓慢下行的。

谁也无法知晓，接下来还会发生什么，又将遭遇什么。

出发前夜，我们享用了在大本营的最后一顿晚餐。伟哥安排了丰盛菜品，有烧羊排、红烧鱼、醋熘土豆丝和炒青菜，还有一盘并未完全泡发的炒腐竹。或许是意识到了什么，大家吃得很认真，话也少了很多。即使都知道凌晨起床后还会有早餐果腹，但仍然都不想错过这样一顿正餐。

晚饭后回帐睡觉。熬了一个多月了，那种多日来持续渴望攀登的念想忽然在这时消失，竟然转而希望，时间能过得慢点，再慢点……

小肋骨的见闻预示着前路的艰辛

5月18日0:50，手机在睡袋里震动，闹铃声同时响起，崭新的时刻由此正式开启。这是一个与以往所有时日都不同的起点，它代表着一切未知，同时也代表着所有希望。

说不清是紧张还是过于暖热，身上出了很多汗，但此时已顾不上太多，即刻翻身起床出帐篷。时值农历四月十四，圆月如盘，把似水银光温柔地洒向营地四周，营地灯放射出耀眼光辉则把营地照得如同白昼。远眺前方的昆布冰瀑，一排头灯宛如灯龙，正从底部蜿蜒跃动向上，最前面那个已经越过了冰瀑的中部。

没再过多观瞻，转身走向餐厅帐。德吉已收拾妥当，正和魏必共同端坐其中喝着热水。其他人还在各自帐篷里忙碌着，餐桌上已摆放了白粥、油饼和西红柿炒鸡蛋，都是我喜爱的早餐品类。搁在往日，我必定会饱餐一顿，但此时并没有什么食欲，仅喝了一碗粥，就开始穿戴起装备。

凌晨两点，所有人收拾妥当。在各自夏尔巴的陪伴下，队员们在餐厅帐前列队，依次走向煨桑台，沿煨桑台行走一周后开始向昆布冰瀑进发。伟哥、魏必、一飞和王兵一字排列，共同等候在冰川边缘，与经过身前的每一位队员逐一击掌、拥抱，然后静立原地，目送我们走向冰瀑。直到最后一位队员消失在朦胧月色中，他们才返回餐厅帐。接下来的6天时间，对我们而言无疑是艰苦的，对他们而言也不轻松，或许可以用"煎熬"二字去形容。

在冰川活动和异常气候影响下，昆布冰瀑的形貌相较拉练时呈现出不小变化，乱冰区的改变尤为明显。借着月光和灯光，我们发现眼前的路绳铺设位置以及铝合金梯子搭设的位置和数量都已不尽相同。没有改变的，是快速通过乱冰区的要求,以及正在努力行进的众多登山者。

经过拉练的历练,队友们行进感觉较为顺畅,虽然在几个冰壁和竖梯前依然遭遇了拥堵,但在夏尔巴的带动或辅助下,通过速度有效加快。以我为例,拉练时用了8个小时到达C1,这一次则缩短至6.5小时。速度提升最为明显的当属唐锋,在越过拥堵的竖梯后,他就突出重围,一马当先到达C1。等我赶到那里,仅仅休息了片刻的他已继续向C2进发,最终仅用不到10个小时便到达了目的地,进步之明显让人慨叹。

C1那些曾经林立的帐篷,此时仅剩了十几顶,作为补给站使用,满足各自队员到达后补水或短暂休息之需。夏尔巴早已在帐篷前的雪地上铺好防潮垫,一待队员来到,便引导其坐下休息,同时递上热乎乎的自冲果汁。我正喝着果汁,另一国际队的北京小伙大龙恰好来到,他高兴地喊了声萝卜哥,我赶紧腾出一些空间,挥手示意他坐到跟前,并请夏尔巴给他端来一杯果汁。

大龙比我小了十几岁,听说是北京体育大学的毕业生,身体素质尤为出色。作为北京通州区蓝天救援队的成员,他曾参与了很多次救援任务,在当地也是小有名气。去年攀登马纳斯鲁时,我们两人同样分属不同登山队,并

队友们在昆布冰瀑中艰难攀爬。

在窜营时偶遇。这次春季珠峰攀登，没想到又走到了一起。为了顺利完成一个通信赞助商托付的任务，他曾在大本营找我探讨拍照问题，其中很重要的一个内容便是银河拍摄。

此刻，他就坐在我的身边，喝着果汁悠然说道：

"萝卜哥，你体力可以呀！你看那边，有些人的步法不对，节奏把握得也不好，那样太耗费体力了。"他指向正在经过我们营地的几个攀登者。

"估计是马上到营地了，他们有些兴奋，想去尽快休息，所以才走得急了些吧。"我笑着回应，"大龙，到了C2，你记得来我们营地吃东西呀。"

"那是必须的！我实在和那些国际队员吃不到一块儿去！他们吃的那些东西，根本难以下咽，可除此之外又别无选择。和你们同时出发，我可是有口福了呀！"说起吃东西，他的声音都高了几度。

我们就这样东一句西一句、漫无边际地聊了会儿，他想要躺下休息一会儿，我便止住了交流。

时至九点，大龙还在躺着，我已休息妥当，起身准备出发。与大龙告别时，他叮嘱说：

"萝卜哥，你体能好着呢，不用着急，注意好节奏。"

"兄弟你也是，咱哥俩一起努力！"我一边回应，一边向前走去。

走起来才发现，相比前半程，此刻体力下降尤为明显。西库姆冰斗的冰原小径，漫长而曲折，烈日暴晒之下，我只能走走停停。刚到冰原中段，葛玲与穆萨、边巴就追赶上来了，我趁势与他们同行。跟着葛玲前进，其实是一种不错的选择，她属于那种一旦走起来就基本不会主动停歇的人，与她同行或可打消掉自己随时都会生出的惰性。

接近村口位置，大家不约而同停下休息，我赶紧递给葛玲一支香烟，自己也取出一支，一起抽起烟来。烟气四散中，四个夏尔巴迎面而来。他们四角站位、各执一绳，共同拖拽着一个袋子状物品。从袋子形状看，其中被包裹着的似乎是一具遗体。身旁休息的几位夏尔巴证实了我们的判断。他们解释说，袋子里应该是2017年逝去的一名男性登山者。像他这样，遗体能被运到山下，在逝去的登山者中当属幸运儿。在高海拔区域遇难的大多数登山者，其遗体基本都永远留在了山上，有的甚至成了路标，指引着后来者前

登山者们绕着西库姆冰斗中的冰墙向C2进发。西库姆冰斗通常被称为"Valley of Silence"（寂静山谷），因为风停止时，它会异常安静。这个山谷被珠峰、洛子峰和努子峰包围，是通往珠峰南坡传统路线的关卡。山谷周围积雪覆盖的碗形山坡反射并放大了太阳辐射，使山谷盆地升温。在晴朗无风的日子里，温度可以达到35℃~37℃。

进。对他们而言，人生如梦，刹那间就成了永恒。

休息完继续行进，穆萨撇下我和葛玲，先行而去。他视咖啡如命，着急赶到C2营地去做手冲咖啡。葛玲走在我的前面，渐渐拉开了距离，不久就把我远远甩在了身后。只剩扎西陪我缓慢前行。

本以为下午1:00能到达营地，可谁曾想到，最终下午2:00才到。

从进入村口开始，咕咚咕咚的冰雪融水声便不绝于耳。这些融水，有的袒露于地表之上，其声其形均可察之；有的隐身于冰层之下，不见其形仅闻其声。融水夜冻昼流，昼夜温差之大，由此可见一斑。

凌晨1:00起床，下午2:00到达营地，13个小时的艰难跋涉，强烈的疲惫感侵袭着身心，唯一想做的事情就是睡觉。只是那时阳光正烈，帐篷被烘烤得如一个蒸笼,帐内温度可达30℃。如果这时去睡,身患感冒的几率必定大幅增加,所以只能熬,熬到阳光散去,帐内温度回归正常。而此时,只好去餐厅帐里苦苦支撑。

穆萨早已做好手冲咖啡,看到我进门,咧开大嘴,笑着示意要分些给我,我当即婉言谢绝。我非常清楚咖啡利尿,而频繁排尿有利于降低高反,但他并不知晓,一直以来,每每饮用咖啡,我总会心慌胸闷,或许是对咖啡没有耐受能力,也或许和我曾经患有的房颤相关。但无论是何原因,在这样一个关键时刻,为避免增加心脏负担,甚至是引发不良状况影响后续攀登计划,谢绝当属上策。

小肋骨也缓缓到达营地。看到她,我们都欣喜有加。始料未及的是,她停在餐厅帐前便止步不前,而且像木头人般一言不发。我们跑出帐篷,来到她身前急声问询,她突然开始不停啜泣,大家面面相觑不知何故,我的困意也因此消除。等我们七手八脚把她搀扶进餐厅帐,耐心关心开导一番,她才说出事情的真相。原来,她在村口处遭遇了一件事情。

小肋骨刚到那里,便发现一位登山者正躺在一处冰川之上,由胸口佩戴的五星红旗徽章可以判定是中国同胞。他停留时间应该已经不短,身体周围可以看到被体温融化的冰水。他不停地向过往的人们诉说自己的遭遇,哀求帮助他联系鼎丰探险的宋玉江或凯途的强子,并请他们速速前来救援。她被眼前的这个场景惊呆了,虽然知道宋玉江和强子,但她并不认识他们,更不知道他们对讲机的频道和此时的位置。此刻面对他的请求,小肋骨想帮却又茫然无措。偏偏这时,中国登山者看到小肋骨认真听他倾诉,认定她能相助,就自行打开了其双手十指指尖部位缠着的厚厚纱布,眼前的景象更是让小肋骨担心:其中的9个指尖都已发黑,典型的冻伤症状。

她强忍着内心的沉痛和惊诧,与这位登山者进行了详细交谈。原来,这位登山者来自哈尔滨。因为所在队伍报名人数较少,到达尼泊尔后,他便和队友被编入了尼玛贡布的登山队。他们试图在第一个窗口期冲顶——这也是除前面提到的川藏队和七峰公司国际队外,又一个在首个窗口期冲顶的队伍。16日早上6点多,他们到达了8600米处,天气突然变化,大风疾速袭来,温度迅速下降。经过长时间冲顶,所有人都疲劳不已,此刻又被突如其来的寒潮束缚住了手脚，除3位队友冒险继续前行外，其他人都不得不选择了下撤。下撤过程中，因为劳累加之9个手指被冻伤，他是在夏尔巴的帮助下才艰难回到这里。只是没有想到，救援的直升机却迟迟不能到位。由于一心要尽快返回加都治疗，以避免冻伤的手指被截，他执意留在这里孤立求援。9个黑色的指尖刺痛着小肋骨，强烈的同情心驱使她坚持与这位伤者聊天，以此来试图减轻他的伤痛和无助。直到后来，一位黄衣人出现，告知他们救援飞机很快就到，小肋骨才起身与这位同胞告别。

讲述这段遭遇时，小肋骨依然没能从亲眼所见的惨状中走出来。联想到十几分钟之前，救援直升机飞临并载走两名伤者，帐内的我们只能在内心祈愿他已经得到了救援。

事实上，后来我们才了解到，在这位登山者的队伍中，还有一位山友也遭遇了险境。成功登顶后，这位山友的氧气出现状况，即使夏尔巴及时补供，他依然被严寒冻伤。下撤至C3后，在四五位夏尔巴的搀扶下才回到C2，然后和来自哈尔滨的登山者一起被救援回加都。直升机所载走的，可能就是他们两位。

几天来，听闻本次攀登过程中发生的这些事件，我们总是感觉心痛和隐隐不安。爱尔兰登山者滑坠，印度登山者死亡，中国登山者遇险……一桩桩、一件件，总让我们感伤。可感伤归感伤，任谁也无法预知将要面对的是什么，唯一能做的就是脚踏实地，在追求梦想的道路上竭尽全力之后，可以平平安安回到家中。

下午5点多，阳光终于隐去，困意再袭，我未加思索，立刻钻进了帐篷。

大腿后部肌肉和小腿肌肉发紧且酸疼，为避免夜晚抽筋，必须想办法放松。魏必不在，我只能自己想办法解决。尝试轻轻按压，却疼得无法忍受，根本不敢用力。只好把水杯当作泡沫轴，放在大腿下部，强忍疼痛反复辗转放松。有无效果不清楚，不过我竟然在这种状态下，不知不觉入睡了。

正在睡梦中时，扎西喊醒了我，问我是否需要吃饭。肚子没有任何饥饿感觉，所以回答不吃。不过此后他又数次前来探视，我才明白他是怕我出现高反症状。就这样几个来回，确认回答声中没有听出任何其他不良情况，他才放心允我继续睡觉了。哈里斯几点回的帐篷，我根本不知道。

但这一晚翻来覆去，睡得并不踏实。

短暂休整中努力抗衡高反的折磨

晨光熹微中，我早早醒来，首先就是感知自己眼睛病症是否有变化。斑点还在，并未出现扩大迹象，忐忑的心稍微安稳，继续窝在睡袋里，一直待到阳光开始暴晒帐篷。赖床的原因，要么是昨晚睡得不好还想再睡，要么就是感觉到轻微头疼。

昨天的跋涉让所有队员都深感疲惫。但计划时早就预料到了这一点，我们将在C2休整一天，20日早上再向C3前进。这样做主要有两个目的，既让队员们充分休息和适应，保证冲顶所需体能，又可以在窗口期天气最好的22日完成登顶。

义全和我们的计划略有不同。第三次同一路线攀登，他已经积累了足够多的经验，后面的路线对他来说已是轻车熟路。为了早日完成计划，他将于今天前往C3，争取21日登顶。即使21日的天气并不如22理想，依然在他可承受范围之内。早一天完成攀登，他便可以早一天踏上回程。

除了上面一个国际队，我们的营地距离洛子壁最近。此时远眺洛子壁，从壁底到C3以及从C3到洛子峰C4间的两个路段上，如蚂蚁般挤满了密密麻麻的攀登者。由此可见，这个窗口期，拥堵必将是一个无法躲避的现实，或者说是挥之不去的梦魇。

除了始终被瞌睡困扰，长时间背负重物更是让我的肩膀别样酸疼。葛玲得知后，不顾自己疲劳，努力帮我按压肩部肌肉。成效其实并不显著，但队友的关心和帮助还是让我内心非常温暖，酸疼也似乎因此而减少。不过我深知她也很累，所以仅按了一小会儿后，就坚持让她去休息了。

此时的大本营里，伟哥和魏必正通过对讲机及时跟踪了解队员们的状态。穆萨这边讲机里清晰传来伟哥的声音：

"萝卜情况怎么样，魏必问他眼睛不要紧吧？"

"萝卜眼睛不要紧，只是有几个队员头疼，目前只能让他们多喝水，不过总的来看，状态都还不错。"对讲机这头，穆萨介绍着当下的情况。

倦意持续侵袭，让人恨不得在眼皮之间撑起一根牙签。下午2点多，与瞌睡持续对抗良久，我败下阵来，钻进帐篷打算睡会儿。没多久就倍感闷热难耐，打开了帐篷后侧通风口，想改善一下帐内温度，却很快下起了雪，只好把通风口再关小一些。本以为就此即可打住，未曾想到，天气似乎在逗我玩，晴雪不停变换，来来回回折腾了数次，觉是无法睡好了，只能在迷迷瞪瞪中度过了两个多小时。

下午4点，睡意终于被折腾地彻底消失，起身后头隐隐作痛起来。这样的遭遇，不止我一个有，艾米、小肋骨和哈里斯也正在被头疼折磨。虽然经过了拉练的历练，但再次来到6400米海拔，高反的症状还是不期而至，我们唯有通过大量喝水和多次排尿尽量降低这种反应。

置身于C2营地，伴随阳光来去，仿佛处于暮春与严冬的不停变换之中。当阳光普照，风和日丽，就会非常温暖，有如春季的尾巴，只需穿着排汗内衣加抓绒衣裤即可应对；当阳光隐去，阴冷有加，严冬即刻来临，唯有连体羽绒服才能让我们感受到应有的温暖。换衣不是，不换衣也不是，为防止万一，索性始终身着连体羽绒服，毕竟保暖在这时尤为重要。

晚上6点多，太阳已经西下，用完了晚餐，大家纷纷灌水回帐。明天的行程，或许将是整个正式攀登中用时最短的一段，但由于要攀登一部分洛子壁，而且可能会遭遇拥堵，所以注定不会轻松。早早休息，让体力得到及时恢复，借以保证我们能够顺利进入下一个攀登阶段。

顺利挺上洛子壁

感觉做了很多梦，睡眠质量却未受影响。被便意憋醒时，看看表刚过5点。想想外面的冷，最终打消了起身的念头。

哈里斯随后也因同样原因醒来，他没憋住，起身去了厕所帐。以他一贯的风格，上完厕所后会在营地里溜达一番，未料想没过多久他便又快速钻回了帐篷。他的这一举动仿佛传递出"榜样的力量"，让我更无起身动力。到了6:30，我终于忍耐不住，才直接穿上连体羽绒服走出帐外。连体羽绒服阻隔了寒意，加之昨晚睡得舒坦，头疼感觉基本消失了，整个人的状态有了明显好转。上完厕所我没再回帐，直接去餐厅球帐喝水。

随后艾米和穆萨先后来到球帐。我把飞狐送的红糖酥饼带了过来，打算与大家分享，没想到正中艾米下怀。原来，这种小吃可以驱走她难耐的胃痛感。想想也是，红糖酥饼毕竟是浙江小吃，而她又恰是浙江人。这小吃或许真的可以温暖她的胃，至少应该能够让她心理上得到满足。

艾米非常客气地问我能否允许她带几个备用。能给队友力所能及的帮助，我当然乐而为之，很痛快地答应了她。我始终认为，愉悦的心情是会相互感染的，比如当看到她如此开心，我自己也很快乐。

上午9:15，我们开始向C3攀登。因担心拥堵，行进的速度比之前要快了很多，不到一个半小时就到达了洛子壁下。算算关门时间，我们在洛子壁上的攀爬至少还有三个半小时可供耗用。

不知是幸运还是错峰出行所致，到达洛子壁下时，壁上攀爬与壁下排队等待的人并不多，担心的拥堵当然没有出现。少去了拥堵，也就意味着关门时间前到达的希望很大。心中的担忧得以完全放下，我非常悠然地戴上了安全帽和氧气面罩，把氧气挡位开到"1"。

一般而言，我们应该在到达C3后才开始用氧。之所以提前使用，基于两个方面的考虑：一是保证攀爬冰壁所需的体力；二是按照医生建议，加大氧气摄入量防止眼睛病情恶化。戴上安全帽则是为了安全，可以有效防止上方攀爬者踢落的冰块或岩石滚落下来击打到头部。

心情愉悦，又使用了氧气，无疑提升了身体的状态。无论是通过冰原还是攀爬洛子壁冰壁，我都保持着良好的节奏，行进时的感觉比第一段行程要好了很多。此外，听从穆萨建议在出发时就穿上连体羽绒服更是无比正确的选择。攀爬洛子壁期间，虽然曾经遭遇强烈日晒和数股妖风，都被打开或穿严连体羽绒服轻松应对了过去。

前面登山队凿出的一个个脚窝，让我们无须劳神费力选择落脚点，只需沿着路绳、踏着脚窝按部就班顺序向上。与之前不同，从离开C2营地开始，后续所有已铺设的路绳不再属于"冰川医生"的职责范畴，而是由尼泊尔探险运营商协会派出的修路队铺设和维护。

穆萨介绍，2017年攀登季，他们行进于这条路线上时，由于当天气温很高，洛子壁冰川融化因此加剧，融水湍急而下，攀登队伍行进非常艰难。如此看来，我们这次能在洛子壁上如此轻松地攀登，多变的气候反而成了利好，实属幸运之至。

营地位于洛子壁自下而上的第二个台阶上，与第一个台阶海拔相差不过十几米。可从我开始，每一个队友通过一、二台阶间的这段路程时，用时都达10分钟以上。探寻原因，我们都开玩笑说：看到营地的一瞬间，大家心里提着的那口气立刻松懈下来，走得艰难也就成了必然。细细琢磨，这个说法还真是不无道理。

营地最外侧是一顶绿色帐篷。站立于此帐附近，营地周边情况可一览无余。穆萨把它分配给了我、哈里斯和扎西。下午1:00到达C3后，我就一直坐在帐外，等着后面队友到来，逐个拍摄他们进入营地的视频影像。

德吉倒数第二个到达，恰好用了5小时。所有队友中，只剩云飞还在后面艰难地攀登着。德吉到达后没几分钟，浓雾就开始涌上洛子壁并快速扩散。穆萨的担忧随着雾气弥漫而滋长，他不停通过对讲机询问云飞的状态。反馈来的消息还算理想，虽然云飞行进速度很慢，但状态不错，而且没有出现别的明显不适。可是以她目前的情况来看，肯定要很晚才能到达营地，超过关门时间已是必然。

让人无奈的事情就在此时悄然发生。一位欧洲山友出现并驻足营地里，他自称七峰公司的洛子峰客户，且口口声声说绿色帐篷只属于他今晚使用。包括索纳在内，我们所有人都不知晓此人的存在，闻听此言后都是一头雾水，只能让索纳即刻向大本营报告这一情况。结果很意外，大扎西确认，欧洲山友的确是他们的客户，同时要求为他单独提供一顶帐篷。

只好挤出最内侧一顶帐篷给他，并将其中三人分配至其他帐篷。我们帐篷里不得不挤下我、哈里斯、扎西和尼玛四个人。从C3出发后，我们将进行长时间的艰苦攀登，所以在这里的睡眠质量将对后续攀登产生重要影响。如果因这一变故导致大家不能充分休息，那体能恢复必然受到影响。因此我们都心生些许不满，但同为山友，即使自己有一些困难，面对这种突发情况也应该伸出援手，思考至此，我们又坦然接受了这个现实。

继续端坐等到下午三点多，云飞仍未现身。眼前风云不停变幻，云雾遮挡住阳光，营地渐渐寒冷难耐，我不得不钻进帐篷、戴上氧气面罩，打算略作休息。

迷迷瞪瞪中被扎西叫起，到了吃饭时间。我把带来的果冻、蔬菜干、火腿肠和榨菜各拿出一部分，四个人一边喝水一边分享着这些食物。从帐篷口向外望去，洛子壁上阳光再次现身，这对仍在努力攀爬的云飞绝对是莫大的利好。夏尔巴送来米饭加开水熬成的粥，大家边吃边等云飞到来。

快六点时，云飞的声音从营地下方传来，她终于在天黑之前抵达，让我们放下了始终悬着的心。虽然用时过久，但从声音判断，她的状态显然不错。此时，她正在不解地埋怨："开着氧气与不开没什么区别呀！这咋回事儿呢？"惹得大家忍俊不禁，一阵大笑。

事实上，自我们正式攀登以来，这一天的任务最轻松。海拔的上升基本都体现在洛子壁上，而冰原行走也只花费了一个多小时。我个人体会，这种海拔快速上升路段，攀登的距离相对变短，在气候适宜的情况下，体能消耗要远比长距离缓慢上升小了很多。接下来的三段行程——从C3到C4、从C4正式冲顶以及冲顶后下撤到C2——更为艰难，才是真正的考验。

再一次钻进睡袋，无论其他队友在做什么，或许此时最好的选择就是睡觉。毕竟明天醒来后，眼疾没有恶化才算真正渡过了第二关。更何况，等待我的第三关将更加艰难，结果也无法预料。调整好状态，认真度过所有关口，我才有资格说至则如愿。

一心向着目标前进

四个男人挤在一个双人帐篷里，真的是一种无法比拟的难受。戴着氧气面罩，谁也没有转身的空间，一个姿势要保持一晚。七峰公司的疏忽给我们带来的是什么呢？是我们无法充分休息，甚至影响后续两天的攀登计划。这样的疏忽在七峰公司看来或许很小，但对我们来说实在非常大。

21日凌晨三点，帐篷外黑暗一片，扎西已经起床，正在烧水。尼玛随后起来，要去收拾装备。一晚没睡好的我终于有了翻身空间，但睡意已经全无，其实也该起了。从C2出发以来始终没有大便，此时肚子正闹腾个不停，便意正浓。只是上山以来，赖床已经成为一个习惯，所以又过了不知多久，直到实在忍不住时才起来解决了负担。

我还在准备装备，艾米、如丹等几个队友已经出发了。赶紧给扎西分了两瓶可乐，剩下两瓶放入自己背包的两个外袋中，没来得及看时间便匆忙与扎西启程出发。当然，肯定要比穆萨说的五点迟了很多。穆萨这时还留在营地，作为队长，他要最后一个动身。

遗憾终究出现。一夜休整后，云飞身体再感不适，之前的行程她已竭尽全力，为了防止不可挽回的局面出现，她决定停住脚步，转而下撤。得知这一消息时，我们已经在前往C4的道路上走了许久。（后来，我们登顶成功返回到大本营，云飞早已飞回了加都，此后直到回国也没能再和她相见。）

面前还是洛子壁，一道高耸的斜坡，一个巨大的屏障。出门就是坡，就整登山者。话是玩笑，但接下来的行程绝不是儿戏，在大本营时大家就对此有所准备。我们要继续沿洛子壁向上穿过黄带，再向上过了洛子峰C4，然后横切、向上，再横切、再向上、再横切，再向前……

选择尽早出发，当然是出于避免拥堵的考虑，只是这一次幸运女神显然并没有眷顾我们。太多人与我们想法一样，不约而同选择在这一天前往C4，拥堵大戏也就不可避免地上演了。很多时候，很多事情必须勇于面对，因为想躲是根本无法躲过的。

印度大军仿佛消失了踪影，与我们同样想抓同一窗口的大多是其他中国队伍和国际队，人数依然众多。在仅有一条路可走的洛子壁上，这么多人同行，不期而遇势成必然。遇上长长的队伍，要么老实排队，要么就像穆萨所言伺机"超车"，没有其他选择。

洛子壁冰壁坚硬光滑，在这里行走，戴着厚厚的羽绒并指手套操作上升器是个难题。尤其是旋拧主锁的锁紧螺丝，极不便利。同时，虽然冰壁上已被凿出脚窝，落脚不再是问题，但顶着呼号的狂风前进依然十分费力。扎西觉得这时应尽量多一层保护，多次建议我使用上升器。但我个人感觉，使用上升器不但加长了过节点的时间，而且还会耗费一定体力，所以我只在几个比较险要的冰壁下使用了几次，其他绝大部分时间都是仅依靠一把主锁便完成了攀登。

黄带，到达洛子峰C4营地的必经之地，其实就是在冰川上凸起的一些没有积雪或仅有部分积雪覆盖的岩石峭壁，属石灰岩质地，极易松动，因呈现为黄褐色，故而得名。攀登黄带实属不易，费力且无法"超车"。从地形上看，倾角接近90度，落脚点高低起伏，踩上去极易打滑；从攀登人群看，一个接一个的山友，仿佛被摞在了一起。岩壁上形成了长长的队伍，行进速度大幅降低。

大风依旧，只是在热辣阳光的照耀下，环境温度似乎并不太低。我首先把氧气开到"2"挡，然后把上升器挂在路绳上，脱去羽绒手套，仅戴着抓绒手套操作上升器前行。在这个区域行走，上方的山友每上行一步或几步后，下方的人才能循着他的落脚点，一手将上升器向上推举到位后拉紧，另一只手拉住辅绳用力提起自己的身体上行一步。行进中，不时有石块被踩落跌下，但没有形成任何危险，因为所有人都精神集中、防护措施到位。

越过黄带，冰壁上，蛇状队伍正缓缓蠕动。大风怒吼着卷起雪粒，疯狂地扬撒到阻挡它们去路的每一位登山者身上，似乎要竭尽全力去延缓他们

登山者正在攀爬洛子壁上的黄带，这也是在南坡攀登珠峰过程中的难点之一。

前进的脚步。就连以体能出色闻名遐迩的夏尔巴们，也被这狂风吹得踉踉跄跄。我们只好不时弯下腰去，努力躲避这些有如子弹般射向自己的雪粒。每每此时，路绳总会随之摆动不已。

我紧紧抓住路绳，弓腿弯身、喘着粗气抬头张望，前方与我相隔一人的一位夏尔巴突然止住脚步，丝毫不顾身后情况，背身向下退来。眼看他背上的氧气瓶就要撞到我的头部，无路可退之下我急忙大喊一声："What are you doing？"（你在做什么？）或许是被我的喊声惊醒，他下意识向左一侧身，直冲而来的氧气瓶贴着我的帽檐惊险划过，我总算躲过了一劫。这时他才定住脚步扭头回看，我也惊魂未定、如梦初醒，眼睛直盯向他的雪镜。虽然他的双眼藏在雪镜中，但我猜测，我无法洞悉的他的眼神中，此刻应该饱含着歉意。对视过后，在上方一红衣人的注视下，他复又向上爬去。为保险起见，我稳了稳心神，适当拉大并保持与他之间的距离，继续沉着呼吸、缓缓上行。

在洛子峰C4下方约100米，即海拔约7700米处，偶遇登顶后下撤到这里的忠哥。其实在攀登过程中，由于大家都戴着氧气面罩——像穆萨这样的无氧攀登者除外，而且各自出发时间和攀登节奏也不尽相同，所以在营地以外很难遇到熟识之人。即使相遇，也只能根据对方的身材和衣着大致辨别。相对于同队队友，不同队伍的登山者相互之间知之甚少，在攀登中更是不易相认。

我之所以能认出忠哥，完全是因为他胸前贴有自己姓名的魔术贴。相向而行时，正是它告知了我对方身份。为躲避开拥堵，忠哥所在的"印象尼泊尔"登山队剑走偏锋，果断避开22日，冒着大风于20日登顶，此时正值他们返回途中。与他同时登顶的有5位队员和6位夏尔巴，其中包括另外3名中国队员。忠哥的状态看起来很不错，在我激动的呼喊声中，他先是愣了一下，然后同样通过魔术贴认出了我。简单交流了几句，内容无非山上风比较大、天气不是很好、多多保重等等，然后各奔前路。

洛子峰C4已在眼前。和其他营地人头攒动、热闹非凡相比，这里显得异常的清冷与孤单，茫茫雪原中只见三四顶黄色帐篷和寥寥几位端坐休息的登山者。

来此之前，我并没想到会在这里看到登山者遗体，而且是两具。听闻留置于山上的遗体大都位于从C4开始的冲顶路段上。眼前的两具遗体，一具系在营地下方的绳索上，装备齐全，仅露出腹部一小块肉身，很容易辨识。只是肉身已经风干蜡化，其他部位则被衣物严密包裹。另一具被暂时固定在营地右侧我们必经的路绳上，全身包裹着彩色硬质塑料布，如若不说，根本无从辨识。起初，我并不知道这个也是遗体，所以行至此处，固定好上升器和主锁后，便坐在它上方一个雪堆上抽烟休息。穆萨过来，惊讶于他所看到的这一幕，赶忙对我说："你为何在尸体边休息？"我这才恍然大悟。

第二具遗体与下方遗体明显不同，严密包裹的显然应是被计划运送下山的。事后我才知道，这具遗体正是在C4不幸遇难的拉维。如果那时知晓是他，我一定会当场祭上深深的哀思。

灭掉手中的香烟，将烟蒂放进烟蒂包里——魏必送给我的铝箔内衬皮质收集包，再装入背包侧兜，起身继续前行。

面前是山脊上的一段雪岩混合路段。海拔变化不大，相对较为平缓，但风速没有丝毫降低的迹象，反而愈发凶猛。登山者们在冰壁上大都耗费了不

登山者与已经捆绑完毕等待运送的死者遗体。运送遗体是一项艰巨且花费巨大的工程，在直升机无法抵达区域死亡的登山者，其遗体大多被放置在了原处而变成了"彩色路标"。

少体力，行至此处都努力抓紧路绳，小心翼翼依次前进，唯恐一不留神就会被大风吹落下去。

途中时常可以见到席地而坐的登山者们，能够看出他们都很劳累。只是他们休息时选择的位置略有不妥。因为挂在路绳上的主锁会给过路者带来麻烦，走到他们跟前，必须像过节点一样，踩实脚下的积雪或岩壁，小心翼翼打开主锁，再挂到他们前方的路绳上。毫无疑问，在大风中进行这种操作存在安全隐患。不知道看着如此从眼前走过的同人时，他们心中会有怎样的思考。当然，作为同道中人，对于此刻身上的疲惫，大家都能感同身受，所以倒也没人去责备他们。

最后一道山脊上，站满了身着各色连体服缓步向上的登山者。前面的人步履渐缓、渐行渐多，后来的人仍在慢慢向前靠拢。此时此地，用比肩接踵来形容这支队伍再恰当不过。在这种情形下，急切之中，有些登山者甚至会脱离保护，从行进路线右方积雪的岩壁上一举超越。

山脊左侧的山坡上，静静躺着很多条路绳，长短不一。长时间的风吹日晒，这些路绳破损迹象明显，显然已遭遗弃。曾经帮助以前的登山者走过艰难路段的它们，与当前的、新的路径上正在使用的路绳相比，并没有多少人会向它们投去哪怕多一点的目光，即使为了实现人们的梦想，它们已经贡献了自己的一生。有人说，这或许就是它们的宿命。

在雪岩混合路段的尽头，是一片黑色片岩岩壁，绵延分布在梯次升高的台地上，被称为"日内瓦横岭"（Geneva Spur），海拔约7890米。经过风吹日晒良久侵蚀和地壳运动的作用，这些点缀着白色雪斑的黑色岩壁，看起来已经支离破碎，感觉一脚踩下去就会崩塌裂散。透过雪镜看去，这些岩壁如煤炭般乌黑，把蓝天衬托得愈发深邃。上方不时凸出岩壁的那些岩石，犹若一座座微观的山峰，又似一张张在告诫着我们如何凶险的狰狞面孔。

在这些岩壁上，经常可见5条路绳。白色点缀红线的两条和白蓝相间的一条，共计三条居中，这是我们上攀时主要倚靠的路绳；红白相间的一条居于右侧，伺机超越者往往会利用这条路绳快速通过；最左方的是一条白绳，下行的人们溯此绳而下。

我顾不上搞清哪一条才是主绳，只是机械地循着扎西的选择前进。他的冰爪就在我的眼前晃动，金属爪尖划过岩石，发出咯吱咯吱的声音，在大风中格外刺耳。间隔被风送来的，还有他那闻之总会让人心生不安的咳嗽声。我努力让自己不被这些外界因素干扰，集中精力观察他的行动和落脚点。一旦他挺上一步，我便推起上升器，屏气凝息，跃身而上，跟紧他的步伐。曾有几次，看到临近的山友前方留出足够的空当，扎西便回头望我，用手一指右侧路绳，我即刻会意，与他同步操作上升器，沿着这条路绳超越过去。

终于翻过最后一道山脊，南坳的C4营地隐隐呈现出整体轮廓。就在此时，我们竟与下撤至此的卡米不期而遇。他并没有戴氧气面罩，步履看起来相当轻松，当我们四目相对时，第一时间认出了彼此。他微笑着与我浅聊了几句。这已是这个登山季中他的第2次攀登之旅，同时也是他第24次成功登顶珠峰。数天之内，他第2次更新了自己创造的珠峰登顶次数世界纪录。对于这样一个壮举，是不是后无来者我们暂时无法给出结论，但前无古人却是不争的事实。他曾经说，要在50岁时完成第25次成功登顶珠峰的目标，今年他49岁，目标实现已经近在眼前。

告别卡米继续向前，是一段以页岩为主的路段。岩面相对平整，但布满大量碎石，不易落脚，偶尔还会踩到岩石角落未被狂风吹散的积雪。考虑到我已较为疲乏，为防止行走时失足跌倒，扎西要求我继续穿着冰爪、抓住路绳缓缓向前。很多经验丰富的夏尔巴则不然，对他们而言，这就像沙漠里的牧民道，算得上是雪山上的高速公路了，所以他们一进入这个路段便脱掉冰爪大踏步前行，明显比我们轻松了很多。

C4营地终于清晰地展现在眼前，由于其处于偌大南坳的底部，感觉其海拔应该相对要低一些。其实这是一种错觉，它让我们以为能够轻松到达。走起来后就会发现，这段路实际上是起起伏伏一路向上，拖着已疲惫不堪的身体小心翼翼前行，完全不似想象般那样轻松。但让人欣慰的是，下午一点，在关门时间前两个小时，我们终于抵达了海拔约8000米的珠峰C4营地。

东北山脊北坳的大风，闻名于世，而南坳的大风，则鲜有流传。置身于此才发现，这里的风，丝毫不逊于北坳。

一个广阔的"V"字形槽口地带，横亘在珠峰和洛子峰之间，这就是南坳。气流通过这个地带时，受到珠峰断层壁的挤压，会呈现为劲驰的疾风，

登山者艰难攀登"日内瓦横岭"的黑色片岩岩壁。"日内瓦横岭"是珠峰地区的一个典型地质区域，位于珠峰黄带之上南坳之下，在其顶部可以看到南坳，珠峰在左侧，洛子峰在右侧。（何玉龙 摄）

珠峰C4营地，处于槽口地带，也是非常知名的一个大风口。（德吉 摄）

厉声叫嚣着穿梭而过，用它无形的大手摧枯拉朽般拨开一切阻挡之物。即使自然条件相当恶劣，这里仍是此后路途中唯一可以设置营地之处，因为由此向上，更难寻类似之地。

眼前那些亮眼的帐篷，便坐落于南坳冰原前一片裸露的碎石滩上。它们都是骨架比较结实的高山帐，但即便如此，已然被呼啸的狂风吹得变了形，看上去东倒西歪。碎石因冰川侵蚀作用形成，同属冰碛石无疑。碎石滩上还可见不少残破的帐篷，以及诸如高山气罐、烂手套等形形色色的垃圾，大风的摧残、人类的不自觉，将这里变成了名副其实的世界海拔最高的垃圾场。

诸多顶黄色帐篷内外，有数不清的登山者和夏尔巴，正穿着各式连体服，或在帐篷外穿梭忙碌，或窝在帐篷中休息，冲顶时刻到来前，大家都在紧张地做着同样的准备工作。

今晨登顶的义全已撤回到这里。他本来打算继续下撤，几个队友恰在那个时刻到来，他便暂缓下撤与大家聊了起来。寒风似乎可以穿透连体服、钻进骨头，寒冷难耐。我只得放弃了和他的交流，在先我到达的穆萨的指引下，径直钻进了帐篷，脱下登山靴躺了下来。

扎西手持中锅，跑到帐外盛满雪，回到帐内架起高山汽炉开始烧水。尼玛来来回回奔跑着，不知所为何事。我和哈里斯穿着连体服吸着氧气躺在防潮垫上静静休息，甚至没有力气取出睡袋盖在身上。帐外狂风怒吼，把帐篷吹得哗哗作响，还不时穿过敞开的前帐，呼啸着吹进帐中。唯一能感受到的暖意仅来自连体服。恶劣的天气滋长了忧虑，与风吹帐篷的狂响交织一起，让我想睡却无法入睡，只能躺着，努力让身体得到些许放松，然后取出手机写完了当天的日记。

穆萨来到帐篷里，通知我和哈里斯今晚七点到八点之间出发，具体时间自行确定。听完他的安排，我不自觉地再次测试自己的眼睛，感觉依然不错，斑点没有明显变化，算是挺过了又一个关口。第三关顺利通过了，接下来的第四关呢？我不知道该期待什么了，应该是拾起信心，勇敢地攀上顶峰吧。

狂风咆哮，把我们堵在帐篷之中，打消了我们外出打探消息的念想，也截断了我们与其他队友之间的联络。所以除了穆萨和哈里斯，我并不知道其他队友到达C4的具体时间。但有一点可以猜测，已经踏入死亡地带边缘的每一位队员，此刻或许都在心中回想着来路，衡量着自己的身体状态，并不停为自己打气，勉励自己能够一鼓作气，克服最后的困难，向着梦想勇敢挺进。

拉尔夫·瓦尔多·爱默生曾经说过：一心向着自己目标前进的人，整个世界都会给他让路（Bent toward your goal, the whole world will make way）。此时此刻，我们所给予自己的这种心理暗示，正是激励我们勇往直前的源动力。我们当然不会祈求全世界给我们让路，我们只希望余生中能有这样的机会：可以不时回味这段历程，品味曾经所走过的艰辛、经历的苦难以及体会到的幸福。

27个小时的艰难下撤路

尼玛终于忙完回到帐里，挤在哈里斯身旁和衣而卧。扎西依然坐在内帐口处看手机，他还在等待将水烧开。趁这个间隙，我和他聊了聊冲顶的事儿。这已是扎西第三次攀登珠峰，第一次上来时他还年轻，用了9个小时登顶；第二次则遭遇拥堵，用了11个小时才完成登顶。参考前几天的状态和必然遭遇的拥堵，我请他预估我冲顶可能花费的时间。他考虑了一会儿，对我说"估计10到11小时吧"。

高山汽炉熊熊燃烧，发出呲呲声响，仿佛是在用尽自己全部的能量努力去烧开锅中的雪水。在这个海拔，水的沸点其实已经降到了70℃左右，但想要烧开一壶水，还是要花费一些时间。又是盛雪，又是烧水，扎西把我们4人的8只水壶全部灌满后，终于进入自己的休息时段。他同样穿着连体服，挤在尼玛身旁躺下。我顺手将睡袋掏了出来，也仅仅勉强盖住我们四个人的腿部。

谁也没有说话，其实也都睡不着。8只眼睛就这样直勾勾盯着帐篷，听风在耳边怒吼，任时间快速流逝。不知何时，外面下起了雪。大风裹挟着雪花不时钻进帐内，我不由自主裹了裹身上的连体服。在这风雪侵袭的时刻，我们4人就这样紧紧挤靠在一起，各自思考着什么，在忐忑中等待冲顶时刻的到来。

晚上6点多，尼玛再次开始忙碌，好像是在整理氧气瓶。扎西跟着起来烧水做饭。

哈里斯的饭最先做完，他的胃口一如既往的好。对于自己的体能，哈里斯依然十足自信，并自行决定推迟出发时间，但他没有把这个决定告诉我。眼看已经是晚上7点多，距离穆萨规定的最晚出发时间所剩无几，我赶紧请扎西煮了两包方便面。方便面煮好后，习惯性地谦让了哈里斯一句，未料他竟然没有丝毫客套，大大方方挑走了一半。我只能在心里暗自叫苦，默默加了两根火腿肠，顺便把穆萨分享的一个咸鸭蛋剥好，扔进碗里凑数。虽然在高海拔地区胃肠蠕动减缓，消化能力下降，并不适合吃肉，但方便面数量着实有限，又没有胃口吃别的食物，也就只能寄望于这点方便面和火腿肠来提供冲顶所需的能量了。

吃完东西，整理好各种装备，时间已过了8点。动身前，将何静2018年送我的两瓶泰国红牛取出，与扎西一起把它喝完，再给仍旧静卧帐内不见动身迹象的哈里斯打了声招呼，我们两人便走出帐篷，毅然决然一起走向生死未卜的"死亡地带"。

帐篷外，大风漫卷，刮起漫天雪雾把亏凸月的光芒遮挡，眼前苍茫一片。前方冲顶路线上，头灯光带蜿蜒曲折，刺破苍茫跃入眼帘，给我们指引着前进的方向。看着这灯光，我默默告诉自己：前方的路注定艰难，但方向已经明确，无论面对怎样的坎坷崎岖，都要努力不懈，向着目标奋进。

本以为经过近7个小时的休息，身体应该已经储备了足够能量，加之氧气挡位开到了2挡，更觉得体能不会存在多大问题。但在出发时刻，却明显觉察到有种疲劳感在迅速滋生。幸好，对巍峨巅峰的憧憬，让自己的内心漾起了一股莫大的冲劲，并即刻抵消了那种疲劳感。耸耸肩膀，抖抖冲顶包，与扎西互相对视一眼，便义无反顾地迈出了冲顶的第一步。

为了保证视野清晰并尽量保护眼睛，起身时我选择佩戴OTG自动调级雪镜。这种雪镜能将近视镜包裹于其中，根据环境亮度自动调节防护等级，同时还可以有效防风，防止眼睛周围出现冻伤。但出发没多久我就发现，氧气面罩鼻梁处贴合不够紧密，呼出的热气由此透出，随即钻进雪镜下方的缝隙之中，遇到冰凉的近视镜片后立刻凝结，迅速在镜片上形成一层薄雾，眼前变得模糊一片。虽多次调节氧气面罩，依然无法完全阻止呼出的热气进入雪镜。无奈之下，只好把OTG雪镜更换成定制的近视雪镜。近视眼镜无须再戴，起雾问题也彻底解决，但四级防护和不可调级功能决定了其镜片颜色较深，戴上它行进总会感觉周围环境比裸眼时暗了许多。

商业攀登日趋繁荣，攀登装备技术和通讯技术飞速发展，从南坳向上一直到顶峰，所有的危险路段都已由修路队铺设了路绳，大幅降低了攀登的危险系数，也在一定程度上提振了登山者的信心。可以说，我们面前的这条冲顶线路与霍尔、克拉考尔等当年的情况相比，在安全保障上已有了很大不同。

走在碎石坡上，冰爪每一次抓地都吱呀作响，即使穿戴着全套的轻量化技术装备，依然感觉非常笨重。所幸这段路程很短，不久就来到了冰盖部分。

在攀登中，除非有特殊原因，很少有队伍选择第一批冲顶，究其原因，当然是开路要耗费更多体力，所以宁愿沿着开好的道路行走，哪怕能节省一点体力。此时的冰盖上，经过第一个窗口期和第二个窗口期前期的攀登者踩踏，沿路已分布了深浅不一的无数个脚窝，只要不被大雪覆盖，即使没有路绳，循着它们前进依然可以确保走在正确的道路上。

上到冰盖不久，这里的脚窝相对较浅，为防滑倒，登山者行进速度放缓，前方人数渐多。扎西咳嗽开始加剧，且每次咳嗽都需要一些时间平舒，然后再继续前行。我不忍心催促，跟在他身后缓缓前进。

冰盖之后是一个长长的雪坡。雪坡行走不易打滑，扎西的咳嗽也有了好转，当前面偶尔出现人数少、行走慢的小团队时，我俩一个对视就可做到同步上行，越过对手完成超车。不过这种情形比较少，更多时候，我俩都是跟随其后缓慢前行。即使在怒吼的狂风中攀登，这种舒缓的节奏也极易给人一种错觉，让初始冲顶的我根本无法去感受过程会如何艰难。

差不多就在这时，经历了一次次努力拼争，并从C4冒着狂风出发，勇敢踏上了冲顶之路没多久，德吉毅然决定下撤。在我的认知中，德吉是我们队中年龄最大，也是意志力非常坚强的人。之前的拉练以及前几段正式攀登中，虽然遭遇了很多困境，她都没有轻言放弃，始终奋力前行。或者说，她现在已经习惯了常人不可以忍受的艰辛与危险。但此刻，她终究还是遇到了再也无法克服的困难——例假不合时宜到来，如若执意向上，她的身体可能无法承受冲顶需要的超大强度，并将自己置于万劫不复之地。于是，在向前方的灯龙抛去最后一次注目之后，她和丹吉掉转方向决定返回C4。

在追逐梦想的这段历程中，德吉并没有因付出巨资而执意前行，也没有被必须登顶的欲望冲昏头脑，而是适时、冷静地做出了下撤这一最恰当的选择。毕竟，只有保住生命，梦想才有后续实现的可能。仅凭这点，我便对她敬佩万分。

冰盖上方进入雪岩混合路段，冰爪无法抓牢、极易打滑，这比较棘手。为保证安全，选好落脚点尤为关键，但最佳选择是由熟悉路况的扎西继续走在前面，我随其步点前进。

单纯从理论上讲，上行时使用上升器无疑可以减少体能消耗，但越过节点时我习惯于摘掉羽绒手套，仅戴抓绒手套操作。在超高海拔和零下二三十度的夜晚，冻伤的风险会因此而加大。思虑再三，我还是决定放弃使用上升器，仅将主锁挂在路绳上，尽量依靠手臂力量完成攀登。不可否认，这个选择让自己少了一重安全保护，也加大了滑坠的风险，必须集中精神，小心为之。

行至此处，大家的速度自然放缓，人们接踵而至，只有200米左右的雪岩混合路段非常拥挤。长长的队列再一次排起，每上行一步都变得非常艰难。

一步步挪，一点点上。不知目标到底位于何处，也没有多余的交流。除了风声、冰爪切割冰雪岩壁声和扎西的咳嗽声，耳边感受最清晰的就是自己的牛喘声。那声音急切短促，穿透力极强，仿佛将我整个人都包围了起来。

路途本已艰难，偏偏头灯又突然没有了光亮，必定是电量耗尽。幸好月光盈盈，前后头灯的灯光也足够明亮。在这些光照之下，即使透过眼镜看得并不够远，倒也足以让自己看清脚下的路。为此，我没有停下脚步更换电池。

因为懒得去看表，当然不知道已经走了多久。只知定睛看时，我们已经到达了阳台，也是氧气定点更换处，海拔8400米。选择在这里更换氧气瓶，是南坡商业登山队多年组织经验的总结，这里基本位于冲顶路线的中位点，可以保证每一位登山者有相对充足的氧气支撑下一阶段攀登所需。

两瓶备用氧气都装在扎西的背包中，因此换氧气的任务由他承担。趁着空当，我坐在旁边雪地上小憩。

由于鼻腔的一些病变，仅仅依靠鼻子呼吸很难满足我对氧气的需求，所以整个过程中我都要张嘴呼吸。大量干冷空气进入口腔，持续刺激着本已不够坚强的喉咙，口干舌燥之感异常强烈。低海拔区域如遇此情况，可以通过偶尔吞咽唾液实现有效改善，我尝试照例行之，但在此时完全没有作用，喉咙有如被什么东西堵住一般，倍感不适。

或许上天眷顾，风速还是降低了很多，让我们可以稍微节省一些体力。月光很亮，但透过雪镜看去还是比较黑，只好将雪镜推至额头，并摘下了氧气面罩。扎西刚刚从背包中取出氧气，见状及时从连体服内兜取出一瓶可乐递给我。我迫不及待拧开瓶盖猛灌几口，喉咙的湿润感才终于重新找回。赶紧取出一块湿巾捂在嘴边，用力猛咳几下，一团发黑且泛着血丝的浓痰破口而出，干呕和堵塞感才终于消失。看来，堵着喉咙的那个东西应该就是它了。

把剩下的可乐递给扎西，示意他也喝一些。扎西笑着道了声谢谢，然后接过可乐，仅喝了几口，便又拧上瓶盖塞回兜中。我俩都知道可乐的珍贵，所以谁也不舍得多喝。

扎西继续更换氧气，我从连体服的内兜里取出香烟和火柴。身体劳累的时候，总想抽支烟解解乏。

　　背着风，把穆萨送我的火柴划着，点燃了一支香烟。我贪婪地抽吸着，并借机仔细去查看周边的一切。受近视和眼疾的影响，远处模糊一片，但在视线所及之处，可以看到阳台上暂时放置的很多氧气瓶，从其外观根本分不清哪些是新的，哪些是旧的，当然还有陆续到来的山友。正是这些氧气瓶和山友，让我深刻感受着这片生命禁区里为数不多的活力因子。

　　第一次在8400米处抽烟，感觉完全不像在大本营那般舒爽，疲劳感并未消除，甚至觉得有些憋闷。若在平时，肯定会掐灭香烟，但这会儿不忍舍弃，而是坚持抽了下去。扎西换好氧气后也坐下来休息，顺便等我把烟抽完。

　　艾米和巴桑恰在此时到达阳台。巴桑调皮且精力旺盛，给艾米换完氧气后，走到我面前又是抱、又是跳，像平常一样一番搞怪。我和扎西正被他逗得开心不已时，他却戛然而止，拉上艾米扬长而去。我和扎西也已休息完毕，起身紧随他们继续上行。

　　从阳台开始，我们便踏上了珠峰的东南山脊。起始是雪岩混合路段，扎西继续走在前面。沿途的路绳纷乱杂陈，有多条往年的老绳，当然也有今年布设的新绳。我难以分辨，扎西却可轻易区分。他右手熟练地拉起新绳，轻轻一抖，我便会意拉住，在他的身后亦步亦趋。

　　开始时，我们尚可一直紧随着巴桑和艾米。

　　陡直的岩壁上，攀登的人群比肩接踵，行进速度非常缓慢。为了更好发力，同时出于安全考虑，这段路程我使用了上升器。努力将羽绒手套塞进上升器之中，看准岩壁上的落脚点，一只脚踩上去，一手推上升器的同时用力下拉，另一脚借力上提并踩在上方选定的落脚点上，上升器再次上推，然后以弓步停留在岩壁上等待前面队伍继续向前，几乎每上行两步都要停下一段时间。弓步姿势不但可以让腿部得到很好的放松，还可以使我在岩壁上站立得更加稳定。

　　每一次呼吸，我都像一台蒸汽机般呼出大量的温热气体，这些富含热量的气体经过面罩排气口排出时，受低温影响，快速冷凝成水滴，接连滴到连体羽绒服的领口处，转而凝结成冰。此时的领口，早已是冰封的世界，就连领子上也都布满了如雪的霜花。在持续、稳定的呼吸作用下，面罩幸好没有冰封，否则，氧气的输送都会成为问题。

即将到达岩壁时，后面的攀登者终于被我们甩开了一些距离，长长的队伍也被分成了几节，我变成了所在这节队伍中的收队人。没有了紧随者，路绳就无法被拉紧，上升器便不能被顺利推送，只能自己想办法解决。所以，每次转换节点或变换路绳时，我便要一手拉住路绳下段将它收紧，再用另一只手去推上升器。这看似是个小问题，实则会浪费一部分时间和体力。假如身后依然有山友紧跟，这个问题其实也就迎刃而解了，因此我曾计划与扎西协商请他走在我的身后，可是一想到他不停咳嗽，同时还要兼顾带路需要，最终还是放弃了这个念头。

就这样继续上行，恰逢一段雪坡，前面三个山友忽然停下了脚步，似乎是要商讨什么。巴桑见状，立刻脱开了保护，把艾米的主锁挂在自己的安全带上，从侧面快速超过了这三个人并回到路绳上。我和扎西当然也不会错过这一良机，当即紧跟他们的步伐，各自脱开保护超越了此三人。

此后的冲顶路途，巴桑和艾米渐渐拉大了与我们的距离。没过多久，两人的身影就已消失在前方茫茫人海之中。

扎西咳嗽不止，他不时要停下脚步喘息平复，我们也就只能花更多时间选择按部就班行进。凌晨四点半，在肆虐不止的狂风中，我们即将到达南峰。行进方向的右前方，日出前的蓝调时刻开始精美上演。

正前方，突兀的山体遮挡住了地平线，天空一片深蓝。随着视线向右平移，这片深蓝渐渐变淡。右前方，地平线上正横亘起一条橙色亮带。亮带的下方，平日里那些巍峨高耸的高山，此时都舒展成了不过略有起伏的平缓线条，隐隐呈现。以山体为界，右侧的万丈峭壁已被晨光照亮，左侧的嶙峋山石却依然沉浸在清冷暗调之中。明暗交界处，险峻的山脊愈发突出，宛如一条苍龙直刺苍穹。若不是头灯发出的点点亮光，几乎看不清在山脊左侧路绳上行进的登山者的身影。

以往徒步或旅游途中，我曾不止一次见到过蓝调美景。低海拔处平视蓝调美景时，已然让我激动不已，此刻从高海拔处俯视，更是倍感震撼。纵使几次意欲拿出手机或相机，打算拍摄下那一刻的美景，终究还是因为寒冷而

在南峰眺望希拉里台阶附近的情况。希拉里台阶位于珠峰顶峰东南侧，是一个近乎垂直的岩石断面，也是冲顶之路的最后一个难关。

不得不打消了这个念头。

半小时后，天色渐趋明亮，我们到达南峰顶，眼前的一切变得清晰起来。从南峰到希拉里台阶，登山者三三两两，正迈动沉重的步伐缓缓行进。但从希拉里台阶去往顶峰的路上，却是另外一番景象，用人头攒动、熙熙攘攘来形容也毫不为过。无论我们如何不情愿，意料中的拥堵还是不可避免地发生了。

南峰海拔已近8750米，据说与主峰直线距离只有100多米。如果没有拥堵，到达顶峰最多只需一个小时。

1996年珠峰山难中，霍尔和他的三个队员5月10日登顶并下撤到这里，不幸遭遇暴风雪。在此撑过了艰难一夜后，第二天下午，他们在此全部丧生。霍尔的妻子，也包括所有能听到他们对话的人，从卫星电话里听到他说的最后一句话是："我爱你。睡个好觉，宝贝，别太担心了。"

回顾这段往事时，很多山友都会说如果怎样怎样，悲剧或许就不会发生。可惜时光终究无法倒流，无论我们今天如何假设，已然成为历史的那些悲惨结果不能改变。我们唯一能做的，就是从他们的经历中吸取教训，做好

上行冲顶与登顶后下撤的登山者在希拉里台阶这个"瓶颈处"相遇,这一狭小地带变得拥堵不堪。

自己。

据说,霍尔的遗体至今仍留置在南峰,但我并不知道他具体身处何方。

站在近乎圆顶型的南峰上,顺着阳光的方向向西看去,万山林立,群峰来朝,珠峰巨大的身影映成一个完美的等腰三角形出现在眼中,著名的珠峰大三角!大三角犹如一座巨大无比的金字塔,将众多山峰收纳其中。塔基就是脚下的南峰,塔尖则恰恰与弧形的地平线相交,世界最高峰那高与天齐的气魄,此刻一览无余。

顾不上过多思量,沿着一个小的冰壁继续下行。左转后需经过一个雪坡,雪坡底部形成了一个天然的避风湾。在这里不但能够看到存放的很多氧气瓶,还可以看到几个正佝偻于此避风休息的印度攀登者,另有一个夏尔巴正翻检着氧气瓶,好像是要将空瓶与满瓶区分开来。

前方拥堵的人群,提醒我不能停下脚步。

最早出发的一批人已经处于登顶后下撤的途中,前进中的我们不时会与他们相遇,葛玲和边巴也在其中。看来葛玲出发得比我早,才五点多她就已经登顶成功并下撤到了这里。由此估算,他们登顶的时间应该在凌晨四点左

晨色中的珠峰大三角和地平线，顶角恰好位于地平线上，从地球最高极望去，远方的地平线也恢复了它本来的弧形形状。

右，那时天色还是漆黑一片。等她走到我的旁边时，简单打了个招呼，我们便向着自己的目标各自前行了。

从雪坡底部右转，正前方便是主峰方向。沿着路绳向前看去，道路变得险峻了很多。与前方希拉里台阶处的路相比，虽然看起来要宽一点，但仅有的路绳铺设在右手侧的雪坡上，每个山友都步履维艰、小心翼翼。我的脚步同样沉重，每迈动一步，仿佛都要用尽全身的力量。

走过相对平缓的一小段雪坡，下南峰处有一个一米多长的直壁，壁上已被踩出一个深深的雪坑。感觉躬身下去会有困难，我索性坐到直壁顶端，抓紧路绳双腿伸直，纵身轻轻一跳，便来到了直壁底部。

道路变得狭窄起来，这里是雪檐岭（Cornice Tranverse）横跨区域——连接南峰与希拉里台阶的一段冰脊。它长约15米，两侧都是悬崖峭壁，左侧是珠峰西南壁，右侧则是康雄壁。阳光开始放射光芒，刀刃般的冰脊在亮光中看上去单薄异常，我内心不禁萌发出一种担忧，唯恐会被怒吼的狂风吹飞。

向远方、向高处延伸的山脊，有如无数把连接起的刀脊，直插青天。

雪檐岭上的道路也是坎坷不平，宽仅三四十厘米，只容得一人小心翼翼方可通过。

悬着一颗心，战战兢兢越过雪檐岭，来到希拉里台阶下沿。只见左前方的一个岩壁上，一条断绳悬挂于其上，不知这是何时因何布设的绳索。站立于此，强烈的暴露感会猛烈揪住登山者的心。

此时前方，已经挤满人群，密密麻麻，不下一两百人。禁不住狂风的吹袭，我不由自主靠在雪坡上，试图拉紧连体服的拉链——其实拉链本就已经全部拉紧，跟着人群缓缓挪动。从山顶下撤而至的人在不断增多，上行冲顶的人同样越聚越多，以希拉里台阶为界，前后两支队伍慢慢汇集、越来越长，挪动也愈发缓慢。

太阳在右侧虽已缓缓升起，但此时的阳光并不温暖，又被高耸的雪坡阻挡，狂风也不见丝毫减退，身体感到无比寒冷。我不时抖动着藏在两层手套内的双手，努力尝试蜷曲窝在登山靴里的脚趾，以确认手脚是否无恙。然后紧抓路绳看向前方拥堵的人群，渴望尽快通过这段看似不长却危险无比的路途。

一个夏尔巴带着一位下撤的山友从前方走来，扎西主动为他们让出了一个身位。夏尔巴左手抓住路绳，右手卸下主锁，如怀抱一般绕过扎西，把主锁扣在了其身后的路绳上，然后用力一跃便来到了我面前。他带的山友虽然也照他的样子操作，动作却笨拙了很多，趔趔趄趄才勉强过去。看着他们渐渐远去的身影，我的心里泛起无比的羡慕。

初始时，下行的人基本都以这种方式与冲顶的人"会车"通过。但随着排队的人越来越多，能够利用的间隙也越来越小，通过的难度渐渐加大。希拉里台阶狭窄的道路上，此刻已是人山人海。纵然正式攀登前我们的领队和队长早就说过，在这里大概率会遭遇拥堵，我也完全没想到会是这样一种"云端盛景"。或许在平常一些时候，等待可被称为一种幸福，可此刻的等待在我们内心升腾起的却是无奈和煎熬。

再次遇到下撤的登山者时，恰逢我们通过了一个小拐弯处。脚下的路已实无处可腾，但扎西认识其中一个夏尔巴，当然要想尽办法给他们让路。除了站上右侧雪坡，我们别无选择。两人只好手脚并用爬了上去，雪坡上恰好有个缺口，我好奇地从那里探出头，试图趁机看看右侧的万丈悬崖。孰料那崖壁深不见底，仅仅看了一眼，我就胆战心惊，立刻缩回头来，后悔曾生发出这样的念头。待他们过去，我立刻爬了下来，心神才得到些许安宁。

其后，又有一队身着红色觅乐队服的人横冲直撞突围下来。熟悉的队服，熟悉的行为方式，这些人乃印度军方登山者及其夏尔巴们无疑，毕竟已经多次和他们打交道。从内心讲，我很讨厌他们这种行为，转念一想，又觉这是他们无奈之下的选择。正因他们的突围，前面排队上行的人群才被冲散，我和扎西也才有了"超车"的机会。这种机会总是稍纵即逝，岂能错失。

被我超过的四个人中，有一位身着蓝色连体服的登山者，在红黄色的连体服海洋中分外显眼，一看便知是一位外国山友，且年龄已经不小。在人群闪出的一个小小空间中，他正喘着粗气，吃力地迈动沉重的步伐。他微微抬头向前望去，似有一种带着魔力的坚毅透过雪镜散发出来，一下子就吸引了我的目光，让我不由得多看了他一眼，且仅仅多看了这一眼。超过了他们之后，我再没有回头。

队伍整体向前移动了一大截，很快又缓了下来。不过，与之前的停滞不动相比，速度虽然慢了点，但至少也是在缓慢移动着。就在此时，我看到了几个熟悉的人，如丹、穆萨和大龙，他们正在排队下撤。

单人无氧攀登对穆萨来说是一次严峻的挑战，纵然他为此做足了准备，包括2017年有氧成功攀登珠峰熟悉路线，佩戴阻氧面罩进行日常越野跑训练，拉练到C3进行无氧适应等，但是攀登至阳台时，穆萨还是一度出现了幻觉。

回想起这段经历时，穆萨曾这样给我们说起。无氧攀登快速消耗着自己的体力，大风更是搅乱了他的思绪。忽然间，他的眼前似乎变得平整起来，仿佛正身处于一个温暖的房间内，一群人正围坐在一张桌子前开会。这假象并没有完全占领穆萨的内心，他立刻意识到是自己出现了幻觉，所以拼命去抗争。无奈的是，就好像做梦一般，他始终难以彻底摆脱幻觉的困扰，所以只能一边前行，一边想方设法去抗争。就这样一直持续到海拔约8600米处，他才彻底从幻觉中走出。

到达峰顶后，穆萨神态变得非常庄重。他尽力站直身体，在狂风中努力展开随身携带的五星红旗，深情吟唱起了《歌唱祖国》：

"五星红旗迎风飘扬，

胜利歌声多么响亮。
歌唱我们亲爱的祖国，
从今走向繁荣富强。
……"

歌声几乎被大风淹没，看着穆萨已经张合不那么灵活的嘴唇，听着隐隐约约传至耳中的歌声，大龙不自觉地举起手机，拍下了眼前发生的一切。

后来回看这段视频，我们分明可以看到，在穆萨脸颊上，有潸然流下的两行泪水。他的歌声或许不够嘹亮，甚至有些跑调，但在那一刻，歌声所流露出的真实情感却是发自内心，也足以震撼当时的大龙以及后来的我们。每每说起这一段往事，大龙总会深深沉浸在这个让我们感动且震撼的场景之中。

回到希拉里台阶，拥堵依旧，只能等待。眼看着时间一点点流逝，自己的体能也在加速消退。如此这般等待下去，后果可能不堪设想。穆萨心中猛然闪现出一个念头：借助断绳从峭壁下撤，绕过拥堵的人群，再想办法重回常规下撤路线。想到便做，他毅然脱离主绳，在众多人诧异的目光中挪到断绳处，凭借扎实的攀登技能，有惊无险完成了另类超越，与如丹会合于常规路线上。

我看到他时，就是他刚回到常规路线不久。此时的穆萨，嘴唇不但有些浮肿，且已因缺氧呈现出一种黑紫色。整个人看起来略显萎靡，应是疲劳所致，不过行进的步伐还算稳定，而且还能记得询问我后面还有谁。遗憾的是，除了哈里斯，我无法说清后面是否还有其他队友。因为我并不知道穆萨通知给其他队友的出发时间，而且上攀途中也没有遇到除艾米以外的其他队友。队伍在继续移动，扎西已身处前方，与我相隔数人，我只能和穆萨停止了交流，彼此道一声"注意安全"，便各自走向了自己的目标。

前方路上，下撤的攀登者渐多。距离我不远处，道路已经完全被下撤者占据。占据点恰是一处陡峭的雪壁，冲顶者无路可走，下撤者亦无路可择。两方各不相让，也无处相让。后方的道路同样拥堵，上不去，更退不得，能做的只是在寒冷中默然等候。此时，阳光被雪坡阻挡，寒意似乎浸入血液并随之游走周身。

忽然，后方传来几声喊叫。我以为发生了什么事情，循声望去，发现喊声来自一位夏尔巴。他正带领两名山友，希望前方的人们能给他们让出点空间，以便到前方拥堵处维护一下秩序，使道路变得通畅一些。能有人出面打破这种无序，所有人当然都求之不得，因此无比默契，纷纷想方设法腾出空间供其通行。扎西本已在雪壁上沿，未受影响，我却在一番腾挪之后相对退到了那三人身后。

意想不到的事情再次发生。三人顺利爬上了雪壁，但没走几步便停了下来，刚开始动起来的冲顶队列再次停滞。起初，大家以为他们需要短暂休息，所以都眼巴巴地望着他们，立于原处耐心等待。可5分钟过去了……10分钟过去了，他们依然原地不动，其中两名山友始终低垂着头，有如睡着了一般。我们重燃起的希望再次被拉回现实。

扎西停下脚步，回头望向我。我能感觉到，他的眼神里充满了希望我能紧紧跟随的期待，可是那三人却丝毫没有前进的迹象。我无法继续忍耐，冲着这位夏尔巴喊了一句：

"Either go up, or come down, don't stop！"（要么继续上，要么就下来，别停下脚步！）

必定是听到了我的喊声，那位夏尔巴回头看看两位山友，又看看我，再抬头看看上方的路，然后木然地拉了拉两人，重新迈起脚步。

终于冲出人群，希拉里台阶已被抛至身后。前路仍在山脊一侧的斜坡上，只是已远不如之前那般险峻，宽阔且舒缓了很多。路上的人也稀疏起来，基本都是冲顶者。我寻机超越了三人，与在前面慢慢行走的扎西会和，两人一前一后尽力加快速度向顶峰攀去。

行走在舒缓的雪坡上，内心的顾虑大大减少。顶峰就在前面，心中有种无法抑制的激动，可以明显感受到心跳正在加速。

5月22日7:15，我终于站到了顶峰，无数攀登者魂牵梦绕甚至不惜魂断于斯的珠穆朗玛峰顶峰。向北坡一侧看去，那里狂风正卷起积雪，似大雾般在我们面前积卷。真正站在了顶峰的那一刻，即使在狂风中，内心的波澜竟然也毫无理由地平息了。

冒着呼啸的狂风，简单环顾一下顶峰。总面积二十余平方米，居中处有一凸起的雪丘，颜色各异的风马旗凌乱散布其上，看上去没有任何特别之

处。预计中的激动并没有如期而至,肆虐的狂风似乎更是在以一种非常平淡的语气告诉我:

"是的,这里就是世界之巅!"

大口呼吸几次,没有细数有多少人在这里围聚——感觉有十来个人吧,聚力提神走向最近的、正好面对来路的一个位置。紧邻处,一位登顶者正坐在雪丘旁拍照。他穿着凯乐石的连体服,臂章上绣着凯途高山,一看就知是凯途的中国队员。

从连体服中取出华为mate20pro手机交给扎西,我瞅准凯途山友身旁的雪窝,挨着他小心坐了下去。舒展开双腿,卸下身上的背包,脱掉右手厚厚的羽绒手套,从背包中取出小易请扎西帮我拍照。谁知那雪窝过于浅滑,整个人忽然瞬间下滑,幸亏身前的扎西眼疾手快,即刻出手拽住了我。在他的帮助下,内心惶恐不已的我努力站起,再次小心坐回原处。吸取了刚才的教训,坐下后我弓起左腿、伸直右腿,将冰爪的利齿扎入积雪之中,防止意外再次发生。

抓绒手套阻不住深深的寒意,冰冷从指尖一直传递至大脑,我下意识伸缩着手指。手持着小易拍摄完一张照片,我郑重取出一直静卧包中、印有母校LOGO的手拉宝,拍下了这幅我最中意的照片。随后又去除氧气面罩和扎西互相拍摄了登顶照。给扎西拍完照,本以为登顶后的所有计划事项已经全部做完,正准备转身下撤,扎西忽然说等一下。只见他俯身从背包中取出一面旗帜,展开发现,旗帜上赫然印有"攀登者"三字,原来是伟哥请他携带上来的宣传电影《攀登者》的条幅。我们合力将旗帜平展,请身旁的一位夏尔巴帮助拍摄下这个画面,顺便又拍摄了我和扎西在峰顶的合影。

无尽的疲劳阻滞着我们的思维,终究没有体会到登顶后的丝毫激动。在料峭的寒风中,我们开始下撤,此时大约7:50。

再次回到希拉里台阶,不远处,雾气开始升腾,太阳变成了挂在天上的一个圆饼。冲顶上行的人数明显减少,眼前基本都是冲顶后下撤的人群。陡峭直壁前人群依然拥堵,两个冲顶者在下沿上不来,下撤人群也下不去,足足消耗了近一个小时,那两人才冲出重围,下撤的人群也才开始移动。

我和扎西把主锁扣在路绳上,谨慎下行。雾气已经大面积弥漫,雪花开

作者在珠峰顶峰手持母校校旗拍摄留念。

始飘起,身体的疲劳感更加重了,登山靴里的脚趾也因挤压开始疼痛,但在拥堵的人群中,我们只能缓慢挪移。大雾迷蒙着双眼,艰难通过希拉里台阶这段很短的路程我们用了两个多小时。

终于爬上冰壁回到南峰。太阳在雾气中偶尔展露出真容,但是在怒吼的狂风中,我们很难感受到些许阳光辐射出的丁点儿温暖。随着雪愈大、雾渐浓,一切都变得更加朦胧,眼前苍白一片。上山容易下山难,对这句谚语的体会,此刻变得尤为深刻。甚至不知何时起,右腿膝盖也变得疼痛。膝盖疼,脚趾痛,身体疲,三种感觉交织于一身,步伐愈发沉重。

从南峰下行过程中,前后都有不少正在下撤的其他山友。每每行至那些陡直的冰壁、岩壁和长长的雪坡,下降器便无法再使用。只能依靠主锁保护,两手抓着路绳侧身下行。有条件时也会一手抓主绳、一手抓辅绳正身下行。只是受制于三种感觉的影响,下行速度非常缓慢。在这样的高海拔地区,每多停留一分钟,就意味着多一分危险,看看逐渐恶化的天气,我反复提醒自己:必须想尽办法快速下撤。

情急之中,我想到了马纳斯鲁攀登时用过的招数。将主锁挂在主绳上做保护,把前端主绳在一条胳膊上缠绕两圈,用同侧的手抓紧主绳,另一只手抓住辅绳,利用自身重力下行。缠绕在胳膊上的路绳会产生阻力,阻力的大小可由缠绕的松紧程度调节,而下降的速度又可以通过阻力变化来控制。

利用这个妙招时,在冰壁和岩壁上,为更好观察下方落脚点,宜采用正身姿势;在雪坡上,稍微回头便可轻松找到落脚点,宜采用背身姿势。脚趾

从南峰下撤过程中,远眺C4营地和洛子峰。

的挤压感因此大大减小，下撤的速度加快很多。只是因为体能耗费过大，我仍然走走停停，必要时还要坐下来稍事休息。即便如此，行进速度依然比前面过程快了很多。

扎西的体能明显更好，不但行进速度更快，行进姿态也比我轻盈很多。

到达南峰下面的雪岩混合路段中部，我刚刚坐下准备休息，背后上方突然传来几声焦急的喊叫声。我顿感应该发生了什么事情，立刻回头望去。在后方约20米处的雪坡上，一位山友已跌倒在地。只见其身穿蓝绿配色连体羽绒服，顺着山坡头朝下，脚在上。两位夏尔巴正努力拉拽着山友的身体，并试图将其搀起，但山友似乎根本不想或者无力站起。由于距离较远，我无法分辨山友的性别，只能从其跌倒的情形判断，其体能应几近透支边缘甚至已经力竭。

对于众多业余登山者而言，除了雪崩、冰崩、地震等突发性自然灾害，更多危险往往来自自身。平时针对性训练不足和身体基础性疾病等原因暂且不说，即使是身体健康、体能良好者，在向上攀登时，因体能相对充沛、注意力较为集中，除了自然灾害，一般不会有别的危险发生。一旦登顶后下撤时，在高海拔低温、低氧、低气压环境下，如果体能消耗过大或麻痹大意，便极易发生力竭、滑坠等致死事故或者冻伤等严重病情，这些都会对登山者的身体带来巨大危害，甚至危及生命。

此时尚处于8400米以上高危地带，下撤道路依然漫长，众多危险也尚未解除，我清楚不能花费过多时间继续观察，决定起身和扎西继续下行。不幸的是，这位跌倒的山友终究没能挺过这一关，不久后，她——54岁的印度女性登山者——终因体能透支滑坠身亡，其遗体被救援直升机悬吊运往了山下。

11:30，我和扎西终于回到了阳台。风雪漫天中，一位中国山友正坐在阳台尾端休息，他身边散布着几个氧气瓶。我在他不远处坐下，点燃一支香烟，一边休息，一边吞云吐雾起来。扎西似乎另有任务，根本顾不上休息，忙着去翻看那些氧气瓶上的标识。翻腾了一会儿，把标记有"Indian army"字样的一个氧气瓶装入了背包。不难猜测，这是七峰公司印度军队登山队客户替换下来的氧气瓶，在正式攀登开始时，扎西或许就得到了背负这种氧气瓶下山的任务。

干冷空气持续刺激着我的喉部，休息的这一刻，干疼的感觉愈发强烈，多次吞咽无济于事。扎西再次心领神会，及时从怀中掏出可乐递给我。与冲顶到达阳台时不同，即使可乐一直放在他的连体服中，此时依然已经部分结冰。可乐一进入腹中，一种冰爽透凉的感觉就直沁心脾。从拉练时开始，穆萨就不止一次提起可乐在登山中的神奇功效，首次到达阳台我曾亲自体验，考虑到携带数量有限，其后攀登过程中我一直没有舍得喝，取而代之的都是热水。在身体疲劳至极和喉咙干疼的此刻，可乐有如神药般唤醒了我的身体，纵然喉咙干疼并未得到彻底解决，但疲劳却得到了一定程度缓解。

从阳台到C4的路上，人少了很多，偶尔会有几位夏尔巴或山友从后方超越。我用老方法通过了雪岩混合路段，踏上雪坡后，我的行进速度继续变缓，休息次数逐渐增多，疲劳与各种不适感一起侵袭着身体。忽然想起兜里还有一块艾米送我的润喉糖，便趁休息时塞进口中。一股异于平常、不太容易接受的味道刺激着鼻腔，喉咙的干疼神奇般消失。

我的疲态被扎西看在眼里。得到我的默许后，他体贴地打开我的主锁，帮助我通过了两个节点。这是自正式攀登以来，扎西仅有的两次帮我过节点。离开大本营时我就郑重告之，如非特殊情况，除背负必要装备外，扎西无须给我其他任何帮助。因为这才是我所追求的攀登，尽量自给自足的攀登，能够不断挑战自己的攀登。但此时，如何尽快平安返回大本营成为我们不得不考虑的问题，在体能下降和天气恶化情况下，他适当伸出援手，并不会影响这次攀登的完美。

雪坡末段，已经可以隐约看到远处的C4营地。两位夏尔巴从后面追赶上来，他们的行进速度看起来很快，不过其中一位似乎比我还要疲劳，不但屡屡休息，而且休息时总是一副想要常坐不起的模样。我几次看到，每当同伴要求继续前进，他总会摇着头嘟囔着什么，似乎在说着：再让我休息一会儿吧。或许是再也无法忍受，看了看前方的路，同伴毅然从路绳上取下他的主锁扣在了自己的安全带上，又整理好他的背包，挂在自己胸前，然后让他坐在雪地上，拉着"屁降"的他完成了最后的雪坡路段。这一招效果很好，两个人很快变成了两个小点，最终消失在了我的视野中。

雪势逐渐变小，雪雾依然弥漫。在大风吹拂下，雪雾都偏向洛子峰后侧而去，蓝天再一次出现，洛子峰和C4已经可以清晰进入眼帘。扎西终于感觉到了疲劳，每次休息时，他会躺在自己的背包上，甚至还会闭上眼睛，仿佛进入了梦乡，直到我喊他继续下撤。如果说还有什么是始终未变的，那就只有他的咳嗽声了。

回到冰盖的亮冰上，紧张的心情终于能够放松一些下来。C4就在前面不远处，我和扎西缓慢行进，直到踏入碎石区的帐篷附近，听到了大风送来的穆萨的话语声。不顾冰爪踩在碎石上的呲滑，提起精神，带动已疲惫至极的身躯，加快脚步走到帐篷跟前，立刻卸下背包塞入帐篷之中，整个人也顺势爬了进去，脱下登山靴就躺了下来。此时已近下午两点。大风把帐篷吹得凛冽作响，我闭上右眼，感受着一直让我担忧的左眼出血点变化情况，黄斑区出血点出现了明显变大迹象。正是这个迹象和身体的疲惫，让我最终决定放弃攀登洛子峰并继续下撤。我把这个决定告诉迪仁吉，他已在C4等待多时，并做好了陪我继续攀登洛子峰的各种准备。迪仁吉闻言，面带善意地笑了，他理解我的选择，当然也就没有抱怨，而是决定与扎西一起随我下撤。

躺在帐篷里，我长长舒了一口气。熬过了咳嗽折磨，扎西同样疲劳不已，他也脱掉登山靴和袜子躺进帐篷里，告诉我休息一个小时后，下午三点我们准时下撤。

我们在帐篷里一边休息，一边与来到帐篷前的其他夏尔巴交流。因此知晓葛玲、唐锋、如丹和艾米都已顺利回到C4；还知道穆萨回到营地后，找不到自己帐篷，他猜测或许是被昨晚或今晨的大风吹得不见了踪影。不过，幸好帐篷里没有什么重要装备。

确认仅有小肋骨和哈里斯还没有回到C4后，穆萨才暂时结束工作。没了帐篷遮风、冻得瑟瑟发抖的他来到我们帐篷中，选择在这里避寒。

不过，没过多久，穆萨便重新找到了自己的帐篷。实际上，他的帐篷并没有被大风吹走，而是依然完好待在原位。之所以遍寻不见，大概因当时极度疲劳阻滞了他的思维，也蒙蔽了他的双眼，以致记错了帐篷的位置。即使如此，穆萨依然选择回来和我们窝在一起。

高海拔的午后，天气说变就变。这种变天对登山者来说，意味着极大的风险，这也是我们把关门时间定在22日早上10点的最主要原因。大风中，营地再次出现浓密的雪雾，周边一切顿时陷于一片迷蒙之中。接下来天气走势如何？能否继续向C2下撤？是否需要在C4营地停留过夜？这些问题开始困扰我们。毫无疑问，十几个小时的艰难跋涉之后，队员和夏尔巴的体能都已极度消耗，以这种状态留在C4过夜，极有可能会面临诸多危险，之前拉维的经历已经证明了这一点，所以继续下撤才是保障成员安全的最好选择。为此，穆萨不停与大本营交流着队员们的攀登进程和状态，同时也焦急了解着天气预报状况，尤其是大风会不会降速、迷雾会不会消失。

成功登顶并回到C4，中国民间第一次成功无氧攀登珠峰壮举已经完成了一多半。此刻，穆萨还不能为这一壮举而过多激动，他心中挂念更多的是自己肩负的责任。内衣湿透、浑身发冷的他蜷缩在我们帐篷里，顾不上好好休息，而是持续与伟哥交流最新情况。时间一点点流逝，雪雾依旧。下午四点多，小肋骨终于顺利回到营地。

帐外寒风凛冽。艾米和如丹的帐篷中，艾米体力严重下降，视力也疑似受损，正急促地呼吸着氧气、紧紧裹在睡袋之中。忧心忡忡的她既担心天气，又担忧身体，深恐后续过程会出现什么意外，所以在如丹下撤之前，她请求如丹说：

"在我手机里有一段视频，是特意为我老公和孩子们录制的，如果我出现了什么意外，请你一定记得把手机交给他们，让他们看看这段视频，并转告我老公，我很爱他。"

闻听此言，如丹疲惫的脸上满是诧异，立刻劝慰道："你不要胡思乱想，目前的坏感觉不过是太疲劳的原因，只要好好休息，肯定可以恢复并安全下撤的。"如此种种，一番劝说，终于让艾米的心情得以平复，安心休息。

"穆萨，穆萨，天气预报显示，接下来天气转好，降雪将停止，雾气会消散，你们可以继续下撤，完毕。"对讲机里伟哥送来了好消息。

"唐锋和如丹已经下撤，哈里斯登顶后还没有撤回，其他人都逗留在C4营地，我们会择机下撤。"穆萨简要报告着营地这边的情况。

回到营地的所有人中，要数葛玲状态最好，她一直在思忖是否继续连登。如果连登，略作休息就要前往洛子峰C4营地，在那里简单调整后尽快冲顶。待小肋骨返回后，两人就此事进行了充分讨论。初始时，她们本已基本达成继续攀登的一致意见，但当穆萨将我放弃连登的决定以及洛子峰上可能面临的恶劣天气告知她们后，考虑再三，安全起见，她们也暂时放弃连登，准备下撤。

客观分析，因为葛玲出发早，所以有幸避过了希拉里台阶附近的拥堵，体能消耗比我们大幅减少。但小肋骨和我们一样遭遇了拥堵，长时间攀登已耗费了她大量体力，是否还具备连登洛子峰的体能，的确要打上一个大大的问号。假如小肋骨中途因体能问题下撤，则仅剩葛玲一人。缺少了队友陪伴，葛玲成功的概率必大打折扣。此外，洛子峰天气呈现恶化趋势，连登的危险大幅提升。在这种情况下，放弃连登是她们最好的选择。当然，我们无法判定这个选择正确与否，只是从当时的客观条件判断，我们认为它是最合乎时宜的。

在她们初始决定连登时，我把一个头灯借给了葛玲。闻听她们暂时决定放弃连登后，我又请迪仁吉把头灯索要了回来。夜间下撤，头灯必不可少，有备方可无患。只是不知何故，迪仁吉并没有将头灯交还给我。

穆萨通过索纳与尼玛取得联络，嘱他照顾好哈里斯，又嘱咐巴桑留在营地妥善照顾艾米，然后通知剩余队员开始下撤。葛玲和小肋骨的选择略显意外，二人暂缓下撤，我个人感觉应该是放弃连登的决定又发生了动摇。

下午五点刚过，穆萨、我、扎西三人在前，迪仁吉殿后，开始向C3下撤。即使体能消耗过大，穆萨依然比我有明显优势，通过碎石路段没多久，尚未翻越山脊，他的身影就消失在了前方的雪坡上。扎西和我一前一后，像冲顶后下撤时那样缓慢前行。在呼出的湿热气体影响下，镜片不时变得模糊，任由我如何调整也无法彻底消除镜片上的水雾。索性摘掉眼镜，冒着雪盲的危险在茫茫雪原中前进。到达洛子峰C4时，发现拉维的遗体已经消失不见，仅剩下方的那具遗体仍然留置在原处。

天光不再，渐浓夜色笼罩雪原。扎西步伐在加快，已与我拉开了较大距离，他应该是希望尽早下撤到C2。我本来就走得慢，头灯也不合时宜地熄灭了。这时，迪仁吉背负着一大包装备追赶上了我。储备了充沛体能，却终究未能在计划的洛子峰攀登时施展，对他来说无疑是一个遗憾，如今来到收尾下撤阶段，攒着的劲头终于迸发出来。

看到我头灯未亮，迪仁吉停下脚步，询问我是否需要帮助。得知缘由后，他毫不犹豫摘下自己的头灯递给我，然后走到前方带路。他非常熟悉路线，下撤技术同样娴熟，在我的灯光照射下，行进起来没有丝毫困难。只是他递来的头灯并不是我的那一盏，刚想问原因，迪仁吉已经继续向前，我也就止住了这个念头。

这个头灯的照度明显要高，眼前亮堂了很多。扎西此时也知道我有了迪仁吉陪伴，他下行的步伐继续加快，很快就消失了踪影。

风速降了很多，雾气渐渐消失，月亮也隐去了身形，夜色愈发深沉。灯光照射的范围缩小了很多，迪仁吉行走的步伐也慢了很多。

来到洛子壁上部的冰壁前，除了前方很远处可见一个闪亮的头灯外，冰壁上再无他人。为了确保下撤安全，我们两人选择依次通过。每过一个节点，我都先用头灯沿路绳方向打亮前路。迪仁吉娴熟地连接好下降器，回头看一眼由脚印串成的路，快速背身向下而去。一旦到达下一个节点，他便会停下示意，我再把路绳缠绕到胳膊上，挺身而下。到达迪仁吉身边后，他才继续向下，依此反复而行。

本来我也想用8字环下降器，但在包里遍寻不见，估计是在C4休息时不小心将其遗落在了帐篷中。

不久，C3营地里几个头灯的亮光已经清晰可见，偶尔还能听到大风送来的穆萨的话语声，但当我们逐步靠近时，那些头灯光亮却消失了，同时消失的还有话语声。

晚上9:15，我们到达C3。迪仁吉坐下休息，我赶忙呼喊穆萨。他回应一声，我才知他已经躲进帐篷之中。我了解到，他的头灯在下撤时也出现了问题，不得不摸黑下降，过程中被什么绊了一脚，差点跌入附近的冰裂缝里，所幸及时刹住了车，才没有陷入困境。幸好离营地已不远，借助着手机手电筒的微弱光亮他才顺利抵达营地。后方的葛玲和小肋骨此时也已下定决心放弃连登，转而下撤，但尚未到达C3。艾米和哈里斯还在C4。穆萨决定留宿C3等待他们。我和迪仁吉短暂休息后告别穆萨，继续向C2下撤，并于10:20到达洛子壁下。

向前的路除了初始的一段冰原外，基本都是小雪坡，虽然背负重量远远超过我，迪仁吉依然脚步稳健，我的双腿却如灌了铅般沉重，每走几十步就要坐下来休息一会儿。每每此时，他总会停下等着我。当看到不远处一盏头灯在暗夜中闪闪发光时，迪仁吉立刻开心起来，笑着告诉我，一定是尼玛的儿子，队里安排他来接我们。这的确是一个鼓舞人心的好消息，却也不足以让沉重的双腿轻松点。缓慢行至尼玛儿子身边时，他第一时间给我们递来可乐，然后将迪仁吉背包里的部分装备转移到了自己的空包之中。待我们喝完可乐，尼玛儿子前面带路，我和迪仁吉随之前行，临近C2营地我才忽然感觉到双腿有了一些力量。

深夜11:30，终于回到了心心念的C2。重返此处，意味着珠峰攀登的心愿几近达成。迪仁吉去到了自己帐篷前，我如释重负般瘫坐在石块上，努力睁大眼睛，扫视着这个除了大本营之外我最熟悉的营地。往日呼啸不止的风声此刻竟然全然归于沉寂，除了我们的头灯散出的光芒，仅有厨房帐旁的一个帐篷里还闪着光亮，其他帐篷以及周边的冰川、冰塔林、碎石都被暗夜吞噬。那个帐篷里不时传出咳嗽声，我非常熟悉的咳嗽声，是扎西。他正在整理睡袋和防潮垫等装备。先回到这里的唐锋、如丹和营地里的其他人都已经进入梦乡。

休息良久，我起身来到我和哈里斯原来居住的帐篷前，头灯照耀之处仅剩一片空地，帐篷了无踪影。迪仁吉过来解释说，尼玛儿子告诉他，我们走后不久，冰川融水增多，导致这顶帐篷底部泡水，只能将它收起。这样一来，我今晚必须另择帐篷休息，不过迪仁吉已经帮我解决了。他引我走到一个空帐篷跟前，体贴地帮我卸下背包才转身离开。我努力把装备扔进帐篷，卸下冰爪，脱掉沉重的雪地靴，挣扎着钻进帐篷，铺好防潮垫，打开睡袋，再褪去身上除排汗内衣以外的所有负担钻进睡袋。氧气面罩往头上一戴，便再无负担，安然睡了起来。

按照尼泊尔航空文化和旅游部驻珠峰大本营代表Gyanendra Shrestha的记录，5月22日这一天冲顶人数为297人。想想自己和队友们能从这么多人中突出重围，完成攀登并顺利回到C2，那一刻的轻松，我无法言表。

有惊无险返回大本营

如果不是迪仁吉的喊声，我应该还在沉睡之中。睁开眼看一下表，已是早上六点多。感受一下眼睛尚好,再动动身子,两侧的肩胛骨处酸疼得要命,小腿肌肉同样疼痛不堪。实在不想起身,可又不得不起身,接下来还必须早点出发,趁着清晨尽快通过昆布冰瀑。毕竟,只有安全回到大本营才意味着攀登的最终胜利。

懒得洗脸,甚至没有刷牙,起床后我先是整理一下自己的装备,然后到餐厅帐中喝了一碗白粥,给两个保温瓶灌满开水。不知何时,穆萨回到了C2,而且带回了哈里斯已经到达C3以及他眼睛遭遇轻度雪盲不得不在那里等待眼睛恢复的消息。

早上八点,烈日当空毒照,天空没有一丝云彩,寒冷感觉终于不再。很多山友都还没回来,营地里没有了初至时的喧嚣。穆萨、唐锋、如丹和我以及我们的夏尔巴准备妥当,准时从C2动身出发。经过一夜沉睡,又身穿抓绒衣裤出行,身体状态却仍然没有太多改善,感觉浑身绵软使不上力。唐锋主动要求带路,选择了一条之前没有走过的道路。积雪覆盖着冰川,让人根本不知脚下的虚实,走起来深一脚浅一脚,直至走到村口处,与曾走过的路重合,再穿上冰爪,才感觉踏实了很多。

进入缓坡下降地带行走,步伐终于轻松起来,仅仅用了一个多小时,我们就走出西库姆冰斗,接近了C1所在地。但我始料未及的是,在这里我却遭遇了一次真正的凶险。

冰川运动,昼夜不停。在它的作用下,必经的一条冰裂缝比以往变宽了很多。为保障山友安全通行,"冰川医生"在这里新增了一架横梯。起初,我并未把这架毫不起眼的横梯放在眼里,完全忽略了身体尚未恢复到位这一现实,毫无畏惧地拉起两侧路绳、挂上主锁便径直踏了上去。

微波炉般的西库姆冰斗,充斥着挥之不去的炎热空气,不停炙烤着行走其间的我们,也悄悄加速着我的疲惫和困乏。身至横梯之上,我鬼使神差向下看了一眼,深不见底的冰裂缝猛然跃入眼中,不由得心生惊悸,脚下瞬间失去准头,一个趔趄向左侧倒了下去。

倘若掉下冰裂缝,在主锁保护下,应该不至于下落过深或受到致命性伤害。但裂缝中那些突出的冰壁、冰锥却极有可能使我受重伤。

就在这紧要关头,在倒下的同时,我本能地伸出双手,一把抱住了前方一块尚未融化的冰壁，身体重重地倒在了横梯上，虽然并未掉入裂缝中，但已是冷汗直冒。我稍事停顿，深吸一口气稳住心神，翻身拉紧路绳，缓缓站起身来，眼睛直盯前方，万分小心地走了过去。

如丹在我身后目睹了这一切，轮到她过横梯时，当即吸取了我的教训，有惊无险地通过了横梯。

到达C1，左腿感觉明显疼痛，不免有些担忧。补了一些水后，随即脱掉高山靴、挽起裤脚，只见左腿小腿上已留下了一道紫痕，必定是倒在横梯上时被磕所致，但并无外伤。既无大碍，便未做过多停留，再次踏上下撤之路。

到达昆布冰川冰原后我发现，与我们向上攀登时相比，路绳布设位置发生了多处明显变化。但此时下撤的山友非常少，我们通过的速度比拉练时明显提升。8个人互帮互助，在高低起伏多变的昆布冰瀑中穿梭行进，顺利通过了多个铝合金梯，11点多到达乱冰区下边缘的高处地带。穆萨的对讲机中忽然传来了伟哥的呼叫，呼声中可以感受到由衷的喜悦：

"穆萨，穆萨，我看到你们了！按照你们现在的位置，估计再有一个多小时就可以回到大本营。"

与首批下撤的队友一起撤至昆布冰瀑。

此后又不时传出"萝卜，看到你了，再坚持一下，就快到了""老唐，很好，很好"等话语。

连续且清晰的呼声激励着我们加快脚步。

昆布冰瀑的诸多低洼处已经水流成溪，如一条条小河在冰塔中逶迤盘旋，很多路绳都被融水打湿。依然沿用胳膊绕绳下降方式的我，进入冰瀑后套上了羽绒服，袖子上已被勒出了几道明显的湿痕。

行进过程中，我们就商量起如何列队回到大本营。最终意见是由开创中国民间无氧攀登珠峰历史的穆萨居前，我、如丹和唐锋居中，四位夏尔巴居后，以三角形站位进入大本营。

中午12:00，前方的冰塔顶部出现了伟哥健硕的身影。只见他站立在高处，正努力挥舞着双手，兴奋不已地向我们大声呼喊着。离他不远处，几个冰塔围合成的乱石区里，一飞和几位夏尔巴组成了欢迎队伍，同样笑容满面顾盼我们的到来。

这里已经距离大本营很近，到达此处基本意味着本次攀登的胜利完成，悬着的心终于可以全部放下。我们开心地拥抱着、诉说着，开启伟哥等人带来的可乐和啤酒，频频碰杯，肆意庆祝成功登顶与安全归来。

简单狂欢之后脱下冰爪，在迎接人群的簇拥下，我们开心地走向营帐。

德吉、魏必、王兵和其他夏尔巴出现在眼前，他们早早聚集在营地前的空地上，等待着我们的到来。看到迎接上来的德吉，我疾步上前拥抱住她。对于她的遗憾下撤，我心中有很多安慰的话想讲给她听，但那一刹那根本无法开口，只觉得千言万语都被堵在了嗓子眼，只有眼中的热泪夺眶而出。

2019年5月23日12:50，圆梦而归的我们回到了大本营。大本营俨然换了一个面目。

洗澡帐前的那片雪地，17日凌晨走之前还被冰冻得平整且坚硬无比。一周后的今天，冰雪渐渐消融，雪面已经变得凹凸不平，有如微缩的冰塔林。

刚刚经过那片冰川边缘地带，到处是融化的冰水，与去程时的冰封天地相比，似乎换了人间。

先期返回了营地的云飞和义全，早已踏上了归国之途。

换上营地服走出帐篷，耳边响彻着各种由衷的祝贺，眼中填满了一个个欢笑的脸庞，整个营地仿佛都被莫大的喜悦充盈。

我正沉浸在这种甜蜜的喜悦之中，却被魏必不由分说拉进餐厅帐。魏必将我安顿到他身前的凳子上，拉住我的双腿搭到他的腿上，不顾我捂了5天多的鞋袜散发出的熏人味道，他伸出十分有力的双手，施展出浑身解数，给我放松双腿。他调侃说："珠峰8848的脚，平原人民受不了！"说完便仰头哈哈大笑起来，众人也随之哄堂大笑，那笑声塞满了餐厅帐，穿破了帐帘，悠悠飘向远方。

回到大本营后，唐锋第一时间请求安排直升机，希望即刻返回加都。首批抵达的其他队友积极响应这一提议，快速从喜悦的氛围中转而准备起来。

我把安全帽、徒步鞋、防潮垫和登山杖赠予了两位夏尔巴，剩余装备都装入驮包，收拾完毕后整装待命。可惜由于天气阴沉，直到暮色降临，直升机依然未能到来。剩下的行程实际上已不再那么迫切，既来之则安之，我们耐着性子和工作人员一起等待后续队友的归来，等待与他们欢聚。

其间，借用唐锋的刮胡刀，我把已近两月未曾打理的胡子刮掉，恢复了一些正常人的感觉。王兵趁机给我抓拍了一张打理完毕后的照片。照片中我那黑红的脸庞、干裂的嘴唇，像极了常年生活在雪域高原的藏族同胞。

也正是此时，我才从大龙口中得知了一个消息。他的队友，55岁的美国人唐纳德·卡什（Donald Cash）与我们同一天登顶，但返回到希拉里台阶时便倒地不起，疑因力竭永远告别了这个世界。

据大龙介绍，唐纳德下撤到希拉里台阶上方时就一度失去了意识，经夏尔巴急救方才苏醒，并坚持到达了希拉里台阶。可他与我们一样，在此地因遭遇拥堵，被迫停留了两个多小时。好不容易抵达了台阶底部，未曾想，他在这里再次晕厥，并最终停止了呼吸。按照遗嘱，他的家人同意让他长眠于此。

珠峰是唐纳德"7+2"探险之旅的最后一站。之前在北美最高峰迪纳利峰（Mt. Denali，又名麦金利峰Mt.McKinley）攀登中，因冻伤，他被截掉了3段手指。谁也不会想到，天生乐观的他竟把这3段手指做成了项链，直接佩戴在脖子上。而在这次珠峰攀登过程中，他总会向周边的人炫耀自己的项链，很多人看到都惊悚不已。

他肯定知道，每一位向着梦想不断发起挑战的人，包括他自己，都有可

王兵（右）为首批下撤队员拍照。

能堕入万劫不复之境地。但他一定不曾想到，梦想即将达成的这一站，竟也成为他人生的最后一站。

大龙把自己手机中拍摄的唐纳德照片展示给我。我惊讶地发现，这不正是在希拉里台阶上行时被我超越的那位老者吗？照片中的蓝色连体服和目光中透出的坚毅，让我不费吹灰之力就辨认出是他——那位不由得让我多看了一眼的外国山友。

那时我们并不知道，尼玛普加（Nirmal Purja）在22日清晨拍摄的一张照片，清晰呈现出希拉里台阶处大拥堵"盛况"的照片，让彼时全世界的媒体都聚焦到珠峰南坡：聚焦创纪录的382张许可证；聚焦史无前例的大拥堵；聚焦这个登山季里南坡亡去的山友。随着这张照片的传播，各种争议在全世界范围内迅速派生和传播，甚至夹杂着辱骂，更多的则是不解。

事实上，对于我们而言，拥堵早在意料之中，希拉里台阶上的拥堵场景也几乎会在每一个登山季都重复上演。与之前那些登山季的唯一不同，是受"法尼"气旋和许可人数创最多纪录的影响，2019年春季珠峰南坡登山季显得更加拥堵而已。后来看到这个"新闻"时，我曾和朋友们聊起：按照尼玛普加登顶的时间判断，在他所拍摄的那拥堵人群之中，或许就有我和几位队友。

心愿已了，等待便不再是难熬，时间流逝的步伐似乎大了很多。

19:10，葛玲顺利返回大本营。

近21:00，小肋骨平安抵达。

22:00，艾米回到大本营，紧紧拥抱着队友，她如获新生般哭诉着，将自己的心迹袒露无疑。只是不知道，那一刻，她是否想到了曾托付给如丹的那些话语。

24日凌晨，最后一位队友哈里斯也终于抵达。经历了短暂雪盲，他的面部有轻微冻伤，回来后比以前要沉寂了很多。

至此，十四座2019年珠峰南坡登山队登山活动终于走进尾声。在这个登山季里，全队11名队员有9名成功登顶，2名因身体原因途中下撤，所有人都平平安安回到了大本营。

至于"三条鱼"女士，自加都一别后，她先于5月15日成功登顶马卡鲁，此时也来到了大本营继续她的珠峰攀登计划。错过了两个最好的窗口期，喜马拉雅地区的雨季亦将来临，其后有限的几天时间里，她必须完成冲顶并下撤。祝她好运！

梦想达成踏归途

5月24日，碧空如洗、惠风和畅在期盼中终于来临，除了伟哥，登山队其他所有队员，还有一飞和王兵两位记者，先后乘坐直升机经卢卡拉返回加都。

从营地旁的停机坪扶摇升空后，我默默倚靠在直升机的椅背上，透过舷窗不舍回望：凝视这片我可能不会再来，却实现了我人生梦想的大地；注目隐藏了庞大躯体，却又将尖峰直插天际的珠峰。

此刻的大本营是如此的祥和，又那般的美丽；此刻的珠峰是如此的雄伟，又那般的安静；此刻的天空是如此的湛蓝，又那般的洁净。遥望此情此景，这段时间所经历的那些艰难困苦，仿佛变成了一场刚刚过去的梦，不置身其中永远都无法触碰的梦。只是以往梦醒总会遗忘掉所有的细节，此次的梦醒，梦中的点点滴滴却全都历历在目。

渐行渐远中，美丽的大本营渐渐变成了一个点，然后彻底消失在视野中。珠峰的巍峨身形也在快速模糊，最后只幻化成了脑海中的绵延冰川、茫茫雪原，以及一片苍凉的石壁。我这才闭上眼睛，心满意足睡去。

当晚，泰米尔街区的冒菜店里，在相邻的两张桌子上，已摆好香喷喷的烤鱼，酒杯中已斟满了酱香浓郁的茅台酒——小肋骨特意从国内带来的庆功酒，桌前围坐着当天返回加都的所有成员，憔悴写在脸上，却遮挡不住由内而外迸发出的喜悦，在穆萨的提议下，大家一起站起身、举起酒杯共饮。王兵难耐心中的激动，他看起来比我们还要开心，未等穆萨再次开口，他便率先给出一个建议：希望大家能共唱一首歌，既是对攀登活动圆满结束的庆祝，也是对离别时刻的一种感怀。大家纷纷表示赞同。

"鸿雁天空上，对对排成行。江水长，秋草黄，草原上琴声忧伤。"

王兵的歌声响起，悠扬而富有磁性，自带美妙旋律，回荡在我们耳边。唐锋情不自禁，不顾右手酒杯中的美酒可能抛洒，径自摇摆起身躯，左手执筷敲击碗沿，随之吟唱起来，众人纷纷仿效。一时间，悠扬的歌声、清脆的敲击声响彻了整个屋子，飘向了外面的街道……

"鸿雁向南方，飞过芦苇荡。

天苍茫，雁何往，心中是北方家乡。

……

酒喝干，再斟满，今夜不醉不还。

酒喝干，再斟满，今夜不醉不欢。"

"干杯！"

清脆的撞击声中，所有人纷纷端起酒杯一饮而尽。似乎在这辛辣香甜的美酒之中，融入和沉淀了我们40多天以来所有的情感。

或许在10年前，我们谁也不曾会想到竟有这样一场际遇，甚至梦中都不会出现珠峰。可现在，我们终因一个相同的梦而相聚，并一起义无反顾投身于其中，共同体会了圆梦过程中的酸甜苦辣。如今，这个梦想达成了，却也到了分别的时刻，我们要各自坚定地走向属于自己的平凡生活。

胡适先生曾说"醉过才知酒浓，爱过才知情重"。对此，我深以为然，如同"走过才知路险，聚过才知离艰"。

依依不舍中，5月25日开始，我们各自踏上了归途。

附录

藏头诗
赵大良

范山模水致远行,
波平浪静蕴激情。
登顶不惧征途险,
顶立方觉世事明。

贺范波珠峰登顶
李超

珠峰登顶非凡人,
氧稀雪崩可断魂。
诚贺校友范波棒,
喜马拉雅傲风云。

海到尽头天做岸,
山登绝顶我为峰。
交大学子终不负,
世界之巅耀眼明。

珠峰英雄——贺范波校友成功登顶珠峰
王萌

勇气可与蓝天齐，
挑战珠峰世界脊。
光耀昆仑洒长空，
不负西交凌云志。

无题
李民

西交校旗扬珠峰，
机械范波显神通。
长安求学鸿鹄志，
报效祖国立新功。

西江月——范波登顶喜马拉雅山
姬文晟

喜马拉雅挑战，
范波团队登攀，
西交学子勇争先，
十载光华志愿。

回首征途热血，
而今功业流传。
留思品格贯思源。
还惜山东彪悍。

赞校友范波登顶珠峰

冉年模

（一）
一脚天下动，
西交上极峰。
范波好男儿，
英雄立头功。

（二）
天地高对处，
校旗任极风。
交大五月花，
珠穆朗玛峰。

赞范波登峰

杨纪功

学弟登峰英气飞，
校旗展顶我交辉。
一张彩照引人醉，
留住明珠记住谁？

题范波登峰照

杨纪功

勇闯无人境，
敢迎少氧风。
手攀屋脊脉，

脚踩久年冰。
学友今登顶,
校旗分外明。
四周难见绿,
更显尔身红!

登顶珠峰
陈清亚

凌云壮志珠峰顶,
母校横幅猎长空。
西迁精神传万代,
九天揽月颂英雄。

祝范波珠峰登顶
修道喜

勇展志存高远怀,
珠峰登顶范波来。
西交学子秀风采,
不拘一格显俊才。

登珠峰
王萌

勇气可与蓝天齐,
挑战珠峰世界脊。
光耀昆仑洒长空,
不负西交凌云志。

一剪梅——祝贺范波珠峰登顶
范秀峰

男儿心志比天高,无畏山险,何惧路遥;
艰难险阻迎头上,卧冰踏雪,朔风呼啸。
历经万难攀珠峰,星孤夜冷,心似火烧;
不负平生鸿鹄志,俯瞰群山,何等逍遥。

坚强的山东汉子
徐飞

鲁中大地给了你略黑的脸盘
应是早已知晓你的梦想
让你在攀登的道路上
更好抵御高处炽烈的阳光

虽无山东汉子的魁梧外表
原是都化作了内心的坚强
让你在逐梦的道路上
执着前行哪怕偶染微恙

看到你身临绝巅的那一刻
仿佛能够感受到你内心的激荡
艰辛的付出终是换来这等壮美风光
且请端坐小憩接受我的敬仰

后记

从2014年如初生牛犊般走进乞力马扎罗，到2019年完成珠峰攀登，其间艰苦的攀登历程，我由衷感谢坦桑尼亚小哥姆萨、乌克兰攀冰健将瓦伦蒂、川藏队三郎杨初以及十四座创始人张伟，是他们所投身的商业登山组织，助我不断向更高峰进发，并一次次梦圆山巅，也让我切身感受着雪山对于一个业余登山者的无尽魅力。在乞力马扎罗，我收获了一颗懂得敬畏自然的心；在厄尔布鲁士，我感受到了团队之于成功的无尽力量；在雀儿山，我实现了突破自我的愿望；在马纳斯鲁，我体会到了把每天的小努力累积起来就足以改变历史的含义；在珠峰，我参悟到攀登有如人生，其光芒并不是在山巅展现，而是在逐梦的过程中发光。

每每思及多年来攀登时的那些日日夜夜，尤其是最为艰苦的一些历程，我总会思绪万千。著名学者施一公教授说过："人类在基因的深处蕴藏着与自然对话的本能，当遇到危险的时候，这种本能才会被激发出来，重新学会与大自然交流。"在我看来，登山正是这样一种历经艰难、让自己重新学会与大自然交流的过程，不过对于登山者而言，重新学会的又岂止是与大自然交流呢，还包括与家人、同事、朋友的交流，包括看到那些极致的风光，当然还有让我们学会了感恩并珍惜当下所拥有的一切。

克拉考尔在《走进空气稀薄地带》写道：登山如同生活本身，只是以更尖锐的方式表现出来罢了。事实的确如此，日复一日、平淡无奇的日子不断滋生着我们的惰性，慢慢消磨着我们的拼搏精神，让我们开始习惯并迷失在那些纸面上的"道理和格言"之中，用心体验与探寻的欲望日渐淡薄，迫切需要有一种尖锐的方式能刺破这种"平静"。当然，尖锐的方式有很多，比如给自己更高的目标、更高的追求，而登山就是这样一种有效的方式。

当有机会站至珠穆朗玛峰峰顶，毫无疑问，与其他的旅行相比，我们必须要打破以往的平静，付出百般的努力，还会让自己置身于很多危险之中。但与可能得到的体验相比，与更高目标的实现相比，这些努力当然付出得值，这些危险当然经历得值，过程中的那些痛苦、那些筋疲力尽又算得了什么呢？

攀登，是一个征服自己的过程。之所以说征服自己，而不是征服大山，这是因为登山者都清楚，无论多少人曾经站在山巅，他终究会离去，而大山千百万年依然傲然耸立。正是因为征服了自己，所以才会带给我们很多的感触，乃至是反思。这些感触和反思在日常的生活中是难以体会到的。

正是攀登，让很多人在看清了生活真相的时候，依然无比热爱着生活。是攀登，让很多人知道了人生最大的幸福不是目标实现的那一刻，而是明知道实现这个目标需要承受莫大的困难，却依然勇敢踏上征途、冲破重重艰险去触及目标的过程。

所以路遥说："不管成功与失败，只要敢出征的将士，就应该受到敬重。"杨春风、拉维们在征途中走了，永远离开了这个世界，可他们追求梦想所迸发出的那些力量却始终在激励着我们。以梦为马，不负韶华！我们宁可把生命托付给梦想，也不会在没有追求的人生中苟活。毕竟从未渴求永生也不可能永生，因此我们珍惜生命，但当决定已然做出的时候，面对那些无常的世事，唯一能做的，就是忠于自己的内心，努力去靠近自己的梦想。

对我们来说，无论是被巍峨壮美的雪山接纳、有幸能继续与家人为伴的人，还是付出全部努力终因各种原因未能登上巅峰的人，经历了那么多的艰难险阻考验之后，我们的人生还有什么过不去的坎，还有什么蹚不过的河呢？只要始终记得自己为何要出发，只要看清了真相，风云人生就必定会变得云淡风轻。

只是，过去的终究已经过去，人，不能总活在回忆中。脚下的路还很远，仍在蜿蜒盘旋，催促我们不停向前。即使在这条道路上，我们并不清楚自己能够到底走多远，还要走多久，我们依然要知道，下一座山峰、下一个目标还在等待着我们，我们依然要继续竭力攀登，无论这山是有形的，还是无形的。人生本就是一个攀登的过程，为人生梦想努力的过程就是在攀登。所以，无论何时何地，每一个有梦想并为梦想竭尽全力的人，都是攀登者。

我祝福攀登能够足够顺利。但是，假如生活执意要让我们经历一些坎坷，面对一些困难，乃至让我们与死神共舞，那我希望在面对它们时，你我都能够勇敢直面，攻坚克难，在奋斗中肆意绽放属于自己的精彩。

纵然生活征途将逾万里，但我始终相信，我们终究会"万里归来颜愈少，微笑，笑时犹带岭梅香"。

人生不一定会因为攀登一座或几座山而重启，但一定会因为在这个经历中收获了对生命、对生活的新的感悟而涅槃。作为一名普通人、一名业余登山爱好者，能有这种收获，足矣！

2022年7月于西安